2020 概率统计小白进阶高分指南

主编 张松美

中国财经出版传媒集团
中国财政经济出版社

图书在版编目(CIP)数据

2020 概率统计小白进阶高分指南 / 张松美主编. —北京:中国财政经济出版社,2018.10
ISBN 978-7-5095-8552-8

Ⅰ.①2… Ⅱ.①张… Ⅲ.①概率统计-研究生-入学考试-自学参考资料 Ⅳ.①O211

中国版本图书馆 CIP 数据核字(2018)第 226387 号

责任编辑:张　军　　　　　责任校对:杨瑞琦
封面设计:陈宇琰

群名称: 考研数学小白进阶高分
群　号: 785733425

中国财政经济出版社出版

URL: http://www.cfeph.cn
E-mail: cfeph@cfeph.cn

(版权所有　翻印必究)

社址:北京市海滨区阜成路甲 28 号　邮政编码:100142
营销中心电话:010-88191537　北京财经书店电话:64033436　84041336
北京富生印刷厂印刷　各地新华书店经销
787×1092 毫米　16 开　11.25 印张　262 000 字
2019 年 1 月第 1 版　2019 年 1 月北京第 1 次印刷
定价:25.00 元
ISBN 978-7-5095-8552-8
(图书出现印装问题,本社负责调换)
本社质量投诉电话:010-88190744
打击盗版举报热线:010-88191661　QQ:2242791300

本书编委会

主　编：张松美

编　委：何棒棒　李文鹏　毛丽君　朱庆宇

♡♡送给自己以及
　　比自己还重要的你♡♡

TQ：_____

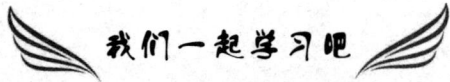
我们一起学习吧

_____年_____月_____日

前　　言

为帮助各位考生在短期内能看懂并掌握历年真题,快速提高数学的应试成绩,作者在对真题进行深入研究的基础上,将其归纳、分类、整理,结合作者多年来在考研辅导班上的一线经验以及考生备考的特点及其成绩反馈,按照最新《考试大纲》的要求,对考试要求进行了详细解读,编写了这套考研数学小白进阶高分指南系列丛书。

在备考过程中,不少同学想走捷径,期望速成。导致的问题是:一方面自己想要考高分心情急迫,一方面要完成的学习任务太多,自己的能力和时间 hold 不住,无法化解期望和现实的巨大落差,引起自我满意度不断下降,造成浮躁的情绪,形成巨大的心理压力。并且,越是浮躁越是对自己学习不满,越是不满越浮躁,就越想找个捷径,期望功效如太上老君的仙丹,立马变神仙,急切地想结束这件事情。

那该怎么办呢? 一是正视自己的现状,调低自己的期望;二是拿时间换成绩,一分耕耘一分收获。从这个角度出发,为化解考生的备考难题,我们编写了此书。

本书特色如下:

1. 零基础超解读,全书上手更易

在难度和要求上,考研数学课程不同于中学数学,前者入门难、技巧少,后者则入门容易、技巧较多。举个形象的例子来说明:学习高等数学就好比开飞机,本身能学会驾驶就已经很不容易了,所以只要能顺顺利利地从 A 飞到 B,再从 B 返回 A 就可以了,可不敢要求你表演空中杂技。而中学数学就像学骑自行车,几乎人人都能很快学会,但是要求做腾、挪、转、移各种杂技表演,各人水平自然参差不齐。因此,本书对于每道题的讲解均从读者已有的知识点出发,通过延伸、变换等引出最基本的概念、最基本的解法,让读者明白考点的来龙去脉,引导初学者快速入门,打牢基础,深刻理解考点的概念内涵和外延,把握重点难点,大幅提升解题实战能力。

2. 疑难处秒回复,扫除备考障碍

本书为读者提供了对应的二维码扫码课程(收费),我们的老师不仅讲解题目如何做,而且还会告诉你为什么老师能想得到,而你却想不到。题目考查的是哪个考点,怎么考查,还有哪些考查的方向,如何应对,视频讲解中都会提醒到位。同时,增加了倍速功能,真正做到

"哪里不会点哪里",提升效率,节省时间。我们为这套书籍配备了多位专门负责答疑的老师,读者可在视频下方直接提问。12年以上教龄的老师主要回答综合类的问题,他们经验丰富,能一针见血地指出初学者的症结所在,提供个性化的解决方案。

3. 重视归纳总结,温故举一反三

考试大纲规定的知识点200多个,一共23道题,3个小时的做题时间,分析历年真题,可以看出每一道考题均涉及三个及三个以上知识点,综合性较强,且很大程度上是考查考生的条件反射能力,因此本书将知识点进行归纳总结,将零散的知识点归结成块,遇到类似题目能瞬间想到应对方案一、二、三,这样条理清晰,便于掌握,快速拿分。在备考时建议大家:第一遍是甄别,先看题目,做不出来看老师讲解,要是看了视频还是不会,就在视频底下提问,看明白了,合上书本视频,自己独立做一遍,做好错题本,第二天复习新东西之前,重做一遍,看能否做出来,若是做出来的话,就隔三天再做,若是三天后仍能做出就隔一星期再做一遍,若是还能做出来,那就隔两个星期再做一遍,以此类推,把题目弄熟。怎么样才算做熟题目了呢,就是做每道题时都要有个deadline,小题不能超过4分钟,大题不能超过10分钟。并将题目按以下类别分类出来:(1)规定时间内顺利做出来的;(2)做出来但超时(标准小题不超过4分钟,大题不超过10分钟);(3)计算出错;(4)题目技巧没想到;(5)公式、结论记错的;(6)没有思路的;(7)做半截卡壳的。这样把会的全部剔除,不再看,减轻工作量,不会的做错的,重点刻意练习,练熟了再说;第二遍是刻意练习出问题的题目:练习顺序(2)⇨(7)⇨(5)⇨(4)⇨(6)⇨(3),重点是(2)以及(7)。

4. 重视计算能力,小白高分必达

数学是客观性很强的一门学科,无论是选择题、填空题还是解答题,答案具有唯一性,说一不二,所以提高计算能力是取得高分的关键环节。计算能力的提高离不开大量习题的练习,只有通过做一个个的题目才能发现自己在计算方面存在的问题,比如最常见的上下数字抄错、遗漏负号、计算错误、看错数字、记错公式结论等,因此本书配置了适量的题目,一方面能有效提高考生的计算能力,另一方面也有利于考生学会在题目中运用知识点做题。

本书的写作,参阅了有关书籍,引用了一些例子,恕不一一指明出处,在此向有关作者表示感谢!感谢参编的每位老师,特别感谢朱庆宇老师的无私奉献和大力支持!感谢图书出版的每位工作人员,尤其是张军社长,在本书的出版中给予极大的支持和指导,对每一个细节严格把控,深表感谢。本书是考生考研路上的一块垫脚石,望考生利用好本书。

读者对象:

所有需要巩固基础的考研复习的考生,尤其是在职考研及跨专业考研的考生;
所有基础薄弱、想迅速提升数学解题能力的初学者及爱好者;

所有考研辅导机构用于提高授课能力的教师。

致读者：

本书由北京慧升教育科技有限公司的张松美老师编写。慧升教育是一家专业从事软件开发、教育培训以及软件教育资源整合的高科技公司。本书的主要参编人员有朱庆宇、毛丽君、何棒棒、李文鹏。

感谢您购买本书，希望本书能成为您学习路上的好帮手。"零门槛"学习考研数学，一切皆有可能。祝您学习愉快！

由于编写时间仓促、编者水平有限，本书难免存在错误或不妥之处。如果您在使用本书的过程中发现书中的错误之处，可以反馈到"慧升考研微信公众号"，反馈错误超过10个的，我们将免费送您其余两本教材中的任意一本。有关本书错误之处的更改，请留意微信公众平台。

关于本书配套资源，请使用 慧升考研 APP 扫描下方二维码观看详细的操作说明。关注张松美老师的新浪微博领取个性化一对一复习计划的订制服务。

张松美老师微博　　慧升考研微信公众号　　使用说明观看二维码

目 录

第1章 随机事件和概率 …………………………………………………………（1）
    1.1 事件、样本空间、事件间的关系与运算 ………………………………（3）
    1.2 概率的概念和性质 ……………………………………………………（6）
    1.3 古典概型、几何概型与伯努利概型 ……………………………………（9）
    1.4 条件概率 ………………………………………………………………（14）
    1.5 独立性 …………………………………………………………………（18）
    1.6 全概率公式和贝叶斯公式 ……………………………………………（22）

第2章 随机变量及其分布 ……………………………………………………（26）
    2.1 随机变量的概念 ………………………………………………………（27）
    2.2 分布函数 ………………………………………………………………（30）
    2.3 几种重要的常见分布 …………………………………………………（37）
    2.4 随机变量函数的分布 …………………………………………………（46）

第3章 多维随机变量及其分布 ………………………………………………（51）
    3.1 二维随机变量及其分布 ………………………………………………（52）
    3.2 二维均匀分布和二维正态分布 ………………………………………（59）
    3.3 二维随机向量的条件分布 ……………………………………………（61）
    3.4 多维随机变量函数的分布 ……………………………………………（69）

第4章 数字特征 ………………………………………………………………（79）
    4.1 数学期望 ………………………………………………………………（81）
    4.2 方差 ……………………………………………………………………（85）
    4.3 协方差和相关性 ………………………………………………………（90）
    4.4 相关系数 ………………………………………………………………（94）
    4.5 条件期望 ………………………………………………………………（98）

第5章 大数定理和中心极限定理 .... (102)

- 5.1 切比雪夫不等式 .... (103)
- 5.2 依概率收敛 .... (105)
- 5.3 大数定律 .... (106)
- 5.4 中心极限定理 .... (109)

第6章 数理统计基本概念 .... (113)

- 6.1 总体与样本 .... (115)
- 6.2 统计量 .... (116)
- 6.3 抽样分布 .... (124)
- 6.4 其他综合题型 .... (135)

第7章 参数估计 .... (138)

- 7.1 点估计 .... (139)
- 7.2 估计量的评价(仅数一) .... (148)
- 7.3 区间估计(仅数一) .... (152)

第8章 假设检验(仅数一要求) .... (158)

- 8.1 常见疑问 .... (159)
- 8.2 显著性检验(结合例题去理解) .... (162)

第 1 章　随机事件和概率

【导言】

我们先来回顾几个生活小场景:水往低处流、水加热到100℃一定会沸腾、上抛的物体一定会下落,再如每日太阳东升西落等,像这类必然发生的现象称为确定性现象;而另一类现象如买彩票有可能中奖也可能不中奖;抛一枚硬币,有可能是正面落地也可能反面落地;射击有可能击中靶心,也可能击不中;下个路口有可能遇到的是红灯也可能是绿灯;像这类不一定发生或结果具有随机性的现象称为随机现象.正是随机现象的这种随机性、不确定性使得我们的现实生活充满各种可能性和乐趣,变得丰富多彩.现在我们就想要研究下随机现象下每种可能的结果发生的可能性究竟有多大,以更好地指导我们的现实生活.比如,怎么买彩票可以提高中奖的可能性.对它的研究和探索延伸出一门新的学科,即概率论与数理统计,简言之,就是教会大家如何量化可能性的大小.

本章是开篇章节,涉及的概念较多,故从考试的角度来看,一般不会单独出大题,多数情况下出小题或者作为计算概率的基本工具与后面章节知识结合进行考查,这里需要提示大家的一点就是古典概率是难点,但不是考试重点,只需要掌握基本的摸球模型即可,没有必要花大量的时间去复习高中的排列组合知识.

学习本章需要掌握以下几点:一是概率的定义,古典概率掌握摸球模型;二是概率的性质,必然事件、不可能事件、事件的和及差的概率;三是掌握条件概率的计算公式和乘法公式;四是全概率公式及贝叶斯公式的使用;五是了解相互独立与互不相容的区别.一般以小题的形式进行考查,可直接考,也可以以它们为载体结合后面章节中其他知识点进行考查,分值4～8分.

【考试要求】

考试要求	科目	考试内容
了解	数一	样本空间(基本事件)
	数三	
理解	数一	随机事件、概率、条件概率、事件的独立性、独立重复试验
	数三	
会	数一	计算古典概率和几何型概率
	数三	
掌握	数一	事件的关系及运算,概率的基本性质,概率的加法公式、减法公式、乘法公式、全概率公式以及贝叶斯公式.用事件独立性进行概率计算,计算独立重复试验有关事件概率的方法
	数三	

【知识网络图】

- 基本概念
  - 随机试验 E：重复性、所有结果已知和不确定性
  - 样本空间 S：所有可能结果组成的集合
  - 随机事件 A：样本空间的子集
    - 关系：包含、互斥、对立、独立
    - 表示：和事件、积事件、差事件、逆事件
    - 运算：交换律、结合律、分配率、德摩根律

- 概率概念
  - 统计概念：频率
  - 公理化概念：非负性、规范性和可列可加性
  - 古典概型与几何概型：等可能模型
  - 计算公式
    - 加法公式 $\begin{cases} P(A \cup B) = P(A) + P(B) - P(AB) \\ P(A \cup B) = P(A) + P(B)（若事件 A 与 B 互斥）\end{cases}$
    - 减法公式 $\begin{cases} P(A - B) = P(A) - P(AB) = P(A\bar{B}) \\ P(A - B) = P(A) - P(B)（若事件 A \supseteq B）\end{cases}$
    - 求逆公式：$P(\bar{A}) = 1 - P(A)$

- 条件概率概念
  - 定义：当 $P(A) > 0$ 时，$P(B \mid A) = \dfrac{P(AB)}{P(A)}$，且满足概率性质与上述公式（非负性、规范性和可列可加性）
  - 计算：定义法，缩小样本空间方法
  - 应用
    - 乘法公式：当 $P(A) > 0$ 时，$P(AB) = P(A)P(B \mid A)$
    - 全概率公式：$P(A) = \sum\limits_{i=1}^{n} P(A \mid B_i)P(B_i)$
    - 贝叶斯公式：$P(B_i \mid A) = \dfrac{P(A \mid B_i)P(B_i)}{\sum\limits_{j=1}^{n} P(A \mid B_j)P(B_j)}$

    （其中 $B_1, B_2, \cdots, B_n$ 是样本空间的一个划分，$P(B_i) > 0$）

- 独立性
  - 定义
    - 两个事件：$P(AB) = P(A)P(B) \Leftrightarrow P(B \mid A) = P(B) \Leftrightarrow P(B \mid A) = P(B \mid \bar{A})$
    - 多个事件：相互独立 $\rightleftharpoons$ 两两独立
  - 性质
    - 相互独立的事件中部分事件间相互独立
    - 相互独立的事件中部分事件的逆事件与其余事件仍相互独立
  - 应用
    - 计算多个事件的和事件概率转化为逆事件概率乘积
    - 伯努利试验：试验只有两个结果 A 与 $\bar{A}$，每次 A 发生的概率 $P(A) = p$，n 次试验相互独立

【内容精讲】

1.1 事件、样本空间、事件间的关系与运算

1.1.1 随机事件及其相关概念

什么叫做随机试验呢？比如说，随意往上抛一枚硬币，我们想要来观察硬币落地时是正面朝上还是反面朝上，我们仅仅是做了抛出去这个动作、还没看到结果的这样一个过程，就可以看成是做了一次随机试验，记作 E，等到硬币落地，比如说正面朝上，那这个结果就可以称为一个随机事件．很明显，随机事件就是随机试验的结果，一般我们用大写的字母 A、B、C 来表示，上述这个随机事件就可以用 A 表示，即 $A =$ "抛一枚硬币，落地正面朝上"，那随机实验就可以写成"往上抛一枚硬币，观测落地时，哪面朝上"，体会下二者的区别，是不是随机试验是个随机的、不确定的现象，而随机事件就是个确定性现象．

硬币可以抛一次，抛两次，也可以抛无数次，相对应我们就做了一次随机试验、两次随机试验，乃至无数次随机试验．只要每次硬币落地，就可以将其结果记录下来，形成相应的随机事件．为了研究方便，我们把一次试验的确定性结果称为基本事件，比如抛硬币，基本事件就有两个，分别是 $A =$ "抛一枚硬币，落地正面朝上"，$B =$ "抛一枚硬币，落地反面朝上"，把这两个基本事件放一起，就是这次随机试验所有的可能情况．为了表述方便，我们引入了一个新的名词，称之为样本空间．一般用 Ω 或 S 表示，即样本空间是基本事件的集合，包含了随机试验的所有可能结果，可以这样表示 $\Omega = \{A, B\}$，基本事件也称为样本空间中的样本点，或从集合角度来看，基本事件是构成样本空间的元素．

结合抛一枚硬币的试验，我们就明确了随机试验、随机事件、基本事件、样本空间等常见概念，接下来，为了进一步加深对上述概念的理解，以掷骰子为例，写一写上述概念．

答案如下：

随机试验：掷骰子，观察出现的点数

基本事件：

$A = \{$掷骰子，出现 1 点$\}$，$B = \{$掷骰子，出现 2 点$\}$，

$C = \{$掷骰子，出现 3 点$\}$，$D = \{$掷骰子，出现 4 点$\}$，

$E = \{$掷骰子，出现 5 点$\}$，$F = \{$掷骰子，出现 6 点$\}$，

样本空间：$\Omega = \{A, B, C, D, E, F\}$

现在我们单来研究这个样本空间，如果从此集合里取出一部分，形成一个新的集合，这个新的集合仍然是随机事件，只不过这里包含的情况数是由部分基本事件组成的而已．当然一个基本事件也可以称之为随机事件．所以以后再来研究这些概念及其相互关系时就可以从两个维度切入，一个是从随机试验的你所关注的这个结果发生没发生的角度，发生了就是随机事件，没发生就不是；另一个角度就是集合的角度，一般来说，集合作为一种新的运算关系，一般用文氏图来进行辅助运算或表示，与普通运算既有区别又有联系，鉴于考生们复习任务繁重，建议将集合运算统统转化为代数的运算，相同的内容平价转移，不同的地方额外记忆，最大程度降低备考的任务量．

故上述实验的随机事件我们可以写出几个来体会,这里一定要理解随机事件和基本事件的区别和联系,这个理解不清,后面做题就会混淆,不是多算,就是漏算.

基本事件是在一次试验中,你关注的结果是单一的,比如说就关注出不出现 1 点,再比如观察出不出现 2 点,其他的不管.而随机事件所关注的结果可能是单一的结果,比如我就关注是否出现 1 点,也可能关注多个结果,比如观察出现的点数不小于 3,这个时候无论出现的是 1 点,还是 2 点,还是 3 点都可以归为这个随机事件,如果从集合和发生没发生这两个维度去理解的话,可以归纳如下:

基本事件:样本空间里的组成元素,只有特定的那一个对象出现才算发生.

随机事件:样本空间的子集,观测的对象不止一个,只要有一个出现就算发生,简单来说,它是个范围,只要在这个范围内都算.

以上是随机现象的基本情况,但有时会有些极端情况出现,如在每一次试验中一定发生的事件,称为必然事件,用 Ω(或 S)表示,相对应在任何一次试验中都不可能发生的事件,称为不可能事件,用 $\varnothing$ 表示.

例如:$A = \{$同性电荷相斥$\}$是必然事件 S;$B = \{$没有水分,种子会发芽$\}$是不可能事件 $\varnothing$.

注1 必然事件和不可能事件实质上都是确定性现象的表现,为了便于讨论,通常把它们当作随机事件的特殊情况来看待.

注2 理解样本空间要注意以下几点:

(1) 样本空间是一个集合,由基本事件构成.表示方法有:列举法、描述法.常用的表示方法是列举法.

(2) 基本事件可以是一维的,也可以是多维的,可以有限个,也可以无限个.

(3) 对于一个随机试验而言,样本空间并不唯一,它由试验目的而定,但通常只有一个能提供最多信息的样本空间.例如,运动员投篮的试验中,若试验的目的是考查命中情况,则样本空间 $\Omega = \{$中,不中$\}$;若试验的目的是考查得分情况,则样本空间 $\Omega = \{0$ 分,1 分,2 分,3 分$\}$.

今后在数学处理上,往往将基本事件的个数为有限个或可列举的情况归为一类,称为离散的样本空间,而将基本事件为不可列无限多的情况归为一类,称为连续的样本空间.由于这两类样本空间有着本质差异,故分别称之.

初学者也许会认为无限多都是一样的,其实它们是有本质区别的.无限多可分为可列无限多和不可列无限多.下面给出定义:

给定集合 A,B,若存在 A 到 B 上的一一映射,则称 A 与 B 对等,记作 $A \sim B$.如果两个集合对等,称它们具有相同的势.若 $A \sim N$,其中 N 为自然数集,则称 A 为可数集(可列集).不是可数集的无限集称为不可数集(不可列集).

例如,自然数和有理数都是可列集,而无理数是不可列集,它和实数是一样多的.由于不可列集比可列集要多得多,因此,实数基本上是由无理数构成的.

1.1.2 随机事件间的关系和运算

1. 随机事件间的关系(见表 1-1)

表 1-1

概率论	集合论
样本空间、必然事件	全集 Ω
不可能事件	空集 $\varnothing$
基本事件	元素
随机事件	Ω 的子集
A 发生导致 B 发生	A 为 B 的子集,记为 $A \subset B$
A、B 二事件相等	二集合相等,记为 $A = B$
二事件 A、B 至少发生一个	二集合 A、B 的并集,也称为和,记为 $A \cup B$
二事件 A、B 同时发生	二集合 A、B 的交集,也称为积,记为 $A \cap B$
事件 A 发生而 B 不发生	集合 A、B 的差集,记为 $A - B$ 或 $A\bar{B}$
事件 A 的对立事件	A 对 Ω 的补集,记为 $\bar{A}$
二事件 A、B 互不相容	二集合 A、B 不相交,记为 $A \cap B = \varnothing$

注 事件的关系运算等价于集合的关系运算.

2. 完备事件组

若 n 个事件两两互斥且这 n 个事件的和是 Ω,则称这 n 个事件为完备事件组.

从现有考试的角度看,这个概念主要是为全概率公式做准备,因为那里会用到完备事件组,核心点就是如何找到这样一组完备事件组,在后面讲解全概率公式时我们会细讲.

3. 事件间的运算法则

(1) 交换律:$A \cup B = B \cup A, AB = BA$;

(2) 结合律:$A \cup (B \cup C) = (A \cup B) \cup C, A(BC) = (AB)C$;

(3) 分配律:$A \cap (B \cup C) = (AB) \cup (AC), A \cup BC = (A \cup B) \cap (A \cup C)$;

(4) 德摩根(对偶)定律:

$\overline{\bigcup_{i=1}^{n} A_i} = \bigcap_{i=1}^{n} \overline{A_i}$(和的逆 = 逆的积),$\overline{\bigcap_{i=1}^{n} A_i} = \bigcup_{i=1}^{n} \overline{A_i}$(积的逆 = 逆的和).

(5) 差积转换律:$A - B = A\bar{B}$.

【例 1.1】 设 A, B, C 为任意三个事件,试用 A, B, C 的运算关系表示下列事件:

(1) 三个事件中至少一个发生,

(2) 没有一个事件发生,

(3) 恰有一个事件发生,

(4) 至多有两个事件发生;

(5) 至少有两个事件发生.

【解】(1) $A \cup B \cup C$

(2) $\bar{A} \cap \bar{B} \cap \bar{C} = \overline{A \cup B \cup C}$

(3) $A\bar{B}\bar{C} \cup \bar{A}B\bar{C} \cup \bar{A}\bar{B}C$

(4) $(A\bar{B}\bar{C} \cup \bar{A}B\bar{C} \cup \bar{A}\bar{B}C) \cup (\bar{A}BC \cup A\bar{B}C \cup AB\bar{C}) \cup (\overline{ABC}) = \overline{ABC} = \bar{A} \cup \bar{B} \cup \bar{C}$

(5) $AB\bar{C} \cup A\bar{B}C \cup \bar{A}BC \cup ABC = AB \cup BC \cup CA$

注 其中对偶定理最常考,简记方法:长杠变短杠,开口换方向.

1.2 概率的概念和性质

1.2.1 概率的统计定义

定义 1.2.1.1 在相同条件下重复进行 n 次试验,如果随着试验次数 n 的增大,事件 A 发生的频率在一个常数 p 附近摆动,我们称这个常数 p 为事件 A 的统计概率(statistical probability),简称概率,记为 $P(A)$.

概率的统计定义既肯定了任一事件的概率是存在的,又给出了一种概率的近似计算方法,但不足之处是要进行大量的重复试验,而事实上很多随机现象不能进行大量重复试验,特别是一些经济现象是无法重复的. 有些现象即使能重复,也难以保证试验条件是一样的.

值得注意的是,概率的统计定义以试验为基础,但这并不等于说概率取决于试验. 事实上,事件发生的概率乃是事件本身的一种属性,先于试验而存在. 例如,抛硬币,我们首先相信硬币质量均匀,那么在抛之前就已知道出现正面或反面的机会均等,所以从概率的计算途径看概率的描述性定义是先验的,概率的统计定义是后验的,显然两种定义并非等价. 用"频率"估计"概率",和用"尺子"度量"长度"、用"天平"度量物质的"质量",是完全类似的. 可以形象地说,频率是测定事件概率的"尺子",而测定的"精度"可以靠增大试验次数来保障.

概率客观存在的一个很重要的证据是事件出现的频率呈现稳定性,即在大量的重复试验中,频率常常稳定于某个常数,称为频率的稳定性,即随着 n 的增加,频率越来越可能接近概率. 我们还容易看到,若随机事件 A 出现的可能性越大,一般来讲其频率 $f_n(A)$ 也越大. 由于事件 A 发生的可能性大小与其频率大小有如此密切的关系,加之频率又有稳定性,故可通过频率来定义概率,这就是概率的统计定义.

只要重复无穷次试验,事件发生的概率就是事件频率的稳定值,伯努利大数定律给出了严格证明(后面会详细讲解). 人们把这种有着明确的历史先例和经验的概率称为客观概率.

概率的统计定义表明,当试验次数 n 足够大时,可用事件 A 发生的频率近似地代替 A 发生的概率,且试验的次数越大,估计的精确度就越高.

在概率论的发展历史上,曾有过概率的统计定义、概率的古典定义、概率的几何定义和概率的主观定义,这些定义各适合一类随机现象. 那么如何给出适合一切随机现象的概率的最一般的定义呢?1900 年数学家希尔伯特(Hilbert,1862—1943)提出要建立概率的公理化定义以解决这个问题,即以最少的几条本质特性去刻画概率. 1933 年苏联数学家柯尔莫哥洛夫(Kolmogorov,1903—1987)首次提出了概率的公理化定义,这个定义既概括了历史上几种概率定义中的共同特性,又避免了各自的局限性和不足之处,它用三条公理的满足来定义概率. 这一公理化体系迅速获得举世公认,是概率论发展史上的一个里程碑. 有了这个公理化定义,概率论得到了快速的发展.

1.2.2　概率的公理化定义

定义 1.2.2.1　设 E 是随机试验,Ω 是样本空间,若对 E 的每一个随机事件 A,有实值函数 $P(A)$ 与其对应,且满足下列三个公理:

(1) 非负性　对于任一事件 A,有 $0 \leqslant P(A) \leqslant 1$;

(2) 规范性　$P(\Omega) = 1$;

(3) 可列可加性　设 $A_1,A_2,\cdots,A_n$ 两两互斥,则 $P\left(\sum\limits_{i=1}^{\infty} A_i\right) = \sum\limits_{i=1}^{\infty} P(A_i)$

则称函数 $P(A)$ 为事件 A 的概率(probability).

注　凡是定义均是充要条件,那如何掌握这个定义呢,换种说法,就是考试中从哪几个角度切入去考查. 两个方面:一是告诉你 $P(A)$ 是随机事件 A 的概率了,只不过这里的 $P(A)$ 含有参数,让你根据定义里的这三条,尤其是第(2)条,列个等式,将参数求解出来;另一方面,给你个函数,让你验证这个函数能不能用来表示某个随机事件的概率,只要满足这三点,就可以作为某个随机事件的概率.

1.2.3　概率的性质

利用概率的公理化定义,可导出概率的一系列性质.

由于概率是非负的,必然事件 Ω 的概率为 1,由此可知,不可能事件 $\varnothing$ 的概率应该为 0. 切记,在数学理论体系中,只有公理、定义、假设不需要证明,其他都要证明.

性质 1　$P(\varnothing) = 0$.

【**证明**】因为 $\varnothing \cup \varnothing = \varnothing, \varnothing \cap \varnothing = \varnothing$,由可列可加性得

$$P(\varnothing) = P(\varnothing \cup \varnothing \cup \cdots) = P(\varnothing) + P(\varnothing) + \cdots.$$

再由非负性公理必有 $P(\varnothing) = 0$.

注 (1) $P(AB) = 0$ 推不出 $AB = \varnothing$,但 $AB = \varnothing$,其概率一定为 0. 举反例加以说明,如在后面章节中会涉及连续型随机变量在一点的概率为 0,如 X 是连续性随机变量,$A = $"$X \geqslant 1$",$B = $"$X \leqslant 1$",故 $AB = \{X = 1\}$,所以 $P(AB) = 0$,但 $AB = \{X = 1\} \neq \varnothing$.

(2) $A + \varnothing = A$

$A\varnothing = \varnothing$

$A + A = A$

$AA = A$

$A + AB = A(\Omega + B) = A\Omega = A$

在概率论中,将概率很小(小于 0.05)的事件称为小概率事件,也称为实际不可能事件.

【思考拓展】
小概率事件原理,又称为实际推断原理:一般来说,小概率事件在一次试验中可以看成不可能事件. 我们可以从反证法的思路去理解它,反证法的核心点就是找矛盾. 我们假设在原假设成立的条件下,如果在一次试验中小概率事件发生了,则这与小概率事件原理相矛盾,即原假设不正确.

注意,很小是一个模糊概念,没有严格的区分,因人而定,这不属于数学范畴,在许多情况下,要视试验结果的重要性,具体问题具体分析地加以确定.

设某试验中出现事件 A 的概率为 p,不管 p 如何小,如果把试验不断独立地重复下去,那么 A 迟早必然会出现一次,从而也必然会出现任意多次,而不可能事件是指试验中总不会发生的事件. 但人们在长期的经验中坚持这样一个观点:概率很小的事件在一次试验中与不可能事件几乎是等价的,即不会发生. 如果在一次试验中小概率事件居然发生了,人们会认为该事件的前提条件发生了变化,或者认为该事件不是随机发生的,而是人为安排的等,这是小概率事件原理的一个应用. 如果我们把注意力仅停留在小概率事件的极端个别现象上,那我们就是"杞人忧天",就不敢开车,不敢吃饭,一切都不敢做了.

辩证法对人们实践有着指导意义. 在 n 重伯努利试验中,至少成功一次的概率为
$$\sum_{i=1}^{n} P_n(k) = 1 - P_n(0) = 1 - (1-p)^n,$$
当 $n \to \infty$ 时,$\sum_{i=1}^{n} P_n(k) \to 1$. 这表明不管每次试验成功的概率 p 多么小(只要不为零),只要将这个试验一直做下去,那么终究有一天会成功的. 人们常说"只要功夫深,铁杵磨成针",又说"宝剑锋从磨砺出,梅花香自苦寒来",还说"法网恢恢,疏而不漏",这些富有哲理的话都蕴涵着深刻的概率道理.

小概率事件原理是概率论的精髓,是统计学发展、存在的基础,它使得人们在面对大量数据而需要做出分析与判断时,能够依据具体情况的推理来做出决策,从而使统计推断具备严格的数学理论依据.

性质 2 (有限可加性)设 $A_i \in F, i = 1, 2, \cdots, n$,且 $A_i \cap A_j = \varnothing, i \neq j$,则
$$P(\bigcup_{i=1}^{n} A_i) = \sum_{i=1}^{n} P(A_i).$$

【证明】令 $A_{n+1} = A_{n+2} = \cdots = \varnothing$,由 $P(\varnothing) = 0$ 可得
$$P(\bigcup_{i=1}^{n} A_i) = P(\bigcup_{i=1}^{\infty} A_i) = \sum_{i=1}^{\infty} P(A_i) = \sum_{i=1}^{n} P(A_i)$$

【推论】(1) 对任意事件 A,有 $P(A) = 1 - P(\bar{A})$;

(2) 对任意两个事件 A, B,有 $P(A - B) = P(A) - P(AB)$,也称为减法公式.

(3) 若 $A \supset B, P(A - B) = P(A) - P(B)$ 且 $P(A) \geqslant P(B)$,也称为概率的单调性.

【证明】① 因为 $A \cup \overline{A} = \Omega, A \cap \overline{A} = \varnothing$，由性质2可得 $P(A) + P(\overline{A}) = 1$.
移项即得结论.

② 因为 $A = (A-B) \cup AB, (A-B) \cap AB = \varnothing$，由性质2可得
$$P(A) = P(A-B) + P(AB).$$
移项即得结论.

③ 由(2)显然可知结论成立.

很容易举例说明，若 $P(A) \geqslant P(B)$，无法推出 $A \supset B$. 此推论不仅在计算事件的概率时非常有用，而且在今后一些定理的证明或公式的推导过程中也非常有用.

性质3 （加法公式）对任意两事件 A, B 有
$$P(A \cup B) = P(A) + P(B) - P(AB).$$

【证明】因为 $A \cup B = A \cup (B-A)$ 且 A 与 $B-A$ 互不相容，又由有限可加性得 $P(A \cup B) = P(A \cup (B-A)) = P(A) + P(B-A) = P(A) + P(B) - P(AB)$.

加法公式还能推广到多个事件的情况. 设 A_1, A_2, A_3 为任意三个事件，则有
$$P(A_1 \cup A_2 \cup A_3) = \sum_{i=1}^{3} P(A_i) - P(A_1 A_2) - P(A_1 A_3) - P(A_2 A_3) + P(A_1 A_2 A_3).$$

利用样本点在等式两端计算次数相等可直观证明这个公式.

一般地，对于任意 n 个事件 $A_1, \cdots, A_n$，可以用数学归纳法证得
$$P(\bigcup_{i=1}^{n} A_i) = \sum_{i=1}^{n} P(A_i) - \sum_{1 \leqslant i < j \leqslant n} P(A_i A_j) + \sum_{1 \leqslant i < j < k \leqslant n} P(A_i A_j A_k) + \cdots$$
$$+ (-1)^{n-1} P(A_1 A_2 \cdots A_n).$$

此式称为容斥原理，也称为多去少补原理.

本处考题一般会结合本章后续的条件概率和全概率公式进行考查.

1.3 古典概型、几何概型与伯努利概型

1.3.1 古典概型

定义1.3.1.1 称具有下列两个特征的随机试验 E 为古典概型：

(1) 有限性：试验的样本空间的元素只有有限个，即样本空间只含有有限个基本事件.

(2) 等可能性：试验中每个基本事件发生的可能性相同，即等可能发生.

因此，古典概型又称等可能概型. 由于这一概型是概率论发展初期的主要研究对象，所以称其为古典概型. 这一概型直观，容易理解，且有着广泛的应用，是一种最常用的概率模型.

定义1.3.1.2 设古典概型试验 E 的样本空间 Ω 中含有 n 个样本点，若事件 A 包含其中 m 个样本点，则事件 A 发生的概率
$$P(A) = \frac{m}{n} = \frac{A \text{中的样本点数}}{\Omega \text{中的样本点数}} = \frac{A \text{所包含的基本事件数}}{\text{基本事件总数}}$$

称此概率为古典概率(classical probability)，这种求概率的方法称为古典方法.

古典概型的计算很多同学感觉头疼，为此我们稍微细讲一下.

(1) 基本计数原理.

① 加法原理:完成某件事有 m 种不同的方式,设第 k 种方式有 $n_k(k=1,2,\cdots,m)$ 种方法. 则完成此事共有的方法总数 $N = n_1 + n_2 + \cdots + n_m$.

如并联系统

② 乘法原理:完成某件事分 m 个步骤,而第 k 个步骤有 n_k(其中 $k=1,2,\cdots,m$)种方法,那么完成这件事共有的方法总数

$$N = n_1 \times n_2 \times \cdots \times n_m.$$

如串联系统

(2) 排列组合方法.

① 组合公式:从 n 个不同元素中任取 k 个($1 \leqslant k \leqslant n$)的不同组合总数为

$$C_n^k = \frac{n(n-1)\cdots(n-k+1)}{k!}$$

C_n^k 有时记作 $\begin{bmatrix} n \\ k \end{bmatrix}$,称为组合系数.

注 (1) 组合公式的作用就是选元素,一定要注意,只有元素都不一样时才能用. 同时还要把握几个原则:一是指定对象不参选,比如说指明张三必须去了,这就是个确切的事情,不再参与选元素这个环节,自动转入下一环节;二是有特殊要求的优先安排,比如说李四要求必须坐第一排,那就先安排李四坐第一排,其余元素按正常顺序考虑.

(2) 常用公式.

① $C_n^0 = 1$(人为规定)其实这个也好理解,n 个元素一个都不选,只有一种方案,所以 $C_n^0 = 1$;

② $C_n^k = C_n^{n-k}$,这个很重要,遇到 k 很大时,就要转化为后面的这个公式计算. 可以这样理解,从 n 个不同的元素中任选 k 个,那每选走一组组合,余下的 $n-k$ 个元素很自然就形成了一个组合,是一一对应的,故余下的不就相当于从 n 个不同的元素中任选 $n-k$ 个,所以是相等的.

③ $C_{n+1}^k = C_n^k + C_n^{k-1}$,推导过程如下:

$$C_{n+1}^k = \frac{(n+1)!}{k!(n+1-k)!}$$

$$C_n^k = \frac{n!}{k!(n-k)!} = \frac{n!(n-k+1)}{k!(n-k)!(n-k+1)} = \frac{n!(n-k+1)}{k!(n-k+1)!}$$

$$C_n^{k-1} = \frac{n!}{(k-1)!(n-k+1)!} = \frac{n! \cdot k}{k \cdot (k-1)!(n-k+1)!} = \frac{n! \cdot k}{k!(n-k+1)!}$$

$$C_n^k + C_n^{k-1} = \frac{n!}{k!(n-k+1)!}(n-k+1+k) = \frac{n!(n+1)}{k!(n-k+1)!} = \frac{(n+1)!}{k!(n-k+1)!}$$
$$= C_{n+1}^k$$

② 排列公式:排列公式全部转化为组合来表示,它就等于选出元素,再把选出的元素进行全排,选出几个就写几的阶乘.

$$P_n^k = C_n^k k!$$

注1 当 $k=n$ 时称其为全排列:
$$P_n^k = P_n = n(n-1)(n-2)\cdots 2 \cdot 1 = n!$$

注2 古典概型中要注意如下几点:

(1) 区分几对概念:排列与组合、有放回与无放回、依次与任取.

(2) 熟悉一个模型:摸球模型.

【例 1.2】(摸球问题) 口袋中有 6 只白球和 2 只黑球,分别按下列三种方式摸球:

(a) 逐次有放回:每次摸一只,摸后放回;

(b) 逐次无放回:每次摸一只,摸后不放回;

(c) 一次取两球.

分别计算如下事件的概率:$A_1 = \{$两只球全是白球$\}$,$A_2 = \{$一只白球、一只黑球$\}$.

【解】 列出表 1-2.

表 1-2

摸球方式	$A_1 = \{$两只球全是白球$\}$ 的概率	$A_2 = \{$一只白球、一只黑球$\}$ 的概率
(a) 逐次有放回	$\dfrac{C_6^1 C_6^1}{C_8^1 C_8^1} = \dfrac{6^2}{8^2} = \dfrac{9}{16}$	$\dfrac{C_6^1 C_2^1 A_2^2}{C_8^1 C_8^1} = \dfrac{6 \times 2 \times 2}{8^2} = \dfrac{3}{8}$
(b) 逐次无放回	$\dfrac{C_6^1 C_5^1}{C_8^1 C_7^1} = \dfrac{6 \times 5}{8 \times 7} = \dfrac{15}{28}$	$\dfrac{C_6^1 C_2^1 A_2^2}{C_8^1 C_7^1} = \dfrac{6 \times 2 \times 2}{8 \times 7} = \dfrac{3}{7}$
(c) 一次取两球	$\dfrac{C_6^2}{C_8^2} = \dfrac{15}{28}$	$\dfrac{C_6^1 C_2^1}{C_8^2} = \dfrac{3}{7}$

注 (1) 逐次抽样有顺序,实质为排列 A;一次取样无顺序,实质为组合 C.

(2) 在摸球问题中"一次取出 k 个球"与"逐次无放回取出 k 个球"所对应事件的概率是相同的(注意概率相同,组合数不同),但与"逐次有放回取出 k 个球"是不同的.

【例 1.3】(抽签与次序无关) 袋中有 a 只黑球,b 只白球,它们除颜色不同外其余无差异,现随机地把球一只一只地摸出(不放回),求 $A = \{$第 k 次摸出的一只球为黑球$\}$ 的概率($1 \leqslant k \leqslant a+b$).

【解】 题干要求第 k 次摸到黑球,说明第 k 次有特殊要求,我们优先处理第 k 次.

将球一只只摸出,则相当于把球摸出后放在 $a+b$ 个位置上,则第 k 次摸出的球相当于将球放在第 k 个位置上,我们先考虑第 k 个位置,要求放黑球,所以只能从 a 个黑球任选 1 个放在第 k 个位置上. 有 a 种选法,其余位置放黑球还是白球不影响第 k 次的结果. 第一个位置从余下的 $a+b-1$ 个球任一个放上,第 2 个位置有 $a+b-2$ 个球任选 1 个放上,依次类推,样本数为 $a(a+b-1)!$ 而样本空间为 $(a+b)!$ 故概率为 $\dfrac{a(a+b-1)!}{(a+b)!} = \dfrac{a}{a+b}$.

注 (1) 上例结论告诉我们,"仅仅"考虑第 k 次摸到黑球的概率与 k 并无关系,这一有趣的结果具有现实意义,比如日常生活中人们常爱用"抽签"的办法解决难以确定的问题,本题结果告诉我们,抽到"中签"的概率与"抽签"的先后次序无关.

抽签原理:袋中有 a 只黑球和 b 只白球(它们除颜色不同外其余无差异),不放回地从中任意依次将球摸出,则第 k 次摸出的一只球为黑球的概率为 $\dfrac{a}{a+b}$(与 k 无关),在选择题和填空题中可以直接应用.

(2) 古典概型问题,分子和分母计算方法要一致,要么都用组合,要么都用排列,否则容易出现错误.

【例 1.4】(分房问题)将 n 个人等可能地分到 $N(n \leqslant N)$ 间房中去,试求下列事件的概率:

$A = \{$某指定的 n 个房间中各有 1 人$\}$;
$B = \{$恰有 n 间房中各有一人$\}$;
$C = \{$某指定的房中恰有 $m(m \leqslant n)$ 人$\}$.

【解】将 n 个人等可能地分配到 N 间房中的每一间去,共有 N^n 种分法(用乘法原理).

对于事件 $A = \{$某指定的 n 个房间中各有 1 人$\}$,第一个人可分配到其中的任一间,因而有 n 种分法,第 2 个人分配到余下 $n-1$ 间中的任意一间,有 $n-1$ 种分法,依此类推,事件 A 包含的基本事件总数为 $n!$,于是 $P(A) = \dfrac{n!}{N^n}$.

对于事件 $B = \{$恰有 n 间房中各有一人$\}$,由于"恰有 n 间房"可在 N 间房中任意选取,且并不是指定的,故第一个步骤是从 N 间房中选取 n 个房间,有 C_N^n 种选法,对于选出来的 n 间房,按上面的分析,事件 B 共含有 $C_N^n \cdot n!$ 个基本事件,因此 $P(B) = \dfrac{C_N^n n!}{N^n}$.

对于事件 $C = \{$某指定的房中恰有 $m(m \leqslant n)$ 人$\}$,由于"恰有 m 人",可从 n 个人中任意选出,并不是指定的,因此第一步先选这 m 个人,共有 C_n^m 种选法,而其余 $n-m$ 个人可任意分配到其余 $N-1$ 间房中,有 $(N-1)^{n-m}$ 种分法,因此事件 C 包含的基本事件数为 $C_n^m(N-1)^{n-m}$,因此 $P(C) = \dfrac{C_n^m(N-1)^{n-m}}{N^n}$.

注 n 个人的生日问题、投信问题都属于分房问题,要分清什么是"人",什么是"房",且一般不能颠倒.

1.3.2 几何概型

古典概率有两个必须满足的条件:一是要求每个基本事件的发生是等可能的,二是要求样本空间中所含样本点个数是有限的.但是,对于试验结果是无穷多个的情形,我们仍然以基本事件的发生在等可能的情况下,样本空间可以用一个可度量的几何区域 Ω 来表示.此试验模型就是几何概型.

我们可以对照着古典概型来掌握几何概型.区别在于,原来古典概型下,事件能一个个数得过来,是个离散的点;但到了几何概型,样本点是连续的,数不过来了,所以这时我们就对应地用几何度量来替换掉个数之比,其余的都一样,几何度量包括长度、面积、体积等,相应地类比过来就可以了.

定义 1.3.2.1 称具有下列两个特征的随机试验 E 为几何模型(geometric probabilistic model):

(1) 样本空间 Ω 是某空间区域上的所有点,其样本点个数是无限个;

(2) 随机点是样本空间 Ω 内的一个点,且在任何区域 A 内的出现是等可能的(如图 1-1 所示).

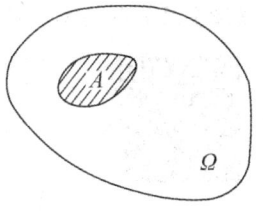

图 1-1 几何概型

由此可知,随机试验的样本空间是欧氏空间的某一区域 Ω(或 S,可以是一维空间的一段线段,二维空间的一块平面区域,三维空间的某一立体区域,甚至是 n 维空间的某一区域),则随机事件必然也是 Ω 的某一个部分区域,且每个"大小"相等的区域上的可能性是相等的,这里所说的区域"大小"是指数学上所讲的"度量". 故此,有了下文计算概率的公式.

定义 1.3.2.2 设几何概型的样本空间为 Ω,事件 A 是 Ω 中的任一区域,则定义事件 A 的概率为 $p(A) = \dfrac{\mu(A)}{\mu(\Omega)}$,其中 $\mu(\cdot)$(或 $L(\cdot)$、$S(\cdot)$)表示几何度量(在一维空间中是长度,在二维空间中是面积,在三维空间中是体积等等). 由上式确定的概率称为几何概率(geometric probability).

若 Ω 是一个可度量的几何区域,且样本点落入 Ω 中的某一可度量子区域 A 的可能性大小与 A 的几何度量成正比,而与 A 的位置与形状无关,称为几何概型.

【思考拓展】

数学是由两个大类——证明和反例组成,数学发展主要是提出证明和构造反例. 在数学上要论证一个命题的正确性是相当不易的,而要推翻一个命题,用一个反例就足够了. 比如需证明:世界上所有天鹅都是白天鹅,你考查了10万只天鹅,全是白的,也不能证明此命题,但如果你考查了10只天鹅,只要有一只不是白的便可推翻此命题. 由此可见,对命题构造反例是多么重要.

在大学数学的教育和学习中,反例的作用是多方面的,从科学上来讲,反例就是推翻错误命题的重要手段;从教学方面讲,反例是加深对概念和定理的理解的重要手段,还有助于发现问题,活跃思维,避免常犯的错误,并能培养学生的思维品质. 在概率论教学中,恰当地运用反例教学,可以帮助学生加深对该课程的理解,并激发他们积极思考,有助于提高教学质量;从自学角度来讲,运用反例对自学者更有指导作用,因为自学时,对一个结论不知对还是不对,有了反例就知道哪些结论是错误的,从而可以解决许多疑难问题. 因此在教学中引入反例,有利于对问题的理解.

不可能事件的概率必为零,反之却未必成立. 当考虑的概型为古典概型时概率为零的事件一定是不可能事件,但对于几何概型,概率为零的事件未必不可能事件. 例如,在会面问题中,事件 $B=$"两人同时到达",则 $B = \{(x,y) \in \Omega, x = y\}$,它的图形是一条对角线,而概率是用面积之比计算的,B 的面积为 0,所以 $P(B) = 0$,但 B 显然不是不可能事件 $\varnothing$.

【例 1.5】某舟桥部队接到命令要赶到某河岸为某部队架桥. 设舟桥部队将于7点到7:30之

间到达河岸,架桥需20分钟;部队将于7:30到8:00之间到达河岸,求部队到达河岸时可立即过河的概率.

【解】以7点为零点计时,以分钟为单位,如图1-2所示.

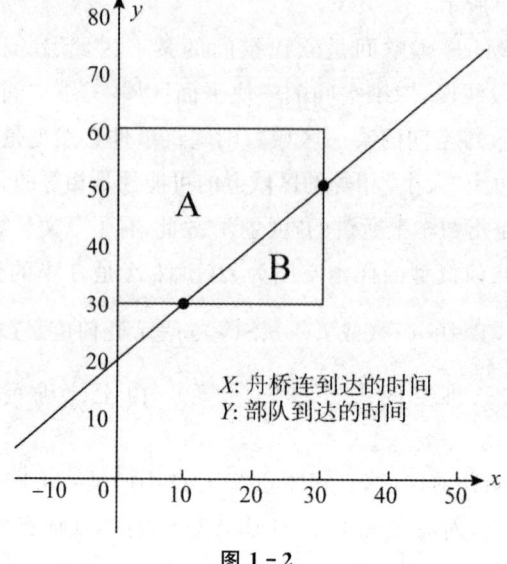

图1-2

$$A = \{\text{部队到达即可过河}\} = \{X + 20 \leqslant Y\} \cap \Omega$$

$$P(A) = \frac{S_A}{S_\Omega} = \frac{30^2 - \frac{1}{2} \cdot 20^2}{30^2} = 0.778.$$

1.4 条件概率

定义1.4.1 设 A、B 是随机试验 E 的两个事件,且 $P(A) > 0$,则称

$$P(B \mid A) = \frac{P(AB)}{P(A)}$$

为事件 B 在事件 A 发生条件下的条件概率(conditional probability).

条件概率也是概率,若 $P(A) > 0$,则条件概率具有如下性质:

(1) 非负性:对一切事件 A,$0 \leqslant P(B \mid A) \leqslant 1$;

(2) 正规性:$P(\Omega \mid A) = 1$;

(3) 有限可加性:设 $B_1, B_2, \cdots, B_n$ 是任意 n 个两两互不相容的事件,则有

$$P(\bigcup_{i=1}^{n} B_i \mid A) = \sum_{i}^{n} P(B_i \mid A)$$

所以条件概率 $P(\cdot \mid B)$ 也是概率,也具有概率的所有性质.

"条件概率是概率"是需要证明的,就像命题"白马是马"也需要证明一样,初学者要慢慢体会其中的奥妙.定义虽然不需要证明,但可解释其合理性.

$P(A \mid B)$ 的前提是"B 发生",此时样本空间变为 B,A 发生只可能是 AB 发生,故 $P(A \mid$

B) 定义为 $\dfrac{P(AB)}{P(B)}$,这是人们目前能想到的最合理的定义了.

条件概率 $P(A\mid B)$ 与 $P(A)$ 的区别:每一个随机试验都是在一定条件下进行的,$P(A)$ 是在该试验条件下的事件 A 发生的可能性大小,而条件概率 $P(A\mid B)$ 是在原条件下又添加"B 发生"这个条件时 A 发生的可能性大小,即 $P(A\mid B)$ 仍是概率. 它们的区别在于两者发生的条件不同,故它们是两个不同的概念,在数值上一般也不同.

由条件概率的定义立即可得乘法公式:

$$P(A\mid B)=\dfrac{P(AB)}{P(B)}\Rightarrow P(AB)=P(B)P(A\mid B),(P(B)>0).$$

$$P(B\mid A)=\dfrac{P(AB)}{P(A)}\Rightarrow P(AB)=P(A)P(B\mid A),(P(A)>0).$$

乘法公式也称为联合概率,是指两个任意事件乘积的概率,称之为交事件的概率,也可称为链式规则,它是一种把联合概率分解为条件概率的方法.

定理 1.4.1 (乘法公式的推广) 对 $\forall n$ 个事件 $A_1,\cdots,A_n$,若 $P(A_1,\cdots,A_n)>0$,则

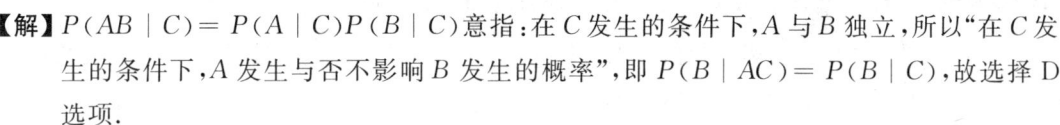

将公式记住即可,不需要证明.

【**例 1.6**】设 A、B、C 为事件,$P(ABC)>0$,
则 $P(AB\mid C)=P(A\mid C)\cdot P(B\mid C)$ 充要条件是( ).
(A) $P(A\mid C)=P(A)$
(B) $P(B\mid C)=P(B)$
(C) $P(AB\mid C)=P(AB)$
(D) $P(B\mid AC)=P(B\mid C)$

【**解**】$P(AB\mid C)=P(A\mid C)P(B\mid C)$ 意指:在 C 发生的条件下,A 与 B 独立,所以"在 C 发生的条件下,A 发生与否不影响 B 发生的概率",即 $P(B\mid AC)=P(B\mid C)$,故选择 D 选项.

我们也可以通过计算来确定选项.

事实上,$P(AB\mid C)=P(A\mid C)P(B\mid C)$,而

$$P(AB\mid C)=\dfrac{P(ABC)}{P(C)}=\dfrac{P(AC)}{P(C)}\cdot\dfrac{P(ABC)}{P(AC)}=P(A\mid C)P(B\mid AC).$$

即 $P(A\mid C)P(B\mid AC)=P(A\mid C)P(B\mid C),$

所以 $P(B\mid AC)=P(B\mid C).$

选项 A、B、C 分别是 A 与 C、B 与 C、AB 与 C 独立的充要条件.

注 条件 $P(ABC)>0$,除了保证各条件概率有意义外,还保证各项概率均不为零.

【**例 1.7**】已知 A,B 为随机事件,$0<P(A)<1,0<P(B)<1$,则 $P(\overline{A}\mid B)=P(B\mid\overline{A})$ 的充要条件是
(A) $P(B\mid A)=P(B\mid\overline{A})$

(B) $P(A|B) = P(A|\bar{B})$

(C) $P(\bar{B}|A) = P(A|\bar{B})$

(D) $P(A|B) = P(\bar{A}|B)$

【答案】C

【解】已知 $P(\bar{A}|B) = P(B|\bar{A})$，$\dfrac{P(\bar{A}B)}{P(B)} = \dfrac{P(B\bar{A})}{P(\bar{A})}$，即 $P(B) = P(\bar{A}) = 1 - P(A)$，所以 $P(A) + P(B) = 1$. 选项(A)、(B)是 A 与 B 独立的充要条件，因此不能选. 由"对称性"知选项(C)正确，应选(C).

事实上，$P(\bar{B}|A) = P(A|\bar{B})$，$\dfrac{P(\bar{B}A)}{P(A)} = \dfrac{P(A\bar{B})}{P(\bar{B})}$，即 $P(A) = P(\bar{B}) = 1 - P(B)$，所以 $P(A) + P(B) = 1$.

选项(D)未必成立，这是因为 $P(A|B) = P(\bar{A}|B) = 1 - P(A|B) \Leftrightarrow P(A|B) = \dfrac{1}{2}$，即 $\dfrac{P(AB)}{P(B)} = \dfrac{1}{2}$，$P(AB) = \dfrac{1}{2}P(B)$，推不出 $P(A) + P(B) = 1$，因此与 $P(\bar{A}|B) = P(B|\bar{A})$ 不等价.

【例1.8】四封信等可能投入三个邮筒，在已知前两封信放入不同邮筒的条件下，求恰有三封信放入同一邮筒的概率为_____.

【解】本题是求条件概率. 设事件 A 为前两封信放入不同邮筒.

事件 B 为恰有三封信放入同一邮筒. 所求的条件概率应为：

$$P(B|A) = \dfrac{P(AB)}{P(A)}$$

四封信任意投入三个邮筒，总的投法应有 3^4 种.

事件 A 发生的情况：第一封信可以随便投有 3 种. 第二封信不能投入第一封已投的邮筒，只有 2 种. 第三、四两信可以随意投共有 3×3 种.

所以 $P(A) = \dfrac{3 \cdot 2 \cdot 3 \cdot 3}{3^4}$.

事件 AB 发生的情况：第一、二两信投入有 3×2 种. 第三信只能投入已投有信的两邮筒之一，共 2 种. 第四信只能随第三信投入的邮筒，以确保有三封信在同一邮筒.

所以 $P(AB) = \dfrac{3 \cdot 2 \cdot 2 \cdot 1}{3^4}$.

总之 $P(B|A) = \dfrac{P(AB)}{P(A)} = \dfrac{3 \cdot 2 \cdot 2 \cdot 1/3^4}{3 \cdot 2 \cdot 3 \cdot 3/3^4} = \dfrac{2}{9}$.

答案应填 $\dfrac{2}{9}$.

【注】本题可用更方便的缩减样本空间解法. 可在看过条件概率之后来看这种求解方法，这种解法常应用于全概率公式中的条件概率计算.

$P(B|A)$ 是在 A 发生的条件下，求 B 发生的概率. A 发生了也就是说明两封信已投入不

同的邮筒中了,再将后两封信投入且要求恰有三封信在同一邮筒中,第三封信投入有 3 种可能,第四封信投入也有 3 种可能. 因此,在 A 发生的条件下,总共有 3×3 种可能. 现在 B 要发生只有能将第三,第四两信合在一起投入有信的两个邮筒,共有两种可能. 故 $P(B\mid A)=\dfrac{2}{9}$.

【例 1.9】10 件产品中含有 4 件次品,今从中任取两件,已知其中有一件是次品,则另一件也是次品的概率为_____.

【解】设事件 A 为取出两件产品中至少有一次品;

事件 B 为取出两件产品均为次品.

现取出两件中已知有一次品,也就是至少有一次品,即事件 A 发生的条件下,求另一件也是次品这事件,即两件均是次品这事件 B 发生的条件概率. $P(B\mid A)=\dfrac{P(AB)}{P(A)}=\dfrac{P(B)}{P(A)}$,$P(A)=1-P(\bar A)$,$\bar A$ 是两件中没有一次品. 故 $P(\bar A)=\dfrac{C_6^2}{C_{10}^2}=\dfrac{1}{3}$. 所以 $P(A)=\dfrac{2}{3}$. 当然也可以直接计算 $P(A)$,至少一次品有两种情况:一次一正和二件均次. 所以,$P(A)=\dfrac{C_4^1 C_6^1+C_4^2}{C_{10}^2}=\dfrac{2}{3}$. $P(B)=\dfrac{C_4^2}{C_{10}^2}=\dfrac{2}{15}$,总之 $P(B\mid A)=\dfrac{P(B)}{P(A)}=\dfrac{1}{5}$. 答案应填 $\dfrac{1}{5}$.

注 几种典型错误:

① 把本题看成是已知第一次取到次品的条件下,再取一个次品的概率. 这时 $P(B\mid A)=\dfrac{P(AB)}{P(A)}=\dfrac{C_4^2/C_{10}^2}{C_4^1/C_{10}^1}=\dfrac{1}{3}$.

或者用缩减样本空间法得 $P(B\mid A)=\dfrac{1}{3}$. 取二件中有一件为次品不等于第一次取得的为次品.

② 事件设得不正确:A 为两件中至少有一次品,但在求 $P(A)$ 时,计算成 $P(A)=\dfrac{C_4^1 C_9^1}{C_{10}^2}=\dfrac{4}{5}$,先从次品中取一次品 C_4^1,再从余下的 9 件中任意取 1. 以保证至少有一次品,这样会重复计算,得到的 $P(A)=\dfrac{4}{5}>\dfrac{2}{3}$.

本题当然也可以用缩减样本空间方法来计算 $P(B\mid A)$. A 发生了,至少有一个次品,总共有可能 $C_{10}^2-C_6^2$. 再发生 B,两个都次 C_4^2. 所以 $P(B\mid A)=\dfrac{C_4^2}{C_{10}^2-C_6^2}=\dfrac{1}{5}$.

【例 1.10】(结合独立性计算概率) 已知事件 A,B 满足概率 $P(A)=0.4$, $P(B)=0.2$,$P(A\mid \bar B)=P(A\mid B)$,则 $P(A\bigcup B)=$ _____.

【解】$P(A\bigcup B)=P(A)+P(B)-P(AB)$,又因为

$$P(A\mid \bar B)=P(A\mid B)\Leftrightarrow \dfrac{P(A\bar B)}{P(\bar B)}=\dfrac{P(AB)}{P(B)}\Leftrightarrow \dfrac{P(A)-P(AB)}{1-P(B)}$$

$$= \frac{P(AB)}{P(B)} \Leftrightarrow P(AB) = P(A)P(B),$$

因此 $P(AB) = 0.4 \times 0.2 = 0.08$.

得 $P(A \cup B) = P(A) + P(B) - P(AB) = 0.4 + 0.2 - 0.08 = 0.52$.

注 本题也可直接利用独立性的定义,由 $P(A|\bar{B}) = P(A|B)$ 可知事件 B 的发生与否对事件 A 的发生无影响,从而 A 与 B 独立.

【**例 1.11**】(2002 年) 设 A,B 是任意两事件,其中 A 的概率不等于 0 和 1,证明 $P(B|A) = P(B|\bar{A})$ 是事件 A 与 B 独立的充分必要条件.

【**证明**】(充分性) 由等式 $P(A|B) = P(A|\bar{B})$ 及条件概率的定义得

$$\frac{P(AB)}{P(B)} = \frac{P(A\bar{B})}{P(\bar{B})}, P(\bar{B})P(AB) = P(B)P(A\bar{B}),$$

代入 $P(A\bar{B}) = P(A) - P(AB), P(\bar{B}) = 1 - P(B)$,得

$$[1 - P(B)]P(AB) = P(B)[P(A) - P(AB)],$$

两边消去相同的项得 $P(AB) = P(A)P(B)$,

(必要性) 在上式两边减去 $P(A)P(AB)$,得

$$P(AB) - P(A)P(AB) = P(A)[P(B) - P(AB)],$$

上式可化为 $P(\bar{A})P(AB) = P(A)P(\bar{A}B), \frac{P(AB)}{P(A)} = \frac{P(\bar{A}B)}{P(\bar{A})},$

即得 $P(B|A) = P(B|\bar{A})$.

注 两事件独立的直观含义是其中一个事件的发生不影响另一个事件发生. 实际中常根据经验来判断. 也可以用下面的充要条件来判断:

(1) $P(AB) = P(A)P(B)$.

(2) $P(B|A) = P(B). (P(A) > 0)$

(3) $P(B|A) = P(B|\bar{A}). (1 > P(A) > 0)$

(4) $P(B|A) + P(\bar{B}|\bar{A}) = 1. (1 > P(A) > 0)$

结合上述独立性等价定义,你能理解本题的概率意义吗?

1.5 独立性

1.5.1 试验的独立性

定义 1.5.1.1 设有两个试验 E_1 和 E_2,假如试验 E_1 的任一结果与试验 E_2 的任一结果都是相互独立的事件,则称这两个试验是相互独立的.

独立性是许多概率模型和统计模型的前提条件,在许多情形下并不需要对独立性的定义进行验证. 独立性是人们根据试验的主观或客观条件,根据有关理论、实践知识或常识,对模型所做的要求或假设,而且,如果确信独立性存在,则利用独立性进行概率计算. 假如直观上或理论上无法确定独立性是否存在,则需要根据试验结果利用统计检验的方法判断独立性是否存在.

1.5.2 事件的独立性

一般来说,$P(A|B) \neq P(A), P(B) > 0$,这表明事件 B 的发生提供了一些信息,影响了事件 A 发生的概率. 但在有些情况下,$P(A|B) = P(A)$,从这可以想象出必定是事件 B 的发生对 A 发生的概率不产生任何影响,或不提供任何信息,即事件 A 与 B 发生的概率是互不影响的,这就是事件 A, B 相互独立.

定义 1.5.2.1 若两事件 A, B 满足 $P(AB) = P(A)P(B)$,则称 A 与 B 相互独立.

注 由于概率为 0 或 1 的事件之间具有非常复杂的关系,故请初学者注意:

(1) $\varnothing, \Omega$ 与任何事件都相互独立;进一步有:概率为 0 或 1 的事件与任何事件也相互独立. 例如,往线段 $[0,1]$ 上任意投一点,令事件 A = "点落在 0",事件 B = "点落在 0 或 1",则 $A \subset B$,但事件 A, B 相互独立;

(2) 事件的独立是指事件发生的概率互不影响,但可同时发生,而互不相容只是说两个事件不能同时发生,故事件 A, B 互不相容 $\Leftrightarrow$ 事件 A, B 相互独立.

定理 1.5.2.1 若 $P(B) > 0$,则 A, B 相互独立 $\Leftrightarrow P(A|B) = P(A)$.

【证明】必要性:由乘法定理得,$P(AB) = P(B)P(A|B)$,又由相互独立,得 $P(AB) = P(A)P(B)$. 因为 $P(B) > 0$,故上式两边同时除以 $P(B)$,可得 $P(A|B) = P(A)$.

充分性:由乘法定理和所给条件,有 $P(AB) = P(B)P(A|B) = P(A)P(B)$.

故 A, B 相互独立.

定理 1.5.2.2 若四对事件 A 与 B, A 与 $\bar{B}, \bar{A}$ 与 $B; \bar{A}$ 与 $\bar{B}$ 中有一对是相互独立的,则另外三对事件也是相互独立的,即这四对事件或者都相互独立,或者都不相互独立.

【证明】下面仅证明当 A、B 相互独立时,另外三对事件也相互独立,如图 1-3 所示,其他情况的证明类似.

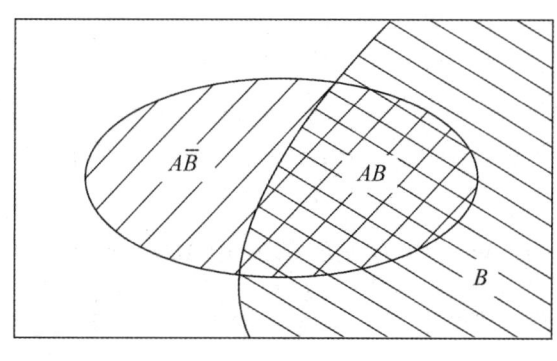

图 1-3

由 $A = A\Omega = A(B + \bar{B}) = AB + A\bar{B}$,得
$$P(A) = P(AB + A\bar{B}) = P(AB) + P(A\bar{B}) = P(A)P(B) + P(A\bar{B})$$
即 $$P(A\bar{B}) = P(A) - P(A)P(B) = P(A)[1 - P(B)] = P(A)P(\bar{B})$$
故 A、B 独立则 A、$\bar{B}$ 独立. 由此容易推得 $\bar{A}$ 与 B 独立,$\bar{A}$ 与 $\bar{B}$ 独立.

注(1) 事件的独立与事件互不相容是完全不同的两个概念. 事件的独立性是从概率的意义上描述的,即两个事件独立是指一个事件的发生与否不影响另一事件发生的概率;事件

的相容性是由事件的运算关系描述的,两个事件互不相容是互斥的,不能同时发生.事实上,若$P(A)>0$且$P(B)>0$,则事件A与B相互独立与互不相容是不能同时成立的.并且还可以证明,若A与B既相互独立,又互斥,则A与B至少有一个是零概率事件.

(2) 其推广形式:$A_1,A_2\cdots A_n$,从中任选出两部分B_1与B_2,分别对B_1与B_2中的元素进行四则运算形成新的事件C_1与C_2,只要B_1与B_2这两部分没有重合的元素,无论它们各自内部进行何种运算,C_1与C_2仍然是独立的.

定理 1.5.2.3 有限个事件的相互独立性

设A、B、C是三个事件,若满足等式
$$\begin{cases} P(AB) = P(A)P(B) \\ P(AC) = P(A)P(C) \\ P(BC) = P(B)P(C) \\ P(ABC) = P(A)P(B)P(C) \end{cases}$$

则称事件A、B、C相互独立.

注 若事件A、B、C相互独立,则A,B,C必两两独立. 但是,若由A,B,C两两独立却不能推出A,B,C相互独立,即不能由式中的前三个式子推出式中的第四个式.

注 在现实生活中,难以想像两两独立而不相互独立的情况,可以这样想:独立性毕竟是一个数学概念,是现实世界中通常理解的那种"独立性"的一种数学抽象,它难免会有些不尽人意的地方.

【例1.12】设两两独立且概率相等的三事件A,B,C满足条件$P(A\cup B\cup C)=\dfrac{9}{16}$,且$ABC=\varnothing$,则$P(A)$的值为

(A) $\dfrac{1}{4}$ (B) $\dfrac{3}{4}$ (C) $\dfrac{1}{4}$或$\dfrac{3}{4}$ (D) $\dfrac{1}{3}$

【答案】A

【解】设$P(A)=x$,则$P(A)=P(B)=P(C)=x$且$P(AB)=P(BC)=P(AC)=x^2$.

由公式
$$P(A\cup B\cup C)=P(A)+P(B)+P(C)-P(AB)-P(BC)-P(AC)+P(ABC)$$
得$\dfrac{9}{16}=3x-3x^2+0$,所以$x^2-x+\dfrac{3}{16}=0$,解得$x=\dfrac{1}{4}$或$\dfrac{3}{4}$.

$x=\dfrac{3}{4}$是不可能的,因为$P(A\cup B\cup C)\geqslant P(A)$,不可能$\dfrac{9}{16}\geqslant\dfrac{3}{4}$. 故只能有$x=\dfrac{1}{4}$.

【例1.13】将一枚对称且均匀的硬币接连掷n次. 引进事件:

$A=\{$正面最多出现一次$\}$,$B=\{$正面和反面各至少出现一次$\}$.

试就$n=2,3$和4的情形讨论事件A和B的独立性.

【解】设$X_n=\{$将硬币掷n次正面出现的次数$\}$. 易见

$A=\{X_n\leqslant 1\}$,$B=\{X_n\geqslant 1,n-X_n\geqslant 1\}$,$\overline{B}=\{X_n=0\}+\{X_n=n\}$.

显然 X_n 服从参数为 $\left(n, \dfrac{1}{2}\right)$ 的二项分布. 需要就 $n = 2, 3$ 和 4 的情形讨论 $P(AB) = P(A)P(B)$ 的条件

$$P(A) = P\{X_n = 0\} + P\{X_n = 1\} = \frac{1}{2^n} + \frac{n}{2^n} = \frac{n+1}{2^n};$$

$$P(B) = 1 - P\{X_n = 0\} - P\{X_n = n\} = 1 - \frac{1}{2^{n-1}}.$$

当 $n \geqslant 2$ 时,由 $AB = \{X_n = 1\}$,可见 $P(AB) = P\{X_n = 1\} = \dfrac{n}{2^n}$.

当 $n = 2$ 时,$P(A) = \dfrac{3}{4}$,$P(B) = \dfrac{1}{2}$,$P(AB) = \dfrac{1}{2}$,即 $P(AB) \neq P(A) \cdot P(B)$. 得出 A、B 不独立.

当 $n = 3$ 时,$P(A) = \dfrac{1}{2}$,$P(B) = \dfrac{3}{4}$,$P(AB) = \dfrac{3}{8}$,即 $P(AB) = P(A) \cdot P(B) \Rightarrow A$、$B$ 相互独立.

当 $n = 4$ 时,$P(A) = \dfrac{5}{16}$,$P(B) = \dfrac{7}{8}$,$P(AB) = \dfrac{1}{4}$,即 $P(AB) \neq P(A) \cdot P(B)$,得出 A、B 不独立.

【例 1.14】 设 A、B、C 是三个相互独立的随机事件,且 $0 < P(C) < 1$,则下列给定的四对事件中不相互独立的是 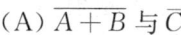 .

(A) $\overline{A+B}$ 与 $\overline{C}$ (B) $\overline{AC}$ 与 $\overline{C}$

(C) $\overline{A-B}$ 与 $\overline{C}$ (D) $\overline{AB}$ 与 $\overline{C}$

【解】 因为 A、C、D 均没有公共元素,所以答案是 B. 因为有公共元素 C.

1.5.3 n 重伯努利试验

定义 1.5.3.1 如果试验 E 只有两个可能结果 A 和 $\overline{A}$,则称 E 为伯努利试验. 将 E 独立重复地进行 n 次,即 n 重独立重复试验中,每次试验只有两个结果 A 和 $\overline{A}$,则称这一串重复的试验为 n 重伯努利试验.

在这里,"独立"是指试验之间相互独立,"重复"是指每次试验中事件 A 发生的概率保持不变. 掷 n 次硬币就可以看作 n 重伯努利试验.

要善于判定独立试验序列概型,只要题目中出现"将 … 重复进行 n 次""对 … 重复观察 n 次"等字样,或可以转换为 n 次独立重复试验概型的问题.

设在每次试验中,随机事件 A 发生的概率均为 $P(A)$,若进行了 n 次独立重复的试验,则随机事件 A 恰好发生了 k 次的概率为 $C_n^k p^k (1-p)^{n-k}$.

如何更好地计算伯努利概率呢?必须确保是同一种试验重复做了 n 次,是条件不变,重复做,每一次试验你所关注的结果都是相同的,所以每次试验你关注的这个结果发生的概率 P 就是一样的. 因此可以分为如下几步,第一步从 n 次里选出满足条件的次数 k,利用组合的公式,一共有 C_n^k 种可能性,我们接着把这 k 次有特殊要求的试验先安排好,因为相互独立,所以是直接乘起来,发生的概率为 $P·P\cdots P$(一共 k 次),接下来处理余下没发生的 $n-k$ 次,发生的概率为 $(1-P)·(1-P)\cdots(1-P)$(一共 $n-k$ 次),只有这些步骤都完成,整件事才算完成,故根据乘法公式,概率为 $C_n^k p^k (1-p)^{n-k}$.

【例 1.15】某人向同一目标独立重复射击,每次击中目标的概率为 P,则此人的第 4 次射击恰好是第 2 次命中目标的概率为_____.

【解】因为此人的第 4 次射击恰好是第 2 次命中目标,那就说明前三次中击中了一次.那整个过程可以分为两步,第一步从前三次中任选一次,这次击中,余下的两次均没有击中,第二步第 4 次击中目标.

设 A = "射击一次,击中目标", $\bar{A}$ = "射击一次,未击中目标".

则 $P(A) = P, P(\bar{A}) = 1-P$

先来分析第一步:在每次实验中,随机事件 A 发生的概率为 P,总共进行了 3 次,恰好发生了一次的概率为 $C_3^1 p(1-p)^{3-1} = 3p(1-p)^2$.

再看第二步:因为是相互独立的试验,故第 4 次击中目标的概率为 P.

这个时候,要想把整个事情完成是不是一二两步都得完成才可以吧,任何一步都不能独立完成整个事情,因此要用乘法公式,故最终的概率为:第一步的概率乘上第二步的概率为 $3p^2(1-p)^2$.

【例 1.16】甲、乙二人都有 n 个硬币,全部掷完后分别计算出各自出现正面的次数,求甲、乙二人出现正面数相等的概率.

【解】甲、乙二人全部掷完后分别出现 k 次正面的概率均为

$$P_n(k) = C_n^k \left(\frac{1}{2}\right)^k \left(\frac{1}{2}\right)^{n-k} = C_n^k \left(\frac{1}{2}\right)^n.$$

由于两人是独立投掷,故硬币出现正面次数相同的概率为

$$p = \sum_{k=0}^n P_n(k)P_n(k) = \sum_{k=0}^n \left[C_n^k\left(\frac{1}{2}\right)^n\right]^2 = \frac{1}{2^{2n}}\sum_{k=0}^n C_n^k C_n^{n-k} = \frac{1}{2^{2n}} C_{2n}^n.$$

注 最后一步用到一个组合公式: $\sum_{i=0}^k C_m^i C_n^{k-i} = C_{m+n}^k$. 右边可看作从 $m+n$ 个不同元素中任取 k 个元素之取法种数;左边将 $m+n$ 元素分成两部分,第一部分 m 个,第二部分 n 个. 从第一部分中任取 i 个,再从第二部分中任取 $k-i$ 个,由乘法原理得种数为 $C_m^i C_n^{k-i}$, i 的情况从 0 取到 k.

1.6 全概率公式和贝叶斯公式

这是考试的重点内容,众多考生困惑的是如何使用这个公式,不知道如何下手.接下来就具体给大家讲解下.

使用条件:只针对两次试验,而且后一次试验你所关注的结果发生与否受上一次试验的

影响.若超过了两次试验,就不能再用,应该考虑用其他方法.

使用方法:① 找一组完备事件组,如何找?就是把第一次试验的每一种可能的结果找出来,写成基本事件 $B_1,B_2,\cdots,B_n$,就可以看成是一组基本事件组.

② 随机事件 A 怎么找?就是第二次试验你所关注的结果.

③ $P(A) = P(A\Omega) = P[A(B_1+B_1+\cdots+B_n)] = P(AB_1)+P(AB_2)+\cdots+P(AB_n)$
$= P(A\mid B_1)P(B_1)+P(A\mid B_2)P(B_2)+\cdots+P(A\mid B_n)P(B_n)$

全概率公式是求结果发生的概率,若反过来,知道结果了,想求哪种原因导致的,这时就要用到贝叶斯公式,一定要注意,贝叶斯公式的使用条件和全概率公式是一样的.

设试验 E 的样本空间为 Ω,A 为试验 E 的事件,$B_1,B_2,\cdots,B_n$ 为样本空间 Ω 的一个完备事件组,且 $P(A)>0,P(B_i)>0,i=1,2,\cdots,n$,则

$$P(B_i\mid A) = \frac{P(AB_i)}{P(A)} = \frac{P(A\mid B_i)P(B_i)}{\sum_{j=1}^{n}P(A\mid B_j)P(B_j)}$$

上式称为贝叶斯公式.

该公式于1763年由贝叶斯(Bayes)给出.它是在观察到事件 A 已发生的条件下,寻找导致 A 发生的每个原因的概率.全概率公式看成"由原因推结果",贝叶斯公式可看成"由结果推原因",可以帮助人们确定某结果发生的最可能原因.在贝叶斯公式中,$P(B_i)$ 是由以往的数据分析得到的,称为先验概率.当随机试验发生以后,在得到信息之后再重新加以修正的概率,称为后验概率.

【例 1.17】在某工厂里有三台机器生产螺丝钉,它们的产量各占 25%,35%,40%.并在各自的产品里,不合格占 5%,4%,2%,现在从产品中任取一只,问:

(1) 取到的是不合格品的概率是多大?

(2) 取到这个产品分别来自每台机器的概率?

【解】(1) 首先分析做了几次试验:两次.第一次是从三台机器里任选一台,第二次从选中的这台机器生产的产品中任选一只,很显然第二次试验中到底选中的是哪个产品受第一次试验选中的机器的影响,因为每台机器生产的产品在总产品中占的份额不同且不合格率也不同,故就可以使用全概率公式.

找完备事件组,就是第一次试验的结果:B_1 = "选中第一台机器",B_2 = "选中第二台机器",B_3 = "选中第三台机器".

随机事件 A = "第二次试验,你所关心的结果,也就是题干让你求的" = "从产品中取到的是不合格品"

$$P(B_1) = \frac{25}{100}, P(B_2) = \frac{35}{100}, P(B_3) = \frac{40}{100},$$

$$P(A\mid B_1) = \frac{5}{100}, P(A\mid B_2) = \frac{4}{100}, P(A\mid B_3) = \frac{2}{100},$$

由全概率公式有

$$P(A) = P(A\Omega) = P[A(B_1+B_2+B_3)] = P(AB_1+AB_2+AB_3)$$
$$= P(A|B_1)P(B_1) + P(A|B_2)P(B_2) + P(A|B_3)P(B_3)$$
$$= \frac{25}{100} \times \frac{5}{100} + \frac{35}{100} \times \frac{4}{100} + \frac{40}{100} \times \frac{20}{100} = \frac{345}{10000} = 0.0345$$

(2) $P(B_1|A) = \frac{P(AB_1)}{P(A)} = \frac{P(A|B_1)P(B_1)}{P(A)} = \frac{0.05 \times 0.25}{0.0345} = 0.36$

$P(B_2|A) = \frac{P(AB_2)}{P(A)} = \frac{P(A|B_2)P(B_2)}{P(A)} = \frac{0.04 \times 0.35}{0.0345} = 0.41$

$P(B_3|A) = \frac{P(AB_3)}{P(A)} = \frac{P(A|B_3)P(B_3)}{P(A)} = \frac{0.02 \times 0.4}{0.0345} = 0.23$

【例1.18】设5个元件 $A_1, \cdots, A_5$ 组成桥式系统 S(见图1-4),每个元件正常工作的概率都为 $p = 0.9$,试求桥式系统正常工作的概率.

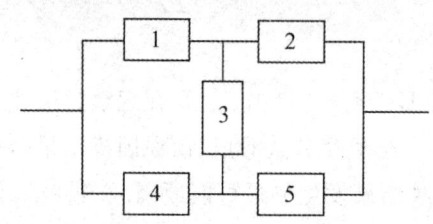

图1-4 桥式系统

【解】由电路理论可知,在桥式系统中,第3个元件是关键,因为:

(1) 在"第3个元件不能正常工作"的条件下,元件1、2构成串联系统,记为 S_1,元件4、5构成串联系统,记为 S_2,然后系统 S_1, S_2 并联.

$$P(S_1) = P(S_2) = P(A_1A_2) = p^2 = 0.81.$$
$$P(S|\overline{A}_3) = P(S_1 \bigcup S_2) = P(S_1) + P(S_2) - P(S_1 \bigcap S_2) = 1 - (1-p^2)^2 = 0.9639.$$

(2) 在"第3个元件正常工作"的条件下,元件1、4构成并联系统,记为 S_3,元件2、5构成并联系统,记为 S_4,然后系统 S_3, S_4 串联.

$$P(S_3) = P(S_4) = P(A_1 \bigcup A_2) = 1 - (1-p)^2 = 0.99.$$
$$P(S|A_3) = P(S_3S_4) = [1-(1-p^2)]^2 = 0.9801.$$

因此由全概率公式可得

$$P(S) = P(A_3)P(S|A_3) + P(\overline{A}_3)P(S|\overline{A}_3)$$
$$= 0.9 \times 0.9801 + 0.1 \times 0.9639 = 0.9785.$$

【例1.19】10台洗衣机中有3台二等品,现已售出一台,在余下的9台中任取2台发现均为一等品,则原先售出一台为二等品的概率为

(A) $\frac{3}{10}$ (B) $\frac{1}{4}$ (C) $\frac{1}{5}$ (D) $\frac{3}{8}$

【解】设事件 A 为售出的一台为二等品;事件 B 为取两台均为一等品. 则所求概率为

$$P(A\mid B) = \frac{P(A)P(B\mid A)}{P(B)} = \frac{P(A)P(B\mid A)}{P(B\mid A)P(A) + P(B\mid\overline{A})P(\overline{A})}$$

其中,$P(A) = \frac{3}{10}, P(\overline{A}) = \frac{7}{10}, P(B\mid A) = \frac{C_7^2}{C_9^2} = \frac{7}{12}, P(B\mid\overline{A}) = \frac{C_6^2}{C_9^2} = \frac{5}{12}$.

所以 $P(A\mid B) = \dfrac{\frac{3}{10}\cdot\frac{7}{12}}{\frac{7}{12}\cdot\frac{3}{10} + \frac{5}{12}\cdot\frac{7}{10}} = \frac{3}{8}$.

答案应选 D.

第 2 章　随机变量及其分布

【导言】

在第一章我们研究了一次试验、二次试验、三次及三次以上试验如何求概率,也就是说我们从次数上来研究如何求概率,是一种横向研究,现在我们把视线拉过来,就研究一次试验,对试验进行纵向研究,即研究这次试验的不同结果,有没有一个统一的公式或方法把这些不同结果发生的可能性表示出来. 如果可以的话,那再算概率就方便很多了,直接代入公式就出来相应的概率,这就是第二章要研究的问题.

学习本章需要掌握以下内容:一是一维随机变量定义,并利用定义求参数;二是熟记常见一维离散型和连续型随机变量的分布,并会利用分布求概率;三是利用分布函数法求随机变量函数的分布. 这章是二维随机变量的基础,每年必考,单独直接考查 4 分,也经常与二维随机变量相结合去考查,10 分.

【考试要求】

考试要求	科目	考试内容
了解	数一	泊松定理的结论和应用条件
	数三	
理解	数一	随机变量,分布函数及其性质,离散型随机变量及其概率分布,连续型随机变量及其概率密度
	数三	
会	数一	计算与随机变量相联系的事件的概率,用泊松分布近似表示二项分布,求随机变量函数的分布
	数三	
掌握	数一	0—1 分布、二项分布、几何分布、超几何分布、泊松分布及它们的应用、均匀分布、指数分布、正态分布及它们的应用
	数三	

【知识网络图】

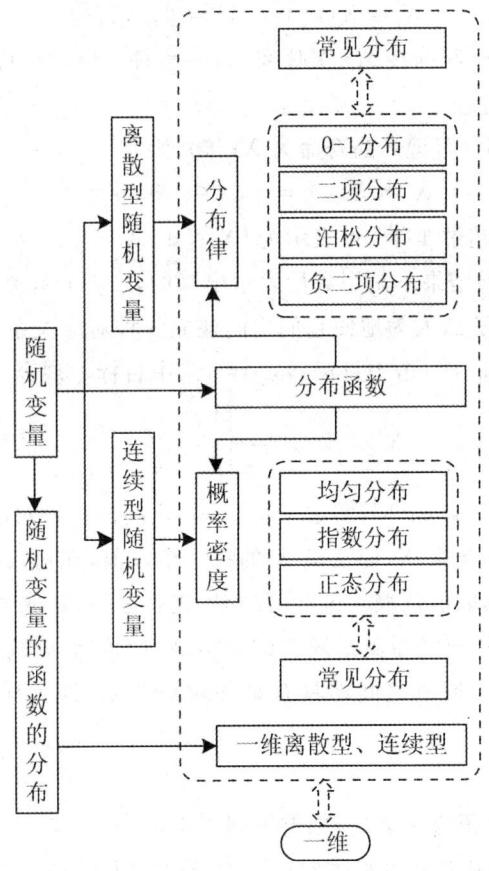

【内容精讲】

2.1 随机变量的概念

古典概率的计算中,我们的计算工具不够强大,相当于我们一直在用"小米加步枪"这种落后工具搞科研,学了高等数学我们就知道了微积分是一个强大的计算工具,那么能不能把微积分的关于函数的导数、积分、无穷级数等知识用于一些概率与分布的数字特征计算呢?如果要达到目的还缺少什么环节呢?那么我们来开启发现和探索之旅.

我们对各种随机试验的结果进行分析后,可以将其归纳为以下两种情况:

(1) 随机试验的结果可以直接用数量表示,则随机事件与实数之间天然地存在着密切的客观联系. 比如:

① 在独立试验序列中,若 X 是在 n 次试验中事件 A 出现的次数,其中 ω_i 为样本空间 Ω 的一个子集. 则

$$X = X(\omega_i) = i, i = 1, 2, \cdots, n$$

而"n 次试验中 A 出现 k 次"这一事件可简单地记作 $\{X = k\}$,事件"n 次试验中 A 出现的次数大于 2 小于 5"可表示为 $\{2 < X < 5\} = \{X = 3\} + \{X = 4\}$.

② 考查电话总机在单位时间内接到呼唤的次数,若记其为 X,则
$$X = X(\omega_i) = i, i = 0,1,2,\cdots$$
而 $\{X = k\}$ 就表示"单位时间内接到 k 次呼唤"这一事件,事件"单位时间内至少接到 10 次呼唤"可以表示为 $\{x \geqslant 10\}$.

③ 考查某产品的寿命,若记产品寿命为 X(年),则
$$X = X(\omega) = x, x \in [0, +\infty]$$
事件"这种产品的寿命不超过 1 年"可表示为 $\{X \leqslant 1\}$.

(2) 随机现象中,试验结果不是用数量表示出来的,二者看起来没有必然的联系,但可以通过设计一些变量(构造法),人为地使它们之间建立一种对应关系.例如:

射手射击.样本点 $\omega_1 = \{$击中目标$\}, \omega_2 = \{$未中目标$\}$,现令
$$X = X(\omega) = \begin{cases} 1, & \omega = \omega_1 \\ 0, & \omega = \omega_2 \end{cases}$$
可见,这是样本空间 $\Omega = \{\omega_1, \omega_2\}$ 与实数子集 $\{1,0\}$ 之间的一种对应关系.

以上的例子中出现了变量 X,而变量 X 的每一个取值,在每次试验前是不能确定、无法预测的.因为这种变量的取值依赖于试验的结果,也就是说,其取值具有随机性.所以,称之为随机变量.也可以说,随机变量就是随着试验结果的不同而随机地取各种不同值的变量.然而,试验结果与随机变量取值之间却具有某种对应关系,即为样本点与实数之间的一种对应.

2.1.1 随机变量的定义

如果要用严格的数学语言来表达,则有下列定义:

定义 2.1.1.1 设随机试验的样本空间为 Ω,若对任何 $\omega \in \Omega$,有唯一实数 $X = X(\omega)$ 与之对应,则称实值单值函数 $X = X(\omega)$ 为定义在样本空间 Ω 上的随机变量.随机变量通常用大写字母 X, Y, Z 等或用希腊字母 ξ, ζ 等表示,而所取的值一般用小写字母 x, y, z 等表示,如 $X(\omega) = x$.

由此可知,定义在样本空间 Ω 上的单值实函数 $X(\omega)$,即随机变量 $X(\omega)$ 可以看成是实数轴上的随机点,它的取值具有确定的概率.随机变量的直观解释如图 2-1 所示.因此,称随机变量 $X(\omega)$ 是一个随机函数,它与我们以前在高等数学中学过的普通函数 $f(x)$ 之间有如下关系:

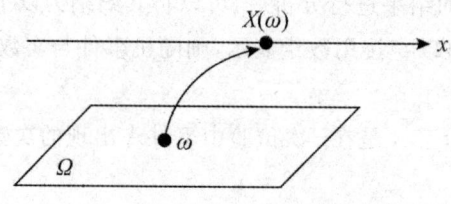

图 2-1 随机变量的直观图

不同之处:

(1) $X(\omega)$ 的定义域为样本空间 Ω,自变量为样本点 ω,而普通函数 $f(x)$ 定义域为实数集;

(2) $X(\omega)$ 的取值具有随机性,并且 $X(\omega)$ 所取每个值或每个确定范围内的值有一定的概率规律,而普通函数 $f(x)$ 的取值具有确定性.

相同之处:两变量函数 $X(\omega)$ 和 $f(x)$ 的值域都是实数集.

可见,随机变量的引进,不仅使随机事件的表达在形式上简单化,更重要的是它还具有更深远的意义,如同对随机事件一样,我们所关心的不仅是试验会出现什么结果,更重要的是要知道出现这些结果的概率大小.对于随机变量,我们不但要知道它取什么值,而且要知道它取这些值时的概率.这是概率论中我们必须要研究的问题.

2.1.2 随机变量与随机事件的关系

简单来说随机变量描述的随机试验如"掷一枚硬币出现正面还是反面"这样一句话,我们用随机变量"X"来表示来代替,简洁明了,一旦给随机变量赋值,就转化为随机事件,如"$X=$ 正面"表示的含义就变成"掷一枚硬币出现正面",故随机变量有关的计算要全部转化为随机事件概率的计算.

随机事件"数字化"的思想导致了"随机变量"这一概念的诞生,极大地推动了概率论的发展.引入随机变量以后,就可以用随机变量 X 来描述随机试验.一般地,随机变量的等式或不等式都表示随机事件,如 28 页引例 ① 的 $\{2<X<5\}$ 表示事件"n 次试验中 A 出现的次数大于 2 小于 5",29 页引例 ③ 的 $\{X\leqslant 1\}$ 表示事件"产品的寿命不超过 1 年",等等.因此,随机事件包容在随机变量这个范围更广的概念之内.随机事件是从静态的观点来研究随机现象,而随机变量则是从动态的观点来考查随机现象的.这使人们对随机现象统计规律的研究,由对事件及其概率的研究转化为对随机变量取值规律及其概率分布的研究,从而可以利用数学分析的方法对随机试验的结果进行广泛而深入的分析.因此,在后面我们将讨论随机变量的概率分布问题.

从上述例子中可以看到,有了随机变量 X,则随机试验中可能发生的随机事件就可以用 X 的取值范围来表示.一般地,设 $G\in\mathbf{R}$ 是一实数集(G 不一定是一个区间),我们就以 $\{X\in G\}$ 表示随机事件"X 的取值在 G 内",相应的概率为 $P\{X\in G\}$.

将一枚硬币抛掷三次观察正反面出现的情况,这一试验的样本空间是:
$$\Omega=\{正正正,正正反,正反正,正反反,反正正,反正反,反反正,反反反\}.$$

我们感兴趣的是出现正面的次数 X,而对正面在哪一次投掷时出现并不关心.比如我们不关心实际出现的是"正正反","正反正"还是"反正正",而只关心当这些样本点出现时 $X=2$.显然,一个样本点对应 X 的一个值.因此,X 是定义在样本空间 $\Omega=\{\omega\}$ 上的样本点的函数,即

$$X=X(\omega)=\begin{cases}0, & \omega=反反反\\ 1, & \omega=正反反,反正反,反反正\\ 2, & \omega=正正反,正反正,反正正\\ 3, & \omega=正正正\end{cases}$$

这里的函数与微积分中的函数有很大区别,一方面 X 取何值在试验前不能准确预言,它的取值取决实验出现的结果,这是 X 的随机性特点,也正是因为这个特点,形成了与微积分

中变量的区别,随机变量因此而得其称呼.另一方面,X 取各个可能值的概率是确定的,这是 X 具有统计规律的特点.

注 (1) 随机事件是从静态的观点来研究随机现象,而随机变量则是一种动态的观点,一如高等数学中常量与变量的区别与联系.

(2) 随机变量的实质是"实单值函数",这个定义不同于一般高等数学中函数的定义(其"定义域"一定是实数集),它的"定义域"不一定是实数集,而是样本空间,这点需要大家注意.单值函数的意思是对应每个因变量函数有唯一对应的自变量,实就是实数的意思.

(3) 同一个样本空间可以同时定义多个随机变量,后面研究的多维随机变量就是这类的.例如,要研究某地区儿童的发育情况,往往需要多个指标,如身高、体重、头围等.

(4) 随机变量的函数一般也是随机变量.

(5) 可以根据随机事件定义随机变量,设 A 为随机事件,则可定义

$$X_A = \begin{cases} 1, \omega \in A \\ 0, \omega \in \overline{A} \end{cases}$$

称 X_A 为 A 的示性变量(作为了解即可).

(6) 随机变量常以大写字母记,其具体取值则用相应的小写字母表示.例如,随机变量 X 可以取值 x.

2.2 分布函数

我们引入随机变量,目的是得到 X 的统计规律,那么如果我们已经掌握了 X 取各个值的概率,于是我们需要掌握用 X 表示各种随机事件的概率.例如,$\{X > x\}$,$\{X \leqslant x\}$,$\{a < X \leqslant b\}$ 等都表示随机事件.其概率相应地简记为 $P(X > x)$,$P(X \leqslant x)$,$P(a < X \leqslant b)$,注意到这些事件都可用形如 $\{X \leqslant x\}$ 的事件来表示,因为

$$\{X > x\} = \Omega - \{X \leqslant x\} = \overline{\{X \leqslant x\}}$$
$$\{a < X \leqslant b\} = \{X \leqslant b\} - \{X \leqslant a\}$$

所以,只需考虑 $\{X \leqslant x\}$ 这种事件的概率即可,于是下面引入分布函数的概念.

定义 2.2.1 设 X 是一个随机变量,对任意实数 x,则函数

$$F(x) = P(X \leqslant x)$$

称为随机变量 X 的分布函数.简记为 $X \sim F_X(x)$.

注 (1) 分布函数是定义在全体实数上的一个普通实值函数,其定义域为 $(-\infty, +\infty)$,即 $x \in (-\infty, +\infty)$;值域为 $[0,1]$,即 $F(x) \in [0,1]$.

(2) 分布函数 $F(x)$ 表示事件 $\{X \leqslant x\}$ 的概率,即随机变量 X 落在区间 $(-\infty, x]$ 上的概率.

(3) 按分布函数的定义可知,

$$P(a < X \leqslant b) = P(X \leqslant b) - P(X \leqslant a) = F(b) - F(a)$$

(4)"X 的分布为 $F_X(x)$"可简记为"$X \sim F_X(x)$",其中记号"$\sim$"读作"服从或者分布如". 此外,"$X \sim F_X(x)$"也可以等价地写作"$X \sim f_X(x)$". 若 X 和 Y 有相同分布,则可记作 "$X \sim Y$".

由于分布函数对随机变量的类型并无限定,因此,用分布函数 $F(x)$ 可以完整地描述任一随机变量的取值规律及其概率分布,若已知随机变量的分布函数,则可由它求出与随机变量 X 有关的随机事件的概率.

在随机变量连续的情形下,我们可以忽略区间类型的差异. 事实上,对连续随机变量有 $P(X=x)=0$(测度论称为不可测,比如 X 服从 $[1,5]$ 的均匀分布,$P(X=1.5)=0$),因而
$$P(a<X<b)=P(a<X\leqslant b)=P(a\leqslant X<b)=P(a\leqslant X\leqslant b)$$

2.2.1 分布函数的基本性质

(1)正规性　$F(x)$ 是有界的,即 $0\leqslant F(x)\leqslant 1$,且 $F(+\infty)=\lim\limits_{x\to+\infty}F(x)=1$,
$$F(-\infty)=\lim\limits_{x\to-\infty}F(x)=0$$

【证明】因为 $F(x)=P\{X\leqslant x\}$,即 $F(x)$ 是 X 落在 $(-\infty,x)$ 里的概率,所以 $0\leqslant F(x)\leqslant 1$.

对于其余两式,我们只要对式 $F(x)=P(X\leqslant x)$ 两边分别取 $x\to-\infty$ 和 $x\to+\infty$ 时的极限,可得
$$F(+\infty)=P\{X<+\infty\}=P(\Omega)=1$$
$$F(-\infty)=P\{X<-\infty\}=P(\Phi)=0$$

(2)单调性　函数 $F(x)$ 单调不减,即若 $x_1<x_2$,则 $F(x_1)\leqslant F(x_2)$.

【证明】设 $x_1<x_2$,则 $\{X\leqslant x_1\}\subset\{X\leqslant x_2\}$,$\{X\leqslant x_2\}-\{X\leqslant x_1\}=\{x_1<x\leqslant x_2\}$, 由分布函数的定义及概率的性质知 $F(x_2)-F(x_1)=P\{x_1<X\leqslant x_2\}\geqslant 0$,因此 $F(x_1)\leqslant F(x_2)$.

(3)右连续
$$\lim\limits_{\Delta x\to 0^+}[F(x+\Delta x)-F(x)]=\lim\limits_{\Delta x\to 0^+}P(x<X\leqslant x+\Delta x)$$
$$=P(x<X\leqslant x)=P(\varnothing)=0.$$

以上三条性质是分布函数必须具有的性质. 还可以证明:如果函数 $F(x)$ 满足上述三条性质,则必存在概率空间 (Ω,F,P) 及其上的一个随机变量 X,使得 X 的分布函数为 $F(x)$. 从而这三条基本性质也成为判断某个函数能否成为分布函数的充要条件.

注 (Ω,F,P) 中的 F 是样本空间中的某些子集的集合,F 中的元素称为事件,不在 F 中的其他子集皆不是事件;(Ω,F,P) 也称为可测空间.

事实上,由随机变量及其分布函数的对应关系可以知道,不同类型的随机变量对应着不同类型的分布函数,相反,不同类型的分布函数也必然对应不同类型的随机变量. 例如,离散型随机变量与阶梯型的分布函数相对应,连续型随机变量与绝对连续型的分布函数相对应,其他的分布函数则对应着其他类型的随机变量.

利用分布函数的定义和性质,可以得出随机变量落在任一区间上的随机事件的概率的计算公式如下:

(1) $P\{X \leqslant b\} = F(b)$； (2) $P\{X < b\} = F(b-0)$；

(3) $P\{X = a\} = P(a) - F(a-0)$； (4) $P\{X > a\} = 1 - F(a)$；

(5) $P\{a < X \leqslant b\} = F(b) - F(a)$； (6) $P\{a \leqslant X < b\} = F(b-0) - F(a-0)$；

(7) $P\{a \leqslant X \leqslant b\} = F(b) - F(a-0)$； (8) $P\{a < X < b\} = F(b-0) - F(a)$.

【例 2.1】设 $F_1(x), F_2(x)$ 为两个分布函数,其相应的概率密度 $f_1(x), f_2(x)$ 是连续函数,则必为概率密度的是( ).

(A) $f_1(x) f_2(x)$

(B) $2f_2(x) F_1(x)$

(C) $f_1(x) F_2(x)$

(D) $f_1(x)[1 - F_2(x)] + f_2(x)[1 - F_1(x)]$

【解】$\int_{-\infty}^{+\infty} \{f_1(x)[1 - F_2(x)] + f_2(x)[1 - F_1(x)]\} \mathrm{d}x$ (利用定义),故选 D.

2.2.2 离散型随机变量及其概率分布

如果随机变量 X 只可能取有限个或可列个值 $x_1, x_2, \cdots$,则称 X 为离散型随机变量,称 $p_i = P\{X = x_i\}, i = 1, 2, \cdots$,为 X 的分布列、分布律或概率分布,记为 $X \sim p_i$,概率分布常常用表格形式或矩阵形式,即

X	x_1	x_2	$\cdots$
P	p_1	p_2	$\cdots$

或 $X \sim \begin{pmatrix} x_1 & x_2 & \cdots \\ p_1 & p_2 & \cdots \end{pmatrix}$

数列 $\{p_i\}$ 是离散型随机变量的概率分布的充要条件是: $p_i \geqslant 0 (i = 1, 2, \cdots)$,且 $\sum_i p_i = 1$.

设离散型随机变量 X 的概率分布为 $p_i = P\{X = x_i\}$,则 X 的分布函数

$$F(x) = P\{X \leqslant x\} = \sum_{x_i \leqslant x} P\{X = x_i\},$$

$$p_i = P\{X = x_i\} = P\{X \leqslant x_i\} - P\{X < x_i\} = F(x_i) - F(x_i - 0),$$

并且对实数轴上的任一集合 B 有 $P\{X \in B\} = \sum_{x_i \in B} P\{X = x_i\}$.

特别是 $P\{a < X \leqslant b\} = P\{X \leqslant b\} - P\{X \leqslant a\} = F(b) - F(a)$.

离散型随机变量 X 的分布函数 $F(x)$ 是随机变量 X 取小于或等于 x 的所有可能值的概率之和,因此离散型随机变量 X 的分布函数 $F(x)$ 本质上是一种累积概率.

一个有意思的观察结果是:离散型随机变量 X 的分布函数 $F(x)$ 是阶梯函数,其跳跃间断点 $x_1, x_2, \cdots$,就是随机变量的可能取值,而 $P\{X = x_k\}$ 就是 $F(x)$ 在 x_k 处的跃度. 如图 2-2 所示.

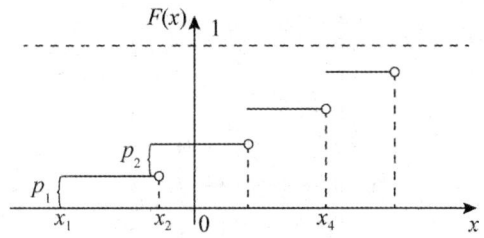

图 2-2 离散形随机变量分布函数图

由此可知,若随机变量 X 取 n 个值,则其分布函数 $F(x)$ 为 $n+1$ 段的分段函数.

注 在离散型随机变量中可按照以下公式计算:

(1) $P(X < a) = F(a) - P(X = a)$;

(2) $P(a \leqslant X < b) = F(b) - F(a) - P(X = b) + P(X = a)$;

(3) $P(a \leqslant X \leqslant b) = F(b) - F(a) + P(X = a)$;

(4) $p(a < X < b) = F(b) - F(a) - P(X = b)$.

【例 2.2】袋中有 5 只同样大小的球,编号分别为 1,2,3,4,5. 从中同时取出 3 只球,用 Y 表示取出球的最大号码,求 Y 的概率分布律及分布函数,并画出分布函数的图像,进一步求 $P\{Y \leqslant 3.5\}, P\{3 < Y \leqslant 4.5\}, P\{3 \leqslant Y \leqslant 4.5\}$.

【解】由题意可知 Y 的可能取值为 3,4,5.

事件 $\{Y = 3\}$ 意味着所取到的三个球只能为 1,2,3,故 $P\{Y = 3\} = \dfrac{1}{C_5^3} = 0.1$.

事件 $\{Y = 4\}$ 意味着所取到的三个球中有一个为 4,另两个从 1,2,3 号球中选取,故

$$P\{Y = 4\} = \dfrac{C_3^2}{C_5^3} = 0.3.$$

同理,事件 $\{Y = 5\}$ 意味着所取到的三个球中有一个为 5,另两个从其余四个球中任意选取,故 $P\{Y = 5\} = \dfrac{C_4^2}{C_5^3} = 0.6$.

所以分布律为

Y	3	4	5
p	0.1	0.3	0.6

由分布函数的定义可得 Y 的分布函数

$$F(y) = P\{Y \leqslant y\} = \begin{cases} 0, & y < 3 \\ 0.1, & 3 \leqslant y < 4 \\ 0.4, & 4 \leqslant y < 5 \\ 1, & 5 \leqslant y \end{cases},$$

图像如图 2-3 所示.

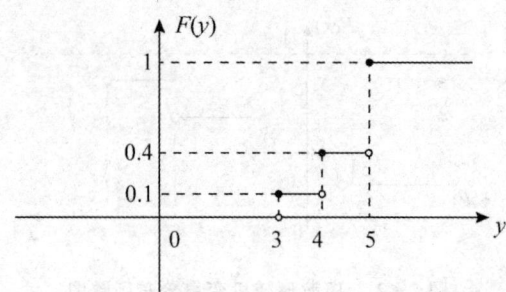

图 2-3

进一步求 $P\{Y\leqslant 3.5\}, P\{3<Y\leqslant 4.5\}, P\{3\leqslant Y\leqslant 4.5\}$.

方法一 $P\{Y\leqslant 3.5\}=P\{Y=3\}=0.1, P\{3<Y\leqslant 4.5\}=P\{Y=4\}=0.3$,
$P\{3\leqslant Y\leqslant 4.5\}=P\{Y=3\}+P\{Y=4\}=0.1+0.3=0.4$.

方法二 利用分布函数,得
$$P\{Y\leqslant 3.5\}=F(3.5)=0.1,$$
$$P\{3<Y\leqslant 4.5\}=F(4.5)-F(3)=0.4-0.1=0.3,$$
$$P\{3\leqslant Y\leqslant 4.5\}=F(4.5)-F(3-0)=0.4-0=0.4.$$

注 对这类问题,快速求出分布函数并画出其图像,可以按照以下三个步骤:

(1) 分段:要分成 $n+1$ 段,其中 n 为离散型随机变量取值个数;

(2) 根据"右连续".列出变量取值范围,x 的左边永远是"$\leqslant$",右边永远是"$<$";

(3) $F(x)=P\{X\leqslant x\}=\sum\limits_{x_i\leqslant x}P\{X=x_i\}$ 为各段累计求和.

【**例 2.3**】设随机变量 X 的分布函数为

$$F(x)=P\{X\leqslant x\}=\begin{cases} 0, & x<-1 \\ 0.4, & -1\leqslant x<1 \\ 0.8, & 1\leqslant x<3 \\ 1, & x\geqslant 3 \end{cases}$$

则 X 的概率分布为_____.

【**解**】因为 $P\{X=x\}=P\{X\leqslant x\}-P\{X<x\}=F(x)-F(x-0)$.

所以,只有在 $F(x)$ 的不连续点 $x=-1,1,3$ 上 $P\{X=x\}$ 不为零,且
$$P\{X=-1\}=F(-1)-F(-1-0)=0.4,$$
$$P\{X=1\}=F(1)-F(1-0)=0.8-0.4=0.4,$$
$$P\{X=3\}=F(3)-F(3-0)=1-0.8=0.2.$$

所以 X 的概率分布为:

X	-1	1	3
$P\{X=x\}$	0.4	0.4	0.2

注 离散型随机变量单点处概率等于分布函数"跳跃度":$P\{X=x\}=F(x)-F(x-0)$.

2.2.3　连续型随机变量及其概率密度

定义 2.2.3.1　设随机变量 X 分布函数为 $F(x)$,如果存在一个非负函数 $f(x)$,使得对于 $\forall x \in \mathbf{R}$,有 $F(x) = \int_{-\infty}^{x} f(t)\mathrm{d}t$,则称 X 为连续型随机变量,$f(x)$ 称为 $F(x)$ 的概率密度函数,简称密度函数.

因为 $F(x)$ 是非减函数,导数非负,又 $F(+\infty) = 1$,所以

(1) 非负性:$f(x) \geqslant 0, \forall x \in \mathbf{R}$;

(2) 正则性:$\int_{-\infty}^{+\infty} f(x)\mathrm{d}x = 1$.

以上两条基本性质也是判断某个函数是否为密度函数的充要条件.

定理 2.2.3.1　如果连续随机变量 X 的分布函数为 $F(x)$ 密度函数为 $f(x)$,概率分布为 F_X,则

(1) $F(x)$ 是连续函数,如果 $f(x)$ 在点 x 连续,则有 $F'(x) = f(x)$;

(2) 对于任意实数 $x_1 \leqslant x_2$,$P(x_1 < X \leqslant x_2) = F(x_2) - F(x_1) = \int_{x_1}^{x_2} f(x)\mathrm{d}x$.

【证明】由于 $F(x)$ 是关于 $f(x)$ 的变上限积分,故(2)是积分的牛顿－莱布尼茨公式及其推广,因为

$$\Delta F(x) = P(x < X \leqslant x + \Delta x) = \int_{x}^{x+\Delta x} f(t)\mathrm{d}t = F(x + \Delta x) - F(x),$$

令 $\Delta x \to 0$,上式右端积分趋近于 0,所以 $\Delta F(x)$ 趋近于 0,这表明在任意点 x 处连续. 且由 $F(x)$ 的连续性可得 $P(X = x) = 0$. 由 P 的可列可加性得 $x \in \mathbf{R}, P(X \in x) = 0$.

连续型随机变量的分布函数一定是连续函数,但不能错误地认为分布函数连续的随机变量就是连续型的,另外,它的密度函数不一定连续且密度函数在某点上的函数值可以改变. 由于在有限个点处改变密度函数 $f(x)$ 的函数值不影响其积分值,从而不影响 $F(x)$ 的值,因此我们不必特意考虑密度函数在个别点上的值. 于是当计算连续型随机变量在某一区间上取值的概率时,区间端点对概率无影响.

比如,均匀分布 $U(a,b)$ 的分布函数 $F(x)$ 在点 a 和点 b 处是不可导的,于是相应的密度函数 $p(x) = F'(x)$ 在点 a 和点 b 处没有定义,这时可在点 a 和点 b 处对 $p(x)$ 任意给定两个常数即可,因为 X 取这两个点的概率皆为零,不会影响任何事件的概率计算. 在式中给出 $p(x)$ 的一种形式,也可如下给出

$$p_1(x) = \begin{cases} \dfrac{1}{b-a} & a < x \leqslant b \\ 0, & \text{其他} \end{cases} \qquad p_2(x) = \begin{cases} \dfrac{1}{b-a} & a < x < b \\ 0, & \text{其他} \end{cases}$$

它们仅在点 a 或点 b 处不等,而 X 取这两点的概率皆为零,或者说 $p_1(x) \neq p_2(x)$ 的概率为 0,即 $P\{x: p_1(x) \neq p_2(x)\} = P(X = a) + P(X = b) = 0$

或者说 $p_1(x) = p_2(x)$ 的概率为 1,即

$$P\{x: p_1(x) = p_2(x)\} = 1$$

这种意义下的两个函数相等在概率论中称为几乎处处相等,以示区别微积分中的两个函数

处处相等(即恒等). 在概率论中, 几乎处处相等的两个函数之间的差别可忽略不计, 从而可以相互替代. 这种忽略零概率事件正是概率论这门学科的特色. 在现实世界中要找到两件完全相同的东西是很难的, 但要找两个几乎处处相同的东西就容易多了. 概率论中, 概率为零的事件称为零概率事件, 它与不可能事件是有差别的; 同理, 必然事件概率为 1, 但是概率为 1 的事件不全是必然事件, 而是如上描述.

密度函数一词来源于物理. 设 x 为 $f(x)$ 的连续点, 任意 $\Delta x > 0$,

$$\frac{P(x < X \leqslant x + \Delta x)}{\Delta x} = \frac{F(x + \Delta x) - F(x)}{\Delta x}$$

称为 X 在区间 $[x, x + \Delta x]$ 上的概率的平均密度. 而在 x 点处的密度为

$$\lim_{\Delta x \to 0} \frac{P(x < X \leqslant x + \Delta x)}{\Delta x} = \lim_{\Delta x \to 0} \frac{F(x + \Delta x) - F(x)}{\Delta x} = F'(x) = f(x).$$

由此可知, 称 $f(x)$ 为 x 的概率密度函数是有道理的.

如果密度函数 $f(x)$ 关于 x 连续, 那么根据微积分基本性质, 我们至少还有:

$$P(x < X \leqslant x + \Delta x) = f(x)\Delta x + o(\Delta x), \text{当 } \Delta x \to 0 \text{ 时}$$

其中 $o(\Delta x)$ 表示 Δx 的高阶无穷小. 令 $\Delta x \to 0$, 可得连续型随机变量 X 落入微小区间 $(x, x + \mathrm{d}x]$ 的概率 $P(x < X \leqslant x + \mathrm{d}x) = f(x)\mathrm{d}x$, 称为连续型随机变量 X 的概率元. 它与离散型随机变量分布列中 p_i 的作用类似. 今后我们会经常用到概率元, 在很多场合, 它可以简化证明, 有助于我们对概率论本质的理解.

虽然 $P(X = x) = 0$, 但可表示为 $P(X = x) = f(x)\mathrm{d}x$, 密度函数并不是随机变量在这一点取值的概率(因为某具体点概率为 0), 但它可以衡量随机变量在这一点取值的概率大小.

我们常说"甲的身高为 172cm", 其实, 由测不准原理可知人的身高是不能精确测量的, 因为尺子不一定标准、尺子和人都在热胀冷缩等, 故正确的理解应为"在某给定时刻, 甲的身高近似为 172cm". 虽然在某固定时刻"人的身高为 172cm"的概率为 0, 但确实可能存在这样的人, 只是不知道是谁而已. 值得注意的是, 身高超过 172cm 的人一定经历过 172cm, 但持续的时间几乎为 0.

注 (1) "概率密度"这名词的来由可解释如下: 取定一个点 x, 则按分布函数的定义, 事件 $\{x < X \leqslant x + h\}$ 的概率 ($h > 0$ 为常数), 应为 $F(x + h) - F(x)$, 所以, 比值 $[F(x + h) - F(x)]/h$ 可以解释为在 x 点附近 h 这么长的区间 $(x, x + h)$ 内, 单位长所占有的概率. 令 $h \to 0$, 则这个比的极限, 即 $F'(x) = f(x)$, 也就是在 x 点处(无穷小区段内)单位长的概率, 或者说, 它反映了概率在 x 点处的"密集程度". 你可以设想一条极细的无穷长的金属杆, 总质量为 1, 概率密度相当于杆上各点的质量密度.

(2) $P\{a < X < b\} = \int_a^b f(x)\mathrm{d}x$ 意味着 X 落入某一区间的概率等于该区间之上、概率密度之下曲边梯形的面积, 应用概率的这种几何意义, 常常有助于问题的分析与求解.

(3) 设 $X \sim f(x)$, 则 X 的分布函数 $F(x)$ 是 x 的连续函数; 在 $f(x)$ 的连续点 x_0 处有

$F'(x_0) = f(x_0)$；如果 $F(x)$ 是连续函数，除有限个点外，$F'(x)$ 存在且连续，则 X 为连续型随机变量，且 $f(x) = F'(x)$（在 $F'(x)$ 不存在地方可以令 $f(x) = 0$ 或取其他值）.

(4) 概率密度函数（或概率质量函数）与累积分布函数包含了同样多的信息. 在求解实际问题的过程中，通常都选取形式简单的那个函数.

(5) 1927 年沃纳海森堡发现测不准原理，不可能同时测量基本粒子（如电子）的位置和运动. 意思是说对于一个对象，努力测量其中的任何一项的精度就会不可预知地改变另一项的精度.

2.2.4 非离散型也非连续型的随机变量

除了离散型和连续型随机变量外，还有既非离散型也非连续型的随机变量，如函数

$$F(x) = \begin{cases} 0, & x < 0 \\ \dfrac{1+x}{3}, & 0 \leqslant x < 2 \\ 1, & x \geqslant 2 \end{cases}$$ 的确是一个分布函数，但它既不是阶梯函数，又不是连续函数，

所以它既不是离散的又不是连续的，而是一类新的分布. 举例此类分布，只是让大家知道山外有山，人外有人，我们需要不断学习与研究，变得更有智慧，也要有自知之明，绝不干能力之外之事.

可以看出，X 的分布函数 $F(x)$ 既不连续（则 X 不是连续型随机变量），也不是阶梯形函数（则 X 不是离散型随机变量）.

【例 2.4】假设随机变量 X 的分布函数有两个间断点，则随机变量 X(   ).

(A) 为离散型随机变量　　　(B) 为连续型随机变量

(C) 不为离散型随机变量　　(D) 不为连续型随机变量

【解】连续型随机变量的分布函数一定是连续的，随机变量 X 的分布函数有间断点，所以可以断定 X 不为连续型随机变量，故选 D. 大家往往会认为不是连续型随机变量就是离散型随机变量，容易误选 A. 但根据上面所述，随机变量中除了离散型和连续型之外也存在着既非离散也非连续的随机变量. 事实上，从分布函数上看，离散型随机变量的分布函数一定是阶梯形函数，本题仅仅已知分布函数有两个间断点，是否是阶梯型函数是未知的，所以无法确定到底是不是离散型随机变量.

2.3 几种重要的常见分布

2.3.1 常见的离散型随机变量

1. 二项分布

如果记 X 为 n 重伯努利试验序列中事件 A 成功的次数，$P(A) = p$，则 X 的可能取值为 $0, 1, \cdots, n$，则恰好发生 k 次的概率为：

$$p_k = P(X = k) = C_n^k p^k q^{n-k}, k = 0, 1, \cdots, n$$

其中 $q = 1 - p$，这个分布称为二项分布，记为 $X \sim B(n, p)$ 或 $X \sim b(n, p)$.

二项分布的样本空间 $\Omega = \{\omega \mid X(\omega) = k, k = 0, 1, \cdots, n\}$，即 $\{n$ 重伯努利试验中事件 A

成功 k 次,$k = 0,1,\cdots,n$}. 其和为 1,即
$$\sum_{k=0}^{n} C_n^k p^k q^{n-k} = (p+q)^n = 1.$$
可见,二项概率 $C_n^k p^k q^{n-k}$ 恰为二项式 $(p+q)$ 展开的第 $k+1$ 项,这正是其名字的由来.

当 $n = 1$ 时,二项分布称为两点分布(0 - 1 分布),分布列为 $p_k = p^k q^{1-k}, k = 0,1$. 两点分布主要用来描述一次伯努利试验中事件 A 发生的概率及其不发生的概率.

2. 泊松分布

泊松分布 X 以全体自然数为一切可能值(样本空间),分布列为
$$p_k = P(X = k) = \frac{\lambda^k e^{-\lambda}}{k!}, k = 0,1,\cdots,$$
其中参数 $\lambda > 0$,记为 $X \sim P(\lambda)$. 泊松分布有唯一一个参数 λ,有时称作强度参量.

泊松分布是 1837 年由法国数学家泊松首次提出的,历史上它是作为二项分布的近似. 现在主要用来表示"稀少"事件发生的个数. 例如,一本书中的错字个数、地球表面某个固定区域捕捉到宇宙粒子的个数等都服从泊松分布.

思考:泊松分布的样本点是什么?

在 $B(n,p)$ 中,当 n 较大时,计算量是很大的,如果在 p 较小时使用下面的泊松定理近似计算可以大大减少计算量.

定理 2.3.1.1 在 n 重伯努利试验中,记事件 A 在一次试验中发生的概率为 p_n(与试验次数 n 有关),如果当 $n \to \infty$ 时有 $np_n \to \lambda$,则
$$\lim_{n \to \infty} C_n^k p_n^k (1-p_n)^{n-k} = \frac{\lambda^k}{k!} e^{-\lambda}.$$

【证明】 记 $np_n = \lambda_n$,可得
$$C_n^k p_n^k (1-p_n)^{n-k} = \frac{n(n-1)\cdots(n-k+1)}{k!} \left(\frac{\lambda_n}{n}\right)^k \left(1-\frac{\lambda_n}{n}\right)^{n-k}$$
$$= \frac{\lambda_n^k}{k!} \left(1-\frac{1}{n}\right)\cdots\left(1-\frac{k-1}{n}\right)\left(1-\frac{\lambda_n}{n}\right)^{n-k}$$

对固定的 k,我们有
$$\lim_{n \to \infty} \lambda_n = \lambda, \lim_{n \to \infty}\left(1-\frac{\lambda_n}{n}\right)^{n-k} = e^{-\lambda}, \lim_{n \to \infty}\left(1-\frac{1}{n}\right)\cdots\left(1-\frac{k-1}{n}\right) = 1,$$
故 $\lim_{n \to \infty} C_n^k p_n^k (1-p_n)^{n-k} = \frac{\lambda^k}{k!} e^{-\lambda}$ 对任意的 $k = 0,1,2,\cdots$ 成立.

注 在应用 $\lim_{x \to 0}(1+x)^{\frac{1}{x}} = e$ 时,要注意其本质为 $(1+\text{无穷小})^{\text{无穷大}} = e$,$x$ 是一个整体,在定理中 $x = -\frac{\lambda_n}{n}$.

由于泊松定理是在 $np_n \to \lambda$ 条件下获得的,故在计算二项分布 $B(n,p)$,当 n 很大,p 很小时,$B(n,p)$ 可用 $P(np)$ 来近似,即
$$C_n^k p^k (1-p)^{n-k} \approx \frac{\lambda^k}{k!} e^{-\lambda}, k = 0,1,2,\cdots.$$

一般当 $n \geqslant 20, p \leqslant 0.05$ 时,用 $\dfrac{\lambda^k}{k!}\mathrm{e}^{-\lambda}$ 来近似 $C_n^k p^k (1-p)^{n-k}$ 的效果就很好.

如果我们要求精确解:$1-\sum\limits_{i=0}^{20} C_{10000}^i 0.001^i 0.999^{10000-i}$,但计算量太大且很难算出,即使采用计算机计算也有误差.但可以通过泊松分布求出近似解,其精确度完全可以满足决策的需求.现实生活中,我们只需要适合我们的,而不是不惜成本地追求最佳效果,决策其实就是在理想和成本之间找到一个折中方案.

思考:泊松分布刻画的是稀有事件发生的次数,如何理解"稀有"二字呢?

满足泊松条件的随机变量 X 服从泊松分布,即,

(1) 普通性:在充分小的观察单位上,X 的取值最多为 1;

(2) 平稳性:X 的取值只与单位时间 t 有关,而与观察单位的位置无关;

(3) 独立增量性:在某观察单位上 X 的取值与前面各不同观察单位上 X 的取值均独立.

设 X 为单位时间内事件 A 发生的次数,满足泊松条件,λ 为事件 A 发生的速率.将单位时间等分为 n 个小区间,取 n 足够大,根据泊松条件,每一个小区间内 A 发生一次以上的概率应视为 0,A 恰好发生一次的概率近似为 $\dfrac{\lambda}{n}$,A 不发生的概率相应地近似为 $1-\dfrac{\lambda}{n}$,泊松条件意味着伯努利条件成立,则 $X \sim B\left(n, \dfrac{\lambda}{n}\right)$.由定理得,当 $n \to \infty$ 时,$P(X=k) = \dfrac{\lambda^k}{k!}\mathrm{e}^{-\lambda}$,可见满足泊松条件的随机变量 X 为泊松分布.

3. 负二项分布

在伯努利试验序列中,每次试验事件 A 成功的概率为 p,如果 X 为恰好出现 r 次成功所需试验次数,则 X 的所有可能取值为 $r, r+1, r+2, \cdots$,其分布列为

$$p_k = P(X=k) = C_{k-1}^{r-1} p^r (1-p)^{k-r}, k=r, r+1, \cdots, 0 < p < 1$$

则称 X 服从参数为 (r, p) 的负二项分布,也称为巴斯卡分布,记为 $NB(r, p)$.

当 $r=1$ 时,负二项分布为几何分布,记为 $X \sim Ge(p)$,其分布列为

$$p_k = P(X=k) = p(1-p)^{k-1}, k=1, 2, \cdots, 0 < p < 1$$

实际中有不少变量服从几何分布,例如,某家庭首次生女孩所需的试验次数.

定理 2.3.1.2 (几何分布的无记忆性) 设 $X \sim Ge(p)$,则对任意正整数 m, n 有

$$P(X > m+n \mid X > m) = P(X > n).$$

【证明】因为 $P(X > n) = \sum\limits_{k=n+1}^{+\infty}(1-p)^{k-1}p = (1-p)^n$,所以对任意正整数 m, n,有

$$P(X > m+n \mid X > m) = \dfrac{P(X > m+n, X > m)}{P(X > m)} = \dfrac{(1-p)^{m+n}}{(1-p)^m}$$

$$= (1-p)^n = P(X > n).$$

这就证明了 $P(X > m+n \mid X > m) = P(X > n)$.

可见,在前 m 次试验中 A 没出现的条件下,在接下去的 n 次试验中,A 仍未出现的概率只与 n 有关,而与以前的 m 次试验无关,似乎忘记了前 m 次试验结果,这就是无记忆性.几何分

布是离散随机变量中唯一一个没有记忆的分布. 具有无记忆性的根本原因在于每次试验中事件 A 发生的概率 p 不随试验次数而改变.

$F_X(x)$ 所表示的分布称作几何分布(geometric distribution,由几何级数而得名),如图 2-4 所示.

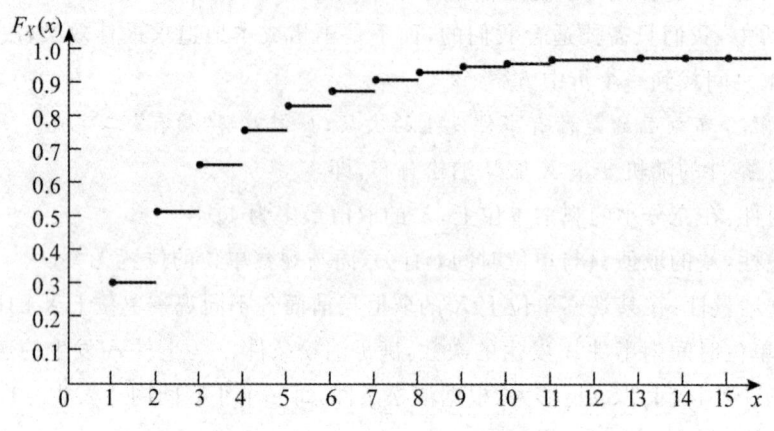

图 2-4 $p=0.3$ 时的几何累积分布函数

4. 超几何分布(摸球模型)

从一个有限总体中进行不放回抽样常会遇到超几何分布.

设有 N 个产品,其中有 M 个不合格品,若从中不放回地随机抽取 n 个,则其中含有不合格品的个数 X 服从参数为 $N,M,n\leqslant N$ 的超几何分布,记为 $X\sim h(n,N,M)$,分布列为

$$p_k = P(X=k) = \frac{C_M^k C_{N-M}^{n-k}}{C_N^n}, k=1,2,\cdots,r$$

其中 $r=\min\{M,n\}, M\leqslant N, n\leqslant N, n, N, M$ 均为正整数.

若要验证以上给出的确实是一个概率分布列,只需注意以下组合等式即可:

$$\sum_{k=0}^{r}\binom{M}{k}\binom{N-M}{n-k}=\binom{M}{n}.$$

当 $n<N$,即抽样的个数 n 远远小于总数 N,每次抽取后,总体中不合格率 $p=\dfrac{M}{N}$ 改变很小,所以不放回抽样可近似看作放回抽样,即可认为抽样是独立试验,这时超几何分布可用二项分布近似:

$$\frac{C_M^k C_{N-M}^{n-k}}{C_N^n}\approx C_n^k p^k(1-p)^{n-k}, 其中 p=\frac{M}{N}$$

但 N 不是很大时,这两种分布就有明显差别.

超几何分布是一种常用的离散分布,它在抽样理论中占有重要地位. 由于社会调查是不放回抽样,所以超几何分布在社会统计学中很有用.

2.3.2 常见的连续型随机变量

1. 正态分布(很重要,每年都是隐藏在概率考题的各个环节或者直接出题)

德国数学家高斯在1809年在研究误差理论时首先用正态分布刻画误差的分布．其实棣莫弗早在1733年左右就由二项分布的逼近推导出正态分布密度函数的表达式，不幸的是棣莫弗的工作被人遗忘，加之高斯的工作对后世影响极大，所以正态分布也称为高斯分布（当时法国因为拉普拉斯对正态分布研究所做的贡献称正态分布为拉普拉斯分布，德国人则称高斯分布）．

若随机变量 X 的密度函数为

$$f(x) = \frac{1}{\sqrt{2\pi}\sigma} e^{-\frac{(x-\mu)^2}{2\sigma^2}}, x \in \mathbf{R},$$

则称 X 服从正态分布，记作 $X \sim N(\mu, \sigma^2)$，其中参数 $\mu \in \mathbf{R}, \sigma > 0$．

由微积分知识可知（见图 2-5）：

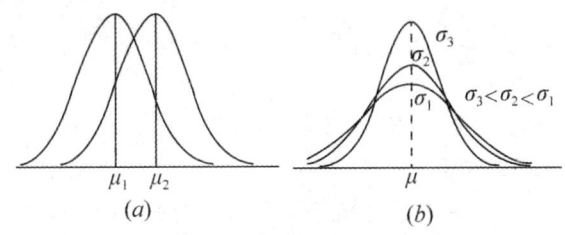

图 2-5

(1) 当 $x = \mu$ 时，$f(x)$ 达到最大值 $\frac{1}{\sqrt{2\pi}\sigma}$，在 $x = \mu \pm \sigma$ 处，$y = f(x)$ 有拐点．

(2) $y = f(x)$ 的图形对称于直线 $x = \mu$，以 x 轴为渐近线．

(3) 若固定 σ，改变 μ 值，则曲线 $y = f(x)$ 沿 x 轴平移，但几何图形不变，也就是正态密度函数的位置由参数 μ 确定，因此 μ 为位置参数．

(4) 若固定 μ，改变 σ 值，由 $f(x)$ 的最大值可知，当 σ 越大，$f(x)$ 的图形越平坦；当 σ 越小，$f(x)$ 的图形越陡峭．也就是说正态密度函数的尺度由参数 σ 确定，因此 σ 称为尺度参数．

由后面要学到的中心极限定理可知，大量的、微小的、独立的随机因素叠加的总结果近似服从正态分布，因此很多随机结果都可用正态分布描述或近似描述，如测量误差、人的体重，这也是正态分布具有广泛应用的原因．

称 $\mu = 0, \sigma = 1$ 时的正态分布 $N(0,1)$ 为标准正态分布，通常记为 U，密度函数记为 $\varphi(u)$，分布函数记为 $\Phi(u)$，即 $\varphi(u) = \frac{1}{\sqrt{2\pi}} e^{-\frac{u^2}{2}}, u \in \mathbf{R}$．

由于 $N(0,1)$ 的分布函数不含任何未知参数，故 $\Phi(u) = P(U \leqslant u)$ 完全可以算出，且有：

(1) $\Phi(-u) = 1 - \Phi(u), P(U > u) = 1 - \Phi(u)$；

(2) $P(a < U < b) = \Phi(b) - \Phi(a), P(|U| < c) = 2\Phi(c) - 1$．

由于正态分布密度函数的原函数很难表达，为应用方便，编制了标准正态分布函数 $\Phi(u)$ 的函数值表，一般正态分布 $N(\mu, \sigma^2)$ 可通过变量替换标准化为 $N(0,1)$．

定理 2.3.2.1 若 $X \sim N(\mu, \sigma^2)$，则 $U = \dfrac{X - \mu}{\sigma} \sim N(0,1)$，称为正态分布的标准化．

【证明】设 X 和 U 的分布函数分别为 $F_X(x)$ 和 $F_U(u)$，则由分布函数定义可知

$$F_U(u) = P(U \leqslant u) = P\left(\frac{X-\mu}{\sigma} \leqslant u\right) = P(X \leqslant \mu + \sigma u) = F_X(\mu + \sigma u).$$

由于正态分布函数是严格单调递增的且处处可导，因此 U 的密度函数为

$$f_U(u) = \frac{\mathrm{d}}{\mathrm{d}u} F_X(\mu + \sigma u) = f_X(\mu + \sigma u)(\mu + \sigma u)' = \sigma f_X(\mu + \sigma u) = \frac{1}{\sqrt{2\pi}} \mathrm{e}^{-\frac{u^2}{2}}.$$

故结论成立.

【拓展阅读】

正态分布的 3σ 原则：设 $X \sim N(\mu, \sigma^2)$，则

$$P(|X-\mu| < k\sigma) = \Phi(k) - \Phi(-k) = \begin{cases} 0.6826, & k=1 \\ 0.9545, & k=2 \\ 0.9973, & k=3 \end{cases}$$

尽管正态分布的取值范围为 $\mathbf{R}$，但它的 99.73% 的值落在 $(\mu - 3\sigma, \mu + 3\sigma)$ 内，仅有 0.27% 的值落在其外面. 这是一个小概率事件，通常在一次试验中不可能发生，一旦发生就认为质量发生了异常. 这个性质被实际工作者称为 3σ 原则. 它在工业生产上具有重要应用，统计质量管理上的控制图和一些产品的质量指数都是根据 3σ 原则制订的.

20 世纪中叶之前，各国用休哈特博士的经济控制理论，以 3σ 法则控制产品质量. 当时认为以 $\pm 3\sigma$ 的控制界限来控制产品质量是最经济、最合理的控制手段，其对生产设备的精度要求并不苛刻，能为降低生产成本提供方便. 实施"$\pm 3\sigma$"质量控制原则，当生产过程处于稳定状态时，产品质量的合格率为 99.73%，即出现不合格的概率仅在千分之三左右，这在当时是一个很高的质量水平. 随着社会生产力的发展，科技的进步，管理水平的提高，这一质量控制在现在许多情况下还不够用.

当今风靡全球的 6σ 质量管理标准也是在正态分布原理基础上建立的. 当上、下公差不变时，6σ 标准就意味着产品的合格率达到 99.9999998%，即

$$P(|X-\mu| < 6\sigma) = \Phi(6) - \Phi(-6) = 0.999999998$$

其特性值落在 $(\mu - 6\sigma, \mu + 6\sigma)$ 外的概率仅为十亿分之二.

由于种种随机因素的影响，任何流程在实际运行中都会出现偏离目标值或期望值的情况，通常将这种偏离称为漂移. 通常考虑 1.5σ 漂移时，6σ 质量水准下的不合格率仅为百万分之 3.4，即在某生产流程或服务系统中有 100 个出现缺陷的机会，而 6σ 质量水准下出现的缺陷不到 4 个.

【例 2.5】设随机变量 X 服从正态分布 $N(0,1)$，对给定的 $\alpha(0 < \alpha < 1)$，数 u_α 满足 $P\{X > u_\alpha\} = \alpha$，若 $\{P|x| < x\} = \alpha$，则 x 等于（　　）.

(A) $u_{\frac{\alpha}{2}}$　　　　　　　　　　　　(B) $u_{1-\frac{\alpha}{2}}$

(C) $u_{\frac{1-\alpha}{2}}$　　　　　　　　　　　(D) $u_{1-\alpha}$

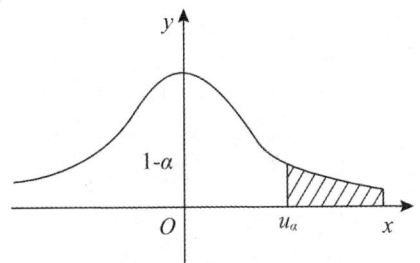 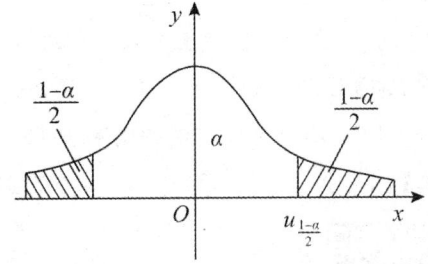

图 2-6

【解】如图 2-6 所示,从几何直观看,条件给出 u_α 的定值原则,即为上 α 分位数. 类比可得有 $P\{|x|<u_{\frac{1-\alpha}{2}}\}=\alpha$,故选择 C.

【例 2.6】设随机变量 X 服从正态分布 $N(\mu_1,\sigma_1^2)$,随机变量 Y 服从正态分布 $N(\mu_2,\sigma_2^2)$,且 $P\{|X-\mu_1|<1\}>P\{|Y-\mu_2|<1\}$,则必有( ).

(A) $\sigma_1<\sigma_2$ (B) $\sigma_1>\sigma_2$
(C) $\mu_1<\mu_2$ (D) $\mu_1>\mu_2$

【解】所有有关正态分布不等式的判别都应先标准化后再说,即由
$$P\{|X-\mu_1|<1\}>P\{|Y-\mu_2|<1\},$$
有
$$P\left\{\frac{|X-\mu_1|}{\sigma_1}<\frac{1}{\sigma_1}\right\}>P\left\{\frac{|Y-\mu_2|}{\sigma_2}<\frac{1}{\sigma_2}\right\},$$
从而有
$$\Phi\left(\frac{1}{\sigma_1}\right)>\Phi\left(\frac{1}{\sigma_2}\right).$$

又由函数 $\Phi(x)$ 的单调性,有 $\frac{1}{\sigma_1}>\frac{1}{\sigma_2}$,即 $\sigma_1<\sigma_2$,故选 A.

2. 均匀分布

最简单的连续型随机变量是密度函数在某个有限区间取正的常数值,其余皆为零的随机变量,即均匀分布. 若随机变量 X 的密度函数为
$$f(x)=\begin{cases}\dfrac{1}{b-a}, & a<x<b\\ 0, & \text{其他}\end{cases}$$

则称 X 服从区间 (a,b) 上的均匀分布,记作 $X\sim U(a,b)$.

均匀分布的背景可视为随机点 X 落在区间 (a,b) 的位置. 定点计算中的舍入误差,可作为最常见的均匀分布随机变量的例子. 假如在运算中,数据都只保留到小数点后第五位,而紧随其后的这位数字按四舍五入处理. 如以 x 表示真值,$\hat{x}$ 表示经过四舍五入处理后的值,则误差 $\varepsilon=x-\hat{x}$ 一般可假定是 $[-0.5\times10^{-5},0.5\times10^{-5}]$ 上均匀分布的随机变量. 有了这个假定,就可对经过大量运算后的数据进行误差分析,这种误差分析在数字计算解题时常常用到. 均匀分布在随机模拟中也具有重要应用,常用来对各种分布进行数值仿真,这在研究

生阶段的学习中要慢慢体会.

思考:在无限区域上可以定义均匀分布吗?

【例 2.7】设随机变量 $X \sim U(0,5)$,求一元二次方程 $4t^2 + 4Xt + X + 2 = 0$,

(1) 有两个不同实根的概率 p;(2) 有重根的概率 q.

【解】因为 $X \sim U(0,5)$,一元二次方程的判别式为

$$\Delta = 16X^2 - 16X - 32 = 16(X-2)(X+1).$$

(1) 方程有不同实根的充要条件是 $\Delta > 0$,即 $X > 2$,所以

$$p = P(X > 2) = \int_2^5 \frac{1}{5} dx = \frac{3}{5}.$$

(2) 方程有重根的充要条件是 $\Delta = 0$,即 $X = 2$,所以 $q = P(X = 2) = 0$.

3. 指数分布

若随机变量 X 的密度函数 $f(x) = \begin{cases} \lambda e^{-\lambda x}, & x \geq 0 \\ 0, & x < 0 \end{cases}$,则称 X 服从指数分布,记作 $X \sim E(\lambda)$,其中参数 $\lambda > 0$.

指数分布的分布函数 $F(x) = \begin{cases} 1 - e^{-\lambda x}, & x \geq 0 \\ 0, & x < 0 \end{cases}$.

定理 2.3.2.2 (指数分布的无记忆性) 如果 $X \sim E(\lambda)$,则对任意 $s, t > 0$ 有

$$P(X > s+t \mid X > s) = P(X > t).$$

【证明】因为 $X \sim E(\lambda)$,所以 $P(X > s) = e^{-\lambda s}$.

由条件概率的定义可知,对任意 $s, t > 0$ 有

$$P(X > s+t \mid X > s) = \frac{P(X > s+t, X > s)}{P(X > s)} = \frac{P(X > s+t)}{P(X > s)}$$

$$= \frac{e^{-\lambda(s+t)}}{e^{-\lambda s}} = e^{-\lambda t} = P(X > t).$$

相反,如果定义函数 $f(t) = P(X > t)$,那么上面等式意味着

$$f(t+s) = f(t)f(s), f(0) = P(X > 0) = 1.$$

因为函数 $t \to f(t)$ 是连续单调的,故一定存在一个常数 $\lambda > 0$ 使得

$$f(t) = e^{-\lambda t}.$$

> 结论:指数分布是连续随机变量唯一一个无记忆的分布.

因为指数分布只能取非负值,且具有无记忆性,故常用来表示在连续使用过程中没有明显消耗的产品的寿命,特别是电子产品的寿命.

【例 2.8】一电路装有三个同种电气元件,其工作状态相互独立,且无故障工作时间服从参数为 $\lambda > 0$ 的指数分布. 当三个元件都无故障工作时,线路工作状态正常,试求电路正常工作时间 T 的概率分布.

【分析】这是以正常工作时间为随机变量的系统可靠性的问题,同样与系统结构有关. 若设"第 i 个元件正常工作时间"为 X_i,则在并联的情况下,系统工作时间为 $T = \max\limits_{i}\{X_i\}$;在串联的情况下,系统工作时间为 $T = \min\limits_{i}\{X_i\}$;在冗余方式下,系统工作时间为 $T = \sum\limits_{i=1}^{n} X_i$. 按题设,本题系统结构为串联结构.

【解】设"第 i 个元件正常工作时间"为 $X_i (i = 1,2,3)$,则

$$X_i \sim F(x) = \begin{cases} 1 - \mathrm{e}^{-\lambda x}, & x > 0 \\ 0, & x \leqslant 0 \end{cases}$$

又设电路正常工作时间 T 的分布函数为 $G(t)$,按题设 $T = \min\{X_1, X_2, X_3\}$,于是,
当 $t \leqslant 0$ 时,$G(t) = P\{T \leqslant t\} = 0$.
当 $t > 0$ 时,$G(t) = P\{T \leqslant t\} = 1 - P\{T > t\} = 1 - P\{\min\{X_1, X_2, X_3\} > t\}$
$= 1 - P\{X_1 > t, X_2 > t, X_3 > t\}$
$= 1 - P\{X_1 > t\} P\{X_2 > t\} P\{X_3 > t\}$
$= 1 - \mathrm{e}^{-3\lambda t},$

因此,
$$G(t) = \begin{cases} 1 - \mathrm{e}^{-3\lambda t}, & t > 0 \\ 0, & t \leqslant 0 \end{cases}.$$

注 若三个元件中有一个元件故障工作时,线路工作状态正常,该系统结构为并联,这时 $T = \max\limits_{i}\{X_i\}$. 当 $t > 0$ 时,电路正常工作时间 T 的概率分布为

$$G(t) = P\{T \leqslant t\} = P\{\max\{X_1, X_2, X_3\} \leqslant t\}$$
$$= P\{X_1 \leqslant t, X_2 \leqslant t, X_3 \leqslant t\} = (1 - \mathrm{e}^{-\lambda t})^3,$$

即
$$G(t) = \begin{cases} (1 - \mathrm{e}^{-\lambda t})^3, & t > 0 \\ 0, & t \leqslant 0 \end{cases}.$$

若一个元件有故障工作,用另一元件替换,直至用完备用元件,该系统结构为冗余,这时 $T = X_1 + X_2 + \cdots + X_n$,在 $X_1, X_2, \cdots, X_n$ 独立同分布的情况下(尤其在 n 足够大的情况下),近似服从正态分布 $N(nEX_i, nDX_i)$,即 $N\left(\dfrac{n}{\lambda}, \dfrac{n}{\lambda^2}\right)$.

【例 2.9】设在某服务窗口办事,需要排队等待,若等待时间 $X \sim E(0.1)$(单位:min),其密度函数为 $f(t) = 0.1\mathrm{e}^{-0.1t}, t > 0$. 假设某人到此窗口办事,在等待 15min 仍未得到服务,他就愤然离去. 若此人一个月去该处办事 10 次,试求:
(1) 他有两次愤然离去的概率;
(2) 最多有两次愤然离去的概率;
(3) 至少有两次愤然离去的概率.

【解】根据题设 T 服从以 $\dfrac{1}{10}$ 为参数的指数分布,而事件"愤然离去"的概率:

$$p = P\{T > 15\} = \int_{15}^{+\infty} \frac{1}{10} e^{-\frac{x}{10}} dx = -e^{-\frac{x}{10}} \Big|_{15}^{+\infty} = e^{-\frac{3}{2}} \approx 0.2231.$$

若将该办事人员愤然离去的次数记为 X,则 $X \sim B(10, p)$. 于是

(1) $P\{X = 2\} = C_{10}^2 \cdot p^2 q^8 \approx C_{10}^2 \times 0.2231^2 \times 0.7769^8 \approx 0.2973$;

(2) $P\{X \leqslant 2\} = P\{X = 0\} + P\{X = 1\} + P\{X = 2\}$
$\approx 0.7769^{10} + 10 \times 0.2231 \times 0.7769^9 + 0.2973$
$\approx 0.0801 + 0.2300 + 0.2973 \approx 0.6074$;

(3) $P\{X \geqslant 2\} = 1 - P\{X = 0\} - P\{X = 1\} \approx 1 - 0.0801 - 0.2300 = 0.6899.$

注 在考纲提出的几个重要分布中,二项分布常与其他分布结合在一起应用,解此类问题,需要找出其中的分布参数 n 与 p,对于其他重要分布也同样首先应确定分布中的有关参数.

2.4 随机变量函数的分布

2.4.1 离散型随机变量函数的分布

将对应的点代入函数中,若函数值相同,则将相应概率相加,以例 2.10 为例进行说明.

【例 2.10】 设随机变量 X 的分布律为

X	-2	-1	0	1	3
p_k	$\frac{1}{5}$	$\frac{1}{6}$	$\frac{1}{5}$	$\frac{1}{15}$	$\frac{11}{30}$

求 $Y = X^2$ 的分布律.

【解】 $Y = X^2$ 所有可能取值为 $0, 1, 4, 9$.

$$P\{Y = 0\} = P\{X = 0\} = \frac{1}{5},$$
$$P\{Y = 1\} = P\{X^2 = 1\} = P\{(X = 1) \cup (X = -1)\}$$
$$P\{Y = 1\} + P\{X = -1\}\} = \frac{1}{15} + \frac{1}{6} = \frac{7}{30},$$
$$P\{Y = 4\} = P\{X^2 = 4\} = P\{X = -2\} = \frac{1}{5} = \frac{1}{5},$$
$$P\{Y = 9\} = P\{X^2 = 9\} = P\{X = 3\} = \frac{11}{30} = \frac{11}{30},$$

故 X 的分布律为

Y	0	1	4	9
p_k	$\frac{1}{5}$	$\frac{7}{30}$	$\frac{1}{5}$	$\frac{11}{30}$

2.4.2 连续随机变量函数的分布

这类考题一般来说首先建议大家用定义法,因为阅卷时按照步骤给分,无论是公式法还是定义法,先写个定义总是没有错的.况且这么多年主流的还是定义法.使用这种方法有个

核心问题,也是众多考生在备考中所困惑的:一是如何对自变量进行分区间,二是如何确定被积函数及其积分上下限的问题.这里以例 2.11 为例,告诉大家一个"傻瓜"模板.

【例 2.11】设随机变量 X 具有密度函数

$$f_X(x) = \begin{cases} \dfrac{1}{3}, & -1 < x < 2 \\ 0, & 其他 \end{cases}$$

求随机变量 $Y = X^2$ 的密度函数.

【解】第一步:别管三七二十一,让求谁就根据定义写谁,这道题让我们求 Y,那就根据分布函数的定义写出 $F_Y(y) = P(Y \leqslant y)$,因为题干中只知道 X 的分布信息,所以想要求 Y,就必须通过 X 来求,而这时 Y 是可以用 X 来表示的,因为 $Y = X^2$,所以 $F_Y(y) = P(Y \leqslant y) = P(X^2 \leqslant y)$,现在就转化为问随机事件"$X^2 \leqslant y$"发生的概率是多少?

第二步:求 X^2 的值域,因为考虑到求概率是通过对概率密度进行积分得到,如果作为被积函数的概率密度为 0 的话,积分出来的结果也是 0,所以就不再考虑,只考虑被积函数不为 0 的区域上的值域,因为 $-1 < x < 2$ 时不为 0,所以在这个区域上,找出端点值、最值分别为 1,0,4.

第三步:画个 y 的数轴,将第二步的端点值在数轴上标出来,如图 2-7 所示,一定要记住 y 的范围是 $\mathbf{R}$.

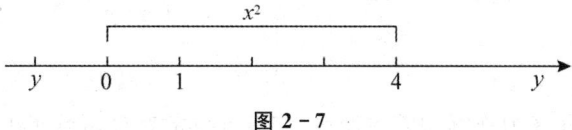

图 2-7

这样就将区域分为 $(-\infty, 0), (0, 1), (1, 4), (4, +\infty)$ 四段,y 在每一段上进行概率的计算.

第四步:$y \in (-\infty, 0)$ 时,我们就在 $(-\infty, 0)$ 上任找一点,这时我们发现 $X^2 \leqslant y$ 是个不可能事件,所以概率为 0.

$y \in (0, 1)$ 时,我们就在 $(0, 1)$ 上任找一点,发现 $X^2 \leqslant y$ 有成立的区间,则

$$P(X^2 \leqslant y) = P(-\sqrt{y} \leqslant X \leqslant \sqrt{y}) = \int_{-\sqrt{y} \leqslant X \leqslant \sqrt{y}} f(x) \mathrm{d}x = \int_{-\sqrt{y}}^{\sqrt{y}} \frac{1}{3} \mathrm{d}x = \frac{2\sqrt{y}}{3}$$

$y \in (1, 4)$ 时,如图 2-8 所示,分别在 $(-2, -1)$ 上及 $(1, 2)$ 上标注 $-\sqrt{y}, \sqrt{y}$,

$$P(X^2 \leqslant y) = P(-\sqrt{y} \leqslant X \leqslant \sqrt{y}) = \int_{-\sqrt{y} \leqslant X \leqslant \sqrt{y}} f(x) \mathrm{d}x$$

$$= \int_{-\sqrt{y}}^{-1} 0 \mathrm{d}x + \int_{-1}^{\sqrt{y}} \frac{1}{3} \mathrm{d}x = \frac{\sqrt{y}+1}{3}$$

图 2-8

$y \in (4, +\infty)$ 时,如图 2-9 所示,分别在$(-\infty, -2)$上及$(2, +\infty)$上标注$-\sqrt{y}, \sqrt{y}$.

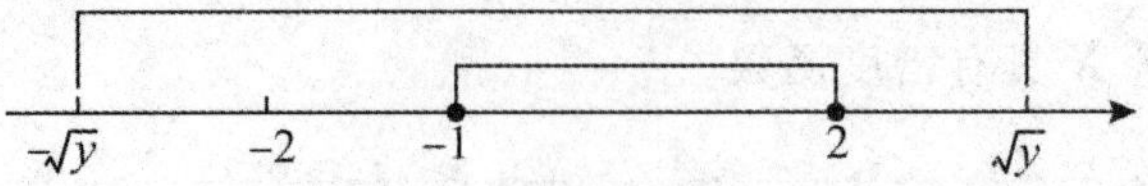

图 2-9

$$P(X^2 \leqslant y) = P(-\sqrt{y} \leqslant X \leqslant \sqrt{y}) = \int_{-\sqrt{y} \leqslant X \leqslant \sqrt{y}} f(x) \mathrm{d}x$$

$$= \int_{-\sqrt{y}}^{-1} 0 \mathrm{d}x + \int_{-1}^{2} \frac{1}{3} \mathrm{d}x + \int_{2}^{\sqrt{y}} 0 \mathrm{d}x = 1$$

综上所述 $F_Y(y) = \begin{cases} 0, & y \leqslant 0 \\ \dfrac{2\sqrt{y}}{3}, & 0 < y \leqslant 1 \\ \dfrac{\sqrt{y}+1}{3}, & 1 < y \leqslant 4 \\ 1, & y > 4 \end{cases}$

$$f_Y(y) = \frac{\mathrm{d}F_Y(y)}{\mathrm{d}y} = \begin{cases} \dfrac{1}{3\sqrt{y}}, & 0 < y \leqslant 1 \\ \dfrac{1}{6\sqrt{y}}, & 1 < y \leqslant 4 \\ 0, & \text{其他} \end{cases}$$

定理 2.4.2.1 设 X 为连续型随机变量,它有连续的密度函数 $f_X(x)$. $Y = g(X)$ 是一随机变量,若 $y = g(x)$ 严格单调,其反函数 $h(y) = g^{-1}(y)$ 存在且连续可导,则 $Y = g(X)$ 的密度函数为

$$f_Y(y) = \begin{cases} f_X(h(y))|h'(y)|, & y \in I \\ 0, & y \notin I \end{cases}$$

I 是使 $h(Y)$ 有定义、$h'(y)$ 有定义及 $f_X(h(y)) > 0$ 的 y 取值的公共部分.

【证明】 不妨设 $g(x)$ 是严格单调增函数,这时它的反函数 $h(y)$ 也是严格单调增函数,且 $h'(y) > 0$,从而当 $y \in I$,I 是使 $h(y)$ 有定义、$h'(y)$ 有定义及 $f_X(h(y)) > 0$ 的 y 取值的公共部分,则

$$F_Y(y) = P(g(X) \leqslant y) = P(X \leqslant g^{-1}(y)) = F_X(g^{-1}(y)).$$

从而由复合函数求导可得

$$f_Y(y) = \begin{cases} f_X(h(y))h'(y), & y \in I \\ 0, & y \notin I \end{cases}.$$

同理,当 $g(x)$ 是严格单调减函数时,结论也成立. 但此时要注意 $h'(y) < 0$,故要加绝对值符号.

若 $g(x)$ 不是严格单调的可微函数,可将 $g(x)$ 在其定义域分成若干个单调分支,在每个单调分支上应用上述结果.

注 大家在学习时不必强记,因为只有真正理解定理的内涵,才能转化为自己的知识,否则过不了几天我们就会把定理忘得一干二净,毫无收获. 这也是很多初学者的学习误区,认为一定要记住所有定理,否则无法做题,其实我们只需记住基本的概念和公理,定理在推导中会自然记忆. 其实,本定理的证明只用到了分布函数、密度函数的定义、等价事件以及原函数与反函数具有相同的单调区间,如果我们对上述内容比较熟悉,自己很容易推导出此定理,根本不用死记.

【例 2.12】 设随机变量 X 的概率密度为 $f_X(x) = e^{-x}, x \geq 0$,求随机变量 $Y = e^X$ 的概率密度 $f_Y(y)$.

【解】 根据分布函数的定义,有 $F_Y(y) = P(Y \leq y) = P(e^X \leq y)$. 于是

当 $y < 1$ 时,$F_Y(y) = 0, f_Y(y) = F'_Y(y) = 0$;

当 $y \geq 1$ 时,$F_Y(y) = P(e^X \leq y) = P(X \leq \ln y) = \int_0^{\ln y} e^{-x} dx$.

由复合函数求导公式可得

$$f_Y(y) = F'_Y(y) = e^{-\ln y} \frac{1}{y} = \frac{1}{y^2}.$$

故

$$f_Y(y) = \begin{cases} \dfrac{1}{y^2}, & y \geq 1 \\ 0, & y < 1 \end{cases}.$$

注 写到 $P(e^X \leq y)$ 时,不要急于让它等于 $P(X \leq \ln y)$,这样做容易出现错误,因为分布函数中 y 要从 $-\infty$ 变到 ∞,当 $y \leq 0$,$\ln y$ 无意义;当 $0 < y < 1$,即使 $\ln y$ 有意义,但也不符合题意,所以先停下来,对 y 的取值范围进行讨论是非常有必要的.

2.4.3 离散连续型随机变量函数的分布

【例 2.13】 假设随机变量 X 的绝对值不大于 1,$P\{X = -1\} = \dfrac{1}{8}$,$P\{X = 1\} = \dfrac{1}{4}$. 在事件 $\{-1 < X < 1\}$ 发生的条件下,X 在 $(-1,1)$ 内任一子区间上取值的条件概率与该子区间长度成正比,试求 X 的分布函数 $F(x)$.

【解】 由题设知 $P\{|x| \leq 1\} = 1, P\{X = -1\} = \dfrac{1}{8}, P\{X = 1\} = \dfrac{1}{4}$,记 $A = \{-1 < X < 1\}$,依题意,在 A 发生的条件下,X 在 $(-1,1)$ 上服从均匀分布,即在 A 发生的条件下,X 的条件概率密度为

$$f_X(x \mid A) = \begin{cases} \dfrac{1}{2}, & -1 < x < 1 \\ 0, & \text{其他} \end{cases}.$$

由题设得

$$\begin{aligned} P(A) &= P\{-1 < X < 1\} \\ &= P\{-1 \leq x \leq 1\} - P\{X = -1\} - P\{X = 1\} \\ &= 1 - \frac{1}{8} - \frac{1}{4} = \frac{5}{8}. \end{aligned}$$

故所求的 X 的分布函数 $F(x) = P\{X \leqslant x\}$.

当 $x < -1$ 时,$F(x) = P\{X \leqslant x\} = 0$;

当 $-1 \leqslant x < 1$ 时,$F(x) = P\{X \leqslant x\}$

$\qquad = P\{X < -1\} + P\{X = -1\} + P\{-1 < X \leqslant x\}$

$\qquad = 0 + \dfrac{1}{8} + P\{-1 < X \leqslant x, A\} + P\{-1 < X \leqslant x, \overline{A}\}$

$\qquad = \dfrac{1}{8} + P(A)P\{-1 < X \leqslant x \mid A\} + P(\varnothing)$

$\qquad = \dfrac{1}{8} + \dfrac{5}{8} \times \displaystyle\int_{-1}^{x} \dfrac{1}{2} \mathrm{d}t + 0$

$\qquad = \dfrac{5x+7}{16}$.

当 $x \geqslant 1$ 时,由于 $P\{|x| \leqslant 1\} = 1$,所以 $F(x) = P\{X \leqslant x\} = 1$.

综上得 $F(x) = \begin{cases} 0, & x < -1 \\ \dfrac{5x+7}{16}, & -1 \leqslant x < 1 \\ 1, & 1 \leqslant x \end{cases}$.

注 (1) 计算 $F(x) = P\{X \leqslant x\}$ 时,对不同的 x 取值要将事件 $\{X \leqslant x\}$ 按题设分解为若干个互不相容的事件的并,而后应用概率性质与已知条件,计算 $P\{X \leqslant x\}$.

(2) $P\{X \leqslant x\} = P\{X \leqslant x, \Omega\}$,这是求随机变量分布、计算概率时常用的技术,事实上是"全集分解法".

(3) 从上个例子可以看出,X 的分布函数 $F(x)$ 既不连续(则 X 不是连续型随机变量),也不是阶梯形函数(则 X 不是离散型随机变量). 随机变量中除了离散型和连续型之外也还存在着既非离散也非连续的随机变量.

第 3 章 多维随机变量及其分布

【导言】

一维随机变量研究一次试验的情况,若是做了多次试验,想要研究在每次实验中我们所关注的结果同时发生的概率,那这时就引入了多维随机变量的概念,即某些场合我们需要用多个随机变量对随机试验的结果进行描述,又因为这些随机变量之间还可能存在着一定的相互依赖关系,所以需要把他们视为一个整体,考查其联合分布.本章重点学习二维随机变量(X,Y)的分布,包括其联合分布、边缘分布、条件分布和随机变量 X 与 Y 的独立性等问题.

在多维随机变量中,二维随机变量是基础,其很多结论都可以推广到多维随机变量.

本章内容与第二章相类似,按第二章要求对应掌握即可.本章每年必考,其重要性不言而喻.几乎每年必出大题,单独一道大题或者结合其他章节出题都是可以的,难度不大,题型比较固定,掌握知识多加练习就可以拿 10 分.

【考试要求】

考试要求	科目	考试内容
了解	数一	二维正态分布 $N(\mu_1,\mu_2;\sigma_1^2,\sigma_2^2;\rho)$ 的概率密度
	数三	
理解	数一	多维随机变量,多维随机变量的分布和性质,二维离散型随机变量的概率分布、边缘分布和条件分布,二维连续型随机变量的概率密度、边缘密度和条件密度,随机变量的独立性及不相关性,二维正态分布 $N(\mu_1,\mu_2;\sigma_1^2,\sigma_2^2;\rho)$ 中参数的概率意义
	数三	
会求	数一	与二维随机变量相关事件的概率,两个随机变量简单函数的分布,多个相互独立随机变量简单函数的分布
	数三	
掌握	数一	随机变量相互独立的条件,二维均匀分布
	数三	

【知识网络图】

二维随机变量是一维随机变量的推广,可以对照掌握.

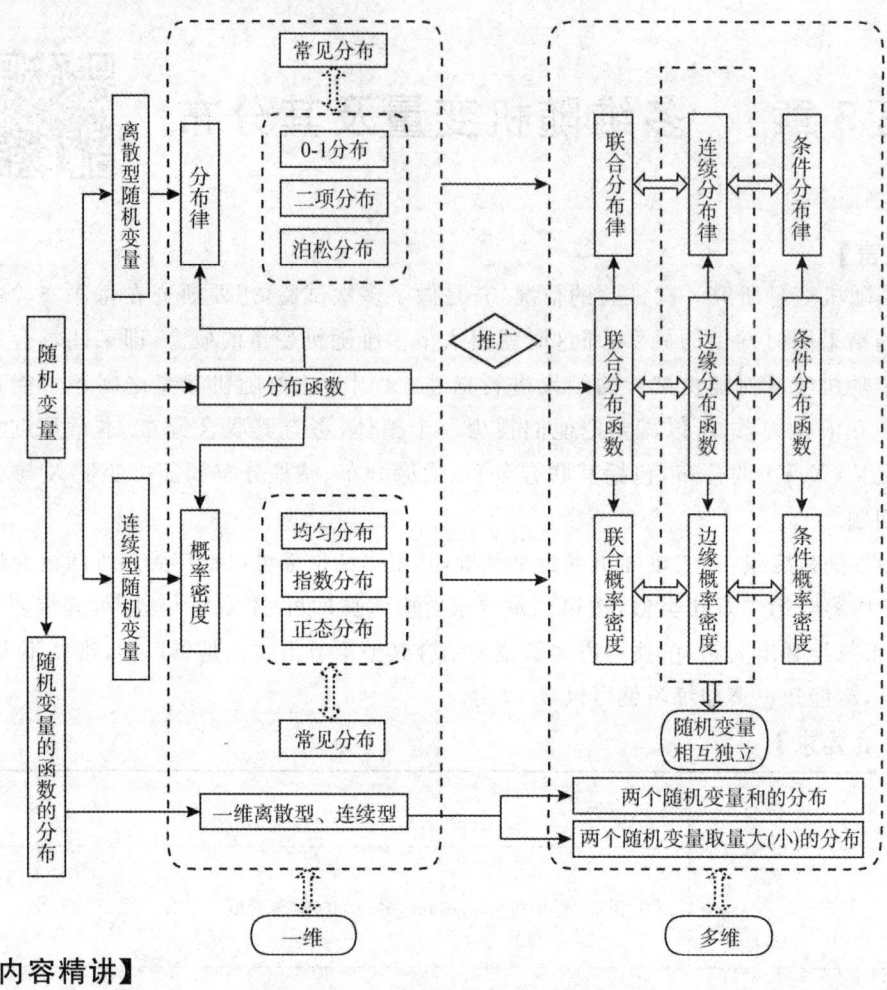

【内容精讲】

3.1 二维随机变量及其分布

3.1.1 定义

定义 3.1.1.1 设 $\Omega=\{\omega\}$ 为随机试验 E 的样本空间,若 $X=X(\omega),Y=Y(\omega)$ 是定义在 Ω 上的随机变量,则称有序数组 (X,Y) 为二维随机变量或称为二维随机向量(见图 3-1).

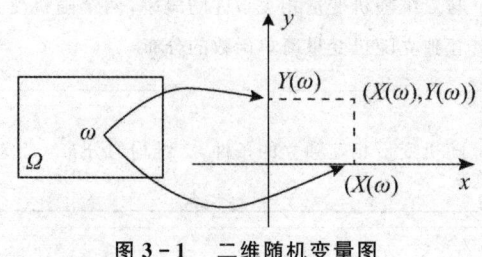

图 3-1 二维随机变量图

3.1.2 二维随机变量的联合分布函数

二维随机变量(X,Y)的性质既与X,Y有关,又依赖于这两个随机变量的依存关系,因此需要将(X,Y)作为一个整体进行研究,我们把它的概率分布称为联合分布.与一维随机变量情况类似,借助其分布函数来研究二维随机变量.

定义 3.1.2.1 设(X,Y)是二维随机变量,对于任意实数x,y,事件$\{X\leqslant x\}$与$\{Y\leqslant y\}$同时发生的概率$P(\{X\leqslant x\}\cap\{Y\leqslant y\})$称为二维随机变量$(X,Y)$的分布函数或称为随机变量$X$和$Y$的联合分布函数(joint distribution function),记为$F(x,y)$,即

$$F(x,y)=P(\{X\leqslant x\}\cap\{Y\leqslant y\})=P(X\leqslant x,Y\leqslant y)$$

如果将二维随机变量(X,Y)看成是xOy平面上随机点的坐标,那么$F(x,y)$就是随机点(X,Y)落在以(x,y)为顶点的左下方的无穷矩形域内的概率,如图3-2所示.

依上述几何解释,对任意实数$x_1<x_2,y_1<y_2$,有

$$P(x_1<X\leqslant x_2,y_1<Y\leqslant y_2)=F(x_2,y_2)-F(x_1,y_2)-F(x_2,y_1)+F(x_1,y_1)$$

如图3-3所示.

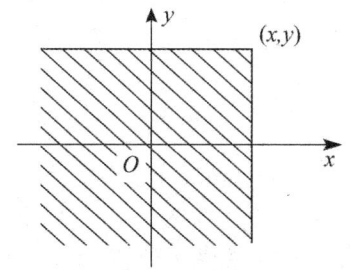
图3-2 分面函数图

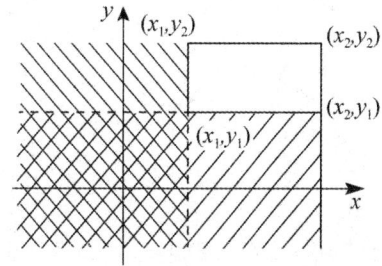
图3-3 矩形区域的概率图

由分布函数的定义和概率的性质,容易得到$F(x,y)$具有如下性质:

(1) 正规性 $0\leqslant F(x,y)\leqslant 1$;

对于任意固定的$y,F(-\infty,y)=\lim\limits_{x\to-\infty}F(x,y)=0$;

对于任意固定的$x,F(x,-\infty)=\lim\limits_{y\to-\infty}F(x,y)=0$;

$$F(-\infty,-\infty)=\lim\limits_{\substack{x\to-\infty\\y\to-\infty}}F(x,y)=0;F(+\infty,+\infty)=\lim\limits_{\substack{x\to+\infty\\y\to+\infty}}F(x,y)=1.$$

(2) 单调性 $F(x,y)$是每一变量x(或y)的不减函数,即

对于任意固定的y,当$x_1<x_2$时,有$F(x_1,y)\leqslant F(x_2,y)$;

对于任意固定的x,当$y_1<y_2$时,有$F(x,y_1)\leqslant F(x,y_2)$.

(3) 右连续 $F(x,y)$关于x右连续,关于y也右连续,即

在任意一点x处,有$F(x+0,y)=F(x,y)$;

在任意一点y处,有$F(x,y+0)=F(x,y)$.

(4) 相容性 对$\forall x_1<x_2\in\mathbf{R},y_1<y_2\in\mathbf{R}$有:

$$F(x_2,y_2)-F(x_1,y_2)-F(x_2,y_1)+F(x_1,y_1)\geqslant 0$$

其中第四条是二维场合所特有的,不能由前三条性质推导出,必须单独列出,且仅满足

前三条性质的函数可能不是分布函数.

注 根据以上性质不仅可以确定分布函数 $F(x,y)$ 中的未知常数,而且能够验证某二元函数能否作为某一个二维随机变量的分布函数.

【**例 3.1**】设二维随机变量 (X,Y) 的分布函数为

$$F(x,y) = A\left(B + \arctan \frac{x}{2}\right)\left(C + \arctan \frac{y}{3}\right)$$

其中 A,B,C 为常数,$-\infty < x < +\infty, -\infty < y < +\infty$.

(1) 试确定 A,B,C 的值;

(2) 求 $P\{0 < X \leqslant 2, 0 < Y \leqslant 3\}$.

【**解**】(1) 由联合分布函数的性质,知

$$F(+\infty, +\infty) = A\left(B + \frac{\pi}{2}\right)\left(C + \frac{\pi}{2}\right) = 1$$

$$F(-\infty, +\infty) = A\left(B - \frac{\pi}{2}\right)\left(C + \frac{\pi}{2}\right) = 0$$

$$F(+\infty, -\infty) = A\left(B + \frac{\pi}{2}\right)\left(C - \frac{\pi}{2}\right) = 0$$

由此可解得 $A = \frac{1}{\pi^2}, B = \frac{\pi}{2}, C = \frac{\pi}{2}$,因此

$$F(x,y) = \frac{1}{\pi^2}\left(\frac{\pi}{2} + \arctan \frac{x}{2}\right)\left(\frac{\pi}{2} + \arctan \frac{x}{3}\right)$$

(2) $P\{0 < X \leqslant 2, 0 < Y \leqslant 3\} = F(2,3) - F(2,0) - F(0,3) + F(0,0) = \dfrac{1}{16}$

【**例 3.2**】判断下面二元函数 $F(x,y)$ 能否作为联合分布函数:

$$F(x,y) = \begin{cases} 1, & x + y \geqslant 1 \\ 0, & x + y < 1 \end{cases}.$$

【**解**】此函数满足定理的前三个条件,但若取矩形 $(0,2] \times (0,2]$,则有

$$F(2,2) - F(0,2) - F(2,0) + F(0,0) = 1 - 1 - 1 + 0 = -1$$

而 -1 不能作为二维向量的落入该矩形内的概率,故 $F(x,y)$ 不能作为任何二维向量的联合分布函数.

3.1.3 边缘分布

二维随机向量 (X,Y) 具有联合分布 $F(x,y)$,X,Y 都是随机变量,各自有分布函数,将它们记为 $F_X(x), F_Y(y)$,依次称为二维随机向量 (X,Y) 关于 X 和关于 Y 的边际分布函数. 边际分布也称为边缘分布. 顾名思义,边际分布就是二维随机向量 (X,Y) 边的分布,即 X,Y 的分布函数,边际分布函数可以由联合分布函数确定.

定义 3.1.3.1 设 $F(x,y)$ 是随机变量 (X,Y) 的联合分布函数,则称

$$F_X(x) = P(X \leqslant x) = P(\{X \leqslant x\} \cap \{\Omega\})$$
$$= P(X \leqslant x, Y \leqslant +\infty)$$

$$= F(x, +\infty) = \lim_{y \to +\infty} F(x,y)$$

为关于 X 的边缘分布函数;称

$$F_Y(y) = P(Y \leqslant y) = P(\{\Omega\} \bigcap \{Y \leqslant y\})$$
$$= P(X < +\infty, Y \leqslant y)$$
$$= F(+\infty, y) = \lim_{x \to +\infty} F(x,y)$$

为关于 Y 的边缘分布函数.

由此可见,在二维随机变量(X,Y)的联合分布已知的情况下,其边缘分布可以被唯一确定,并且关于 X 的边缘分布 $F_X(x)$ 是一维随机变量 X 的分布函数,关于 Y 的边缘分布 $F_Y(y)$ 是一维随机变量 Y 的分布函数.

注 若已知二维随机变量(X,Y)的联合分布函数 $F(x,y)$,则可确定两个边缘分布函数 $F_X(x)$ 和 $F_Y(y)$. 反之未必,因为联合分布函数还有赖于 X 与 Y 之间的关系.

注意,边缘分布函数 $F_X(x)$ 和 $F_Y(y)$ 分别表示(X,Y)落在下面坐标系中阴影部分的概率. 如图 3-4 和图 3-5 所示.

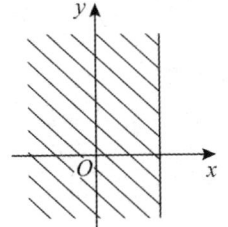

图 3-4 X 的边缘分布函数   图 3-5 Y 的边缘分布函数

定义 3.1.3.2 设二维离散型随机变量(X,Y)所有可能取的值为$(x_i, y_j)(i,j = 1, 2, \cdots)$,则称

$$P(X = x_i, Y = y_j) = p_{ij}, i,j = 1,2,\cdots$$

为(X,Y)的分布律(列),或称 X 和 Y 的联合分布律(列),或称(X,Y)的概率分布.

二维离散型随机变量(X,Y)的联合分布律也可以用表格形式来表示,并称其为联合概率分布表(见表 3-1).

表 3-1 二维离散型随机变量联合概率和边缘概率分布表

X \ Y	y_1	y_2	$\cdots$	y_j	$\cdots$	$p_{i\cdot}$
x_1	p_{11}	p_{12}	$\cdots$	p_{1j}	$\cdots$	$\sum_{j=1}^{\infty} p_{1j}$
x_2	p_{21}	p_{22}	$\cdots$	p_{2j}	$\cdots$	$\sum_{j=1}^{\infty} p_{2j}$
$\vdots$	$\vdots$	$\vdots$		$\vdots$		$\vdots$

(续表)

X \ Y	y_1	y_2	...	y_j	...	$p_i.$
x_i	p_{i1}	p_{i2}	...	p_{ij}	...	$\sum_{j=1}^{\infty} p_{ij}$
⋮	⋮	⋮	⋮	⋮		⋮
$p._j$	$\sum_{i=1}^{\infty} p_{i1}$	$\sum_{i=1}^{\infty} p_{i2}$	...	$\sum_{i=1}^{\infty} p_{ij}$	...	1

由概率的定义可知，p_{ij} 具有下列性质：

(1) $p_{ij} \geqslant 0, i,j = 1,2,\cdots$;

(2) $\sum_i \sum_j p_{ij} = 1$.

由二维离散型随机变量 (X,Y) 的联合分布律可以确定其联合分布函数为

$$F(x,y) = P(X \leqslant x, Y \leqslant y) = \sum_{x_i \leqslant x, y_j \leqslant y} p_{ij}$$

这里和式是对一切满足不等式 $x_i \leqslant x, y_i \leqslant y$ 的 i,j 来求和的．

注 对于离散型随机变量，由于其联合分布函数一般较繁琐，联合分布律不仅能较直观地反映随机变量的概率分布情况，而且能够更加方便地确定 (X,Y) 取值于任何区域 D 上的概率．因此，我们常用分布律来研究其统计规律．

由 X 与 Y 的联合概率分布表，可求出 X,Y 各自的概率分布表．实际上，只要在表的右边增加一列，逐行相加可得关于 X 的边缘概率分布；而在表的下边增加一行，逐列相加便可得关于 Y 的边缘概率分布．此表中，中间部分是 X 和 Y 的联合分布律，而边缘部分是 (X,Y) 关于 X 和关于 Y 的边缘分布律，这也是"边缘分布律"这个名词的来源．

1. 离散型随机向量

经过整理，关于 X 和 Y 各自的边缘概率分布还可以分别用表 3-2 和表 3-3 表示．

表 3-2　　　X 的边缘概率分布表

x	x_1	x_2	...	x_i	...	x_m	...
$p_i.$	$p_1.$	$p_2.$	...	$p_i.$		$p_m.$	

表 3-3　　　Y 的边缘概率分布表

Y	y_1	y_2	...	y_j	...	y_n
$p._j$	$p._1$	$p._2$	...	$p._j$	...	$p._n$

注 边缘概率分布将二维随机变量转化为一维随机变量，所以可以按上一节的方法，由 (X,Y) 的联合分布律，可以计算 X 与 Y 的边缘分布函数 $F_X(x)$ 和 $F_Y(y)$ 分别为

$$F_X(x) = \sum_{x_i \leqslant x} \sum_y p_{ij} \quad F_Y(y) = \sum_i \sum_{y_j \leqslant y} p_{ij}$$

【例 3.3】袋中有 1 只红球，1 只白球．作放回摸球，每次一球，连摸两次．记

$$X = \begin{cases} 0, & \text{第一次摸到红球,} \\ 1, & \text{第一次摸到白球,} \end{cases}$$

$$Y = \begin{cases} 0, & \text{第二次摸到红球,} \\ 1, & \text{第二次摸到白球.} \end{cases}$$

求 (X,Y) 的联合分布律和边缘分布律．若将摸球方式改为不放回摸球，情况又如何？

【解】摸球方式为"放回摸球"情形下的联合分布律和边缘分布律如表 3-4 所示．

表 3-4

X \ Y	0	1	$p_{i\cdot}$
0	$\frac{1}{4}$	$\frac{1}{4}$	$\frac{1}{2}$
1	$\frac{1}{4}$	$\frac{1}{4}$	$\frac{1}{2}$
$p_{\cdot j}$	$\frac{1}{2}$	$\frac{1}{2}$	1

摸球方式为"不放回摸球"情形下的联合分布律和边缘分布律如表 3-5 所示．

表 3-5

X \ Y	0	1	$p_{i\cdot}$
0	0	$\frac{1}{2}$	$\frac{1}{2}$
1	$\frac{1}{2}$	0	$\frac{1}{2}$
$p_{\cdot j}$	$\frac{1}{2}$	$\frac{1}{2}$	1

注 观察上例中的"放回摸球"与"不放回摸球"这两种不同的试验，(X,Y) 具有不同的联合分布律．但它们相应的边缘分布律却是一样的．这一事实表明，对 (X,Y) 中分量的边缘分布的讨论不能代替对 (X,Y) 整体分布的讨论．换句话说，虽然二维随机变量的联合分布完全决定了两个边缘分布，但反过来，(X,Y) 的两个边缘分布却不能完全确定 (X,Y) 的联合分布．这正是必须把 (X,Y) 作为一个整体来研究的理由．也就是说，联合分布决定边缘分布，而边缘分布不能决定联合分布．

事实上，二维随机变量 (X,Y) 的联合分布包含比边缘分布更多的内容．例 3.3 中，在"不放回取球"中，$p_{ij} = P\{X=i, Y=j\} = P\{X=i | Y=j\} P\{Y=j\}$．而在"放回取球"中，

事件$\{X=i\}$和$\{Y=j\}$是独立的,这时条件概率$P\{X=i|Y=j\}=P\{X=i\}$,从而有:$p_{ij}=P\{X=i,Y=j\}=P\{X=i\}P\{Y=j\}$. 由此可见,尽管两种情形有着相同的边缘分布,却由于X和Y取值之间的相互关系不同而导致它们的联合分布律不同. 由此可知,(X,Y)的联合分布律还包含了X和Y之间相互关系的内容. 这是它们的边缘分布所不能提供的. 因此对单个随机变量X和Y的研究不能代替对二维随机变量(X,Y)的整体研究.

2. 连续型随机变量

定义 3.1.3.3 如果存在二元非负函数$f(x,y)$,使得二维随机向量(X,Y)的分布函数

$$F(x,y)=\int_{-\infty}^{x}\int_{-\infty}^{y}f(u,v)\mathrm{d}v\mathrm{d}u,$$

则称(X,Y)为二维连续型随机向量,称$f(x,y)$为(X,Y)的联合密度函数

联合密度函数满足的基本性质:

(1) 非负性:$f(x,y)\geqslant 0$.

(2) 正则性:$\int_{-\infty}^{+\infty}\int_{-\infty}^{+\infty}f(x,y)\mathrm{d}x\mathrm{d}y=1$.

(3) 设G为平面xOy上的区域,点(X,Y)落在区域G的概率为

$$P((X,Y)\in G)=\iint_{G}f(x,y)\mathrm{d}x\mathrm{d}y.$$

(4) 若$f(x,y)$在点(x,y)连续,则有$\dfrac{\partial^{2}F(x,y)}{\partial x\partial y}=f(x,y)$.

满足性质(1)、(2)的函数一定是某随机向量的密度函数,这也是我们判断函数是不是密度函数的原则.

对于连续型随机变量,边际分布为:

$$F_{X}(x)=F(x,+\infty)=\int_{-\infty}^{x}\left(\int_{-\infty}^{+\infty}f(u,v)\mathrm{d}v\right)\mathrm{d}u;$$

$$F_{Y}(y)=F(+\infty,y)=\int_{-\infty}^{+\infty}\left(\int_{-\infty}^{y}f(u,v)\mathrm{d}v\right)\mathrm{d}u.$$

对分布函数进行求导可得其密度函数,故

$$f_{X}(x)=\int_{-\infty}^{+\infty}f(x,v)\mathrm{d}v, f_{Y}(y)=\int_{-\infty}^{+\infty}f(u,y)\mathrm{d}u.$$

分别称$f_{X}(x),f_{Y}(y)$为(X,Y)关于X,Y的边际密度函数.

很多初学者也许对$F_{X}(x)$关于x求导不甚理解,感觉无从下手. 事实上,我们可以令$g(u)=\int_{-\infty}^{+\infty}f(u,v)\mathrm{d}v$,则

$$F_{X}(x)=\int_{-\infty}^{x}\int_{-\infty}^{+\infty}f(u,v)\mathrm{d}v\mathrm{d}u=\int_{-\infty}^{x}g(u)\mathrm{d}u,$$

对x求导可得

$$f_{X}(x)=g(x)=\int_{-\infty}^{+\infty}f(x,v)\mathrm{d}v.$$

运用微元思想,我们可将离散与连续随机变量的很多结论统一起来.

$$f_Y(y)\mathrm{d}y = P(Y=y) = P(Y=y, X<+\infty)$$
$$= \sum_x P(Y=y, X=x) = \sum_x f(x,y)\mathrm{d}x\mathrm{d}y,$$
$$f_Y(y) = \sum_x f(x,y)\mathrm{d}x = \int_{-\infty}^{+\infty} f(x,y)\mathrm{d}x.$$

在关于二维连续型随机向量的计算中,经常涉及二重积分,我们一定要注意积分区域的确定. 二重定积分的关键在于确定积分上下界,一般步骤如下:

(1) 首先画出定义域及随机向量落在的区域,两者的交就是积分区域.

(2) 将积分区域分为几块,使得每块可以被4条线围住,4条线中至少有两条水平线或垂线. 二重定积分的最外层积分一定是水平线到水平线或垂线到垂线,即数字到数字.

在几何上 $z=f(x,y)$ 表示空间的一张曲面. 由上面性质(3)可知,介于该曲面和 xOy 平面之间的空间区域的体积是 1;$P\{(X,Y)\in G\}$ 的值等于以 G 为底,以曲面 $z=f(x,y)$ 为顶的曲顶柱体的体积,如图 3-6 所示.

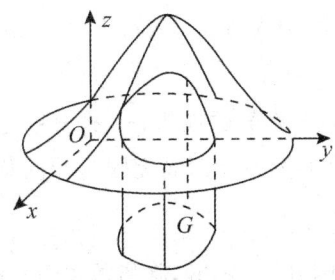

图 3-6 (X,Y) 在区域 G 上的概率图

定限口诀:

后积先定限(累次积分中后积变量的上下限均为常数可以先确定),

限内划条线(该直线要平行于坐标轴且与坐标轴同方向),

先交为下限(直线先穿过的曲线作为积分下限),

后交上限见(直线后穿过的曲线作为积分上限).

定限和积分是本节考查的难点,虽然知识属于高等数学的知识,但你会发现二重积分在数一和数三考查较少,因为此处可以与概率论结合考查,而且可以提升概率计算题的难度和区分度,这是拥有多么好的性质的结合呀,所以出题人乐此不疲,希望大家多多练习,熟能生巧.

3.2 二维均匀分布和二维正态分布

3.2.1 多维均匀分布

设 D 是 R 的有限区域,其体积 $S>0$,如果 n 维随机向量 $(X_1,\cdots,X_n)$ 的联合密度函数为

$$f(x_1,\cdots,x_n) = \begin{cases} \dfrac{1}{S}, & (x_1,\cdots,x_n)\in D \\ 0, & \text{其他} \end{cases},$$

则称$(X_1,\cdots,X_n)$为D上的多维均匀分布,记为$(X_1,\cdots,X_n)\sim U(D)$.

当D为一平面有界区域,则称(X_1,X_2)服从二维均匀分布. 二维均匀分布所描述的随机现象就是向平面区域D中随机投点,如果该点落在D的子区域G中的概率只与G的面积有关,而与G的位置无关,称之为几何概率. 现在用二维均匀分布来描述,有:

$$P((X_1,X_2)\in G)=\iint_G f(x_1,x_2)\mathrm{d}x_1\mathrm{d}x_2=\iint_G \frac{1}{S_D}\mathrm{d}x_1\mathrm{d}x_2=\frac{G\text{的面积}}{D\text{的面积}}.$$

这正是几何概率的计算公式.

3.2.2 二元正态分布

如果二维随机向量(X,Y)的联合密度函数为

$$f(x,y)=\frac{1}{2\pi\sigma_1\sigma_2\sqrt{1-\rho^2}}\mathrm{e}^{-\frac{1}{2(1-\rho^2)}\left[\frac{(x-\mu_1)^2}{\sigma_1^2}-2\rho\frac{(x-\mu_1)(y-\mu_2)}{\sigma_1\sigma_2}+\frac{(y-\mu_2)^2}{\sigma_2^2}\right]},x,y\in\mathbf{R}$$

注 这个公式不要求记忆.

则称(X,Y)服从二元正态分布,记为$(X,Y)\sim N(\mu_1,\mu_2,\sigma_1^2,\sigma_2^2,\rho)$,其中5个参数的取值范围为$\mu_1,\mu_2\in\mathbf{R},\sigma_1,\sigma_2>0,-1\leqslant\rho\leqslant 1$.

以后我们将指出,μ_1,μ_2分别是X,Y的期望,σ_1^2,σ_2^2分别是X,Y的方差,ρ是X,Y的相关系数. 二元正态密度函数的图像很像一顶四周无限延伸的草帽,其中心点在(μ_1,μ_2),等高线是椭圆.

令$\dfrac{x-\mu_1}{\sigma_1}=u,\dfrac{y-\mu_2}{\sigma_2}=v$,则$\mathrm{d}y=\sigma_2\mathrm{d}v$,将指数关于$v$配方可得

$$F_X(x)=\int_{-\infty}^{+\infty}f(x,y)\mathrm{d}y=\frac{1}{2\pi\sigma_1\sqrt{1-\rho^2}}\int_{-\infty}^{+\infty}\exp\left\{-\frac{u^2-2\rho uv+v^2}{2(1-\rho^2)}\right\}\mathrm{d}v$$

$$=\frac{1}{\sqrt{2\pi}\sigma_1}\frac{\exp\{-\frac{u^2}{2}\}}{\sqrt{2\pi}\sqrt{1-\rho^2}}\int_{-\infty}^{+\infty}\exp\left\{-\frac{(v-\rho u)^2}{2(1-\rho^2)}\right\}\mathrm{d}v$$

$$=\frac{1}{\sqrt{2\pi}\sigma_1}\exp\left\{-\frac{u^2}{2}\right\}=\frac{1}{\sqrt{2\pi}\sigma_1}\exp\left\{-\frac{(x-\mu_1)^2}{2\sigma_1^2}\right\}$$

可见,二维正态分布的两个边缘分布都是一维正态分布,即$X\sim N(\mu_1,\sigma_1^2),Y\sim N(\mu_2,\sigma_2^2)$,并不依赖参数$\rho$. 可见对于给定的$\mu_1,\mu_2,\sigma_1^2,\sigma_2^2$,不同的$\rho$对应着不同的二维正态分布,但它们的边际分布却都一样. 这一事实表明,单由关于X和关于Y的边际分布,一般来说是不能确定随机变量X,Y的联合分布的. 显然我们有如下结论:$f(x,y)=f_X(x)f_Y(y)$的充分必要条件为$\rho=0$.

3.2.3 独立性

定义3.2.3.1 设n维随机向量$(X_1,\cdots,X_n)$的联合分布函数为$F(x_1,\cdots,x_n)$,$F_{X_i}(x_i)$为X_i的边际分布,如果对于任意n个实数$x_1,\cdots,x_n$,有

$$F(x_1,\cdots,x_n)=\prod_{i=1}^n F_{X_i}(x_i),$$

则称 $X_1,\cdots,X_n$ 相互独立.

由此可导出离散随机变量与连续随机变量独立性的判别方法.

在离散场合, $X_1,\cdots,X_n$ 相互独立的充要条件为

$$P(X_1=x_1,\cdots,X_n=x_n)=\prod_{i=1}^n P(X_i=x_i);$$

在连续场合, $X_1,\cdots,X_n$ 相互独立的充要条件为联合密度函数

$$f(x_1,x_2,\cdots,x_n)=\prod_{i=1}^n f_{X_i}(x_i).$$

命题 1 常数与任何随机变量独立.

命题 2 若 (X,Y) 服从均匀分布 $U([a,b]\times[c,d])$,则 X 与 Y 独立.

命题 3 若 $(X,Y)\sim N(\mu_1,\mu_2,\sigma_1^2,\sigma_2^2,\rho)$,则 X 与 Y 独立的充要条件是 $\rho=0$.

命题 4 若 $A,B\in F$,则事件 A 与 B 独立的充要条件是它们的显性函数 I_A 和 I_B 独立.

此前,我们一直强调边缘分布不能决定其联合分布,但在 X 与 Y 相互独立时,边缘分布就可唯一决定其联合分布了.

定义 3.2.3.2 设 $X_1,\cdots,X_n,\cdots$ 是随机变量序列,如果其中任何有限个随机变量都相互独立,则称 $\{X_n,n\geqslant 1\}$ 是独立随机变量序列. 独立随机变量序列是极限理论的研究对象.

3.3 二维随机向量的条件分布

二维随机向量 (X,Y) 中, X 与 Y 的相互关系除了独立以外,还有相依关系,即随机变量的取值往往彼此是有影响的,这种关系用条件分布能更好地表达出来.

$$P(Y\leqslant y\mid X\in C)=\frac{P(Y\leqslant y,X\in C)}{P(X\in C)}$$

是一维分布函数,自然称它为条件 $X\in C$ 下 Y 的条件分布函数.

3.3.1 离散随机向量的条件分布

如果二维离散随机向量 (X,Y) 的联合分布列为

$$p_{ij}=P(X=x_i,Y=y_j),i,j=1,2,\cdots,$$

仿照条件概率的定义,我们很容易地给出离散随机向量的条件分布列.

定义 3.3.1.1 对一切使得 $P(Y=y_j)=\sum_{i=1}^{+\infty}p_{ij}=p_{\cdot j}>0$ 的 y_j,称

$$p_{i\mid j}=P(X=x_i\mid Y=y_j)=\frac{P(X=x_i,Y=y_j)}{P(Y=y_j)}=\frac{p_{ij}}{p_{\cdot j}},i=1,2,\cdots$$

为在给定 $Y=y_j$ 条件下 X 的条件分布列.

同理,对一切使得 $P(X=x_i)=\sum_{j=1}^{+\infty}p_{ij}=p_{i\cdot}>0$ 的 x_i,称

$$p_{j\mid i}=P(Y=y_j\mid X=x_i)=\frac{P(X=x_i,Y=y_j)}{P(X=x_j)}=\frac{p_{ij}}{p_{i\cdot}},j=1,2,\cdots$$

为在给定 $X=x_i$ 条件下 Y 的条件分布列.

有了条件分布列,我们就可以定义离散随机向量的条件分布.

定义 3.3.1.2 在给定 $Y=y_j$ 条件下 X 的条件分布函数为

$$F(x|y_j) = P(X \leqslant x | Y=y_j) = \sum_{x_i \leqslant x} P(X=x_i | Y=y_j) = \sum_{x_i \leqslant x} p_{i|j};$$

在给定 $X=x_i$ 条件下 Y 的条件分布函数为

$$F(y|x_i) = \sum_{y_j \leqslant y} P(Y=y_j | X=x_i) = \sum_{y_j \leqslant y} p_{j|i}.$$

【**例 3.4**】设在某一段时间内进入某一商店的顾客人数 $X \sim P(\lambda)$,每个顾客购买某种物品的概率为 p,并且各个顾客是否购买该种物品相互独立,求进入商店的顾客购买这种物品的人数 Y 的分布.

【**解**】由题意知

$$P(X=m) = \frac{\lambda^m}{m!} e^{-\lambda}, m=0,1,2,\cdots.$$

在进入商店人数 $X=m$ 的条件下,Y 的条件分布为二项分布 $B(m,p)$,即

$$P(Y=k|X=m) = \binom{m}{k} p^k (1-p)^{m-k}, k=0,1,2,\cdots,m.$$

由全概率公式有

$$P(Y=k) = \sum_{m=k}^{\infty} P(Y=k|X=m) P(X=m) = \sum_{m=k}^{\infty} \binom{m}{k} p^k (1-p)^{m-k} \frac{\lambda^m}{m!} e^{-\lambda}$$

$$= e^{-\lambda} \sum_{m=k}^{\infty} \frac{\lambda^m}{k!(m-k)!} p^k (1-p)^{m-k} = e^{-\lambda} \frac{(\lambda p)^k}{k!} \sum_{m=k}^{\infty} \frac{[(1-p)\lambda]^{m-k}}{(m-k)!}$$

$$= e^{-\lambda} e^{(1-p)\lambda} \frac{(\lambda p)^k}{k!} = \frac{(\lambda p)^k}{k!} e^{-\lambda p}, k=0,1,2\cdots.$$

显然,$Y \sim P(\lambda p)$,即泊松分布的随机向量仍然为泊松分布.

这个例子告诉我们:在直接寻求 Y 的分布有困难时,可借助条件分布来克服困难.

3.3.2 连续随机向量的条件分布

设 (X,Y) 为连续型随机向量,联合密度函数为 $f(x,y)$,边际分布函数分别为 $F_X(x)$,$F_Y(y)$,采用极限过渡的思想有

$$P(X \leqslant x | Y=y) = \lim_{h \to \infty} P(X \leqslant x | y \leqslant Y \leqslant y+h)$$

$$= \lim_{h \to \infty} \frac{P(X \leqslant x, y \leqslant Y \leqslant y+h)}{P(y \leqslant Y \leqslant y+h)}$$

$$= \lim_{h \to \infty} \frac{\int_{-\infty}^{x} \int_{y}^{y+h} f(u,v) \mathrm{d}v \mathrm{d}u}{\int_{y}^{y+h} f_Y(u,v) \mathrm{d}v}$$

$$= \lim_{h \to \infty} \frac{\int_{-\infty}^{x} \frac{1}{h} \left\{ \int_{y}^{y+h} f(u,v) \mathrm{d}v \right\} \mathrm{d}u}{\frac{1}{h} \int_{y}^{y+h} f_Y(u,v) \mathrm{d}v}.$$

当 $F_Y(y)$,$f(x,y)$ 在 y 处连续时,由积分中值定理可得

$$\lim_{h\leftarrow\infty}\frac{1}{h}\int_y^{y+h}f_Y(u,v)\mathrm{d}v = f_Y(y), \lim_{h\leftarrow\infty}\frac{1}{h}\int_y^{y+h}f_Y(u,v)\mathrm{d}v = f(u,y).$$

所以

$$P(X\leqslant x\,|\,Y=y) = \int_{-\infty}^x \frac{f(u,y)}{f_Y(y)}\mathrm{d}u.$$

定义 3.3.2.1 对于一切 $F_Y(y)>0$ 的 y,在给定 $Y=y$ 条件下,X 的条件分布函数和条件密度函数分别为

$$F(x\,|\,y) = \int_{-\infty}^x \frac{f(u,y)}{f_Y(y)}\mathrm{d}u, f(x\,|\,y) = \frac{f(x,y)}{f_Y(y)}.$$

同理对于一切 $F_X(x)>0$ 的 x,在给定 $X=x$ 条件下,Y 的条件分布函数和条件密度函数分别为

$$F(y\,|\,x) = \int_{-\infty}^y \frac{f(x,v)}{f_X(x)}\mathrm{d}v, f(y\,|\,x) = \frac{f(x,y)}{f_X(x)}.$$

例如,令 X 表示人的身高,Y 表示人的体重,则

$$P(X=172\mathrm{cm})=0, P(Y=70\mathrm{kg})=0, P(X=172\mathrm{cm},Y=70\mathrm{kg})=0,$$

显然有

$$P(X=172\mathrm{cm}) = P(X=172\mathrm{cm},Y=70\mathrm{kg}).$$

这说明零概率事件也可以比较概率的大小,虽然它们的概率都是 0,但可以利用微元进行区分.

对于连续型随机向量,由于对于任意 x,y,

$$P(X=x) = P(Y=y) = P(X=x,Y=y) = 0,$$

但可表示为微元形式:

$$P(X=x) = f_X(x)\mathrm{d}x, P(Y=y) = f_Y(y)\mathrm{d}y,$$
$$P(X=x,Y=y) = f(x,y)\mathrm{d}x\mathrm{d}y,$$

这样就可以直接利用条件概率公式引入条件分布函数和条件密度函数.

$$\begin{aligned}F(x\,|\,y) &= P(X\leqslant x\,|\,Y=y)\\ &= \sum_{u\leqslant x} P(X=u\,|\,Y=y)\\ &= \sum_{u\leqslant x} \frac{P(X=u,Y=y)}{P(Y=y)}\\ &= \sum_{u\leqslant x} \frac{f(u,y)\mathrm{d}u\mathrm{d}y}{f_Y(y)\mathrm{d}y}\\ &= \sum_{u\leqslant x} \frac{f(u,y)\mathrm{d}u}{f_Y(y)}\\ &= \int_{-\infty}^x \frac{f(u,y)}{f_Y(y)}\mathrm{d}u.\end{aligned}$$

求导可得条件密度 $f(x\,|\,y)$.

事实上也可推导如下:

$$f(x\,|\,y)\mathrm{d}x = P(X=x\,|\,Y=y) = \frac{P(X=x,Y=y)}{P(Y=y)} = \frac{f(x,y)\mathrm{d}x\mathrm{d}y}{f_Y(y)\mathrm{d}y},$$

即

$$f(x\,|\,y) = \frac{f(x,y)}{f_Y(y)}.$$

$$f_Y(y)\mathrm{d}y = P(Y=y) = \sum_x P(Y=y\,|\,X=x)P(X=x)$$
$$= \sum_x f(y\,|\,x)\mathrm{d}y f_X(x)\mathrm{d}x,$$

即

$$f_Y(y) = \int_{-\infty}^{+\infty} f(y\,|\,x)f_X(x)\mathrm{d}x.$$

【例 3.5】(2004) 设随机变量 X 在区间 $(0,1)$ 内服从均匀分布,在 $X=x(0<x<1)$ 的条件下,随机变量 Y 在区间 $(0,x)$ 内服从均匀分布,求:随机变量 X 和 Y 的联合概率密度.

【分析】本题是 2004 年数学四的考题,当年的得分率仅为 0.204,算是难题.

有一类问题是给定 $f(x,y)$,求 $f_{Y|X}(y\,|\,x)$,本题是先给出了 $f_{Y|X}(y\,|\,x)$,反过来求 $f(x,y)$.

如果先给 $f(x,y)$,则 $f_X(x) = \int_{-\infty}^{+\infty} f(x,y)\mathrm{d}y$,在 $f_X(x) \neq 0$ 的条件下,

$$f_{Y|X}(y\,|\,x) = \frac{f(x,y)}{f_X(x)}.$$

如果先给 $f_{Y|X}(y\,|\,x) = \frac{f(x,y)}{f_X(x)}, f_X(x) \neq 0$,则有在 $f_X(x) \neq 0$ 的条件下,

$$f(x,y) = f_X(x)f_{Y|X}(y\,|\,x).$$

但 $f(x,y)$ 是定义在 $-\infty<x<+\infty, -\infty<y<+\infty$ 上的,仅给出 $f_X(x) \neq 0$ 的这部分显然是不全的. 还得补上 $f_X(x) = 0$ 所对应那部分.

【解】$X \sim U(0,1)$,即有 $f_X(x) = \begin{cases} 1, & 0<x<1, \\ 0, & \text{其他}. \end{cases}$

在 $f_X(x) \neq 0$ 的条件下,也就是在 $0<x<1, X=x$ 的条件下,

$$f_{Y|X}(y\,|\,x) \sim U(0,x), \text{即有 } f_{Y|X}(y\,|\,x) = \begin{cases} \dfrac{1}{x}, & 0<y<x, \\ 0, & \text{其他}. \end{cases}$$

因为 $f_{Y|X}(y\,|\,x) = \dfrac{f(x,y)}{f_X(x)}, f_X(x) > 0$,

所以当 $0<x<1$ 时,有

$$f(x,y) = f_X(x)f_{Y|X}(y\,|\,x) = \begin{cases} \dfrac{1}{x}, & 0<y<x; \\ 0, & \text{其他} \end{cases}$$

但 $f(x,y)$ 是定义在全面上,而上式仅给出 $0<x<1$ 时的 $f(x,y)$,如图 3-7 所示. 当 $x \geqslant 1$ 或 $x \leqslant 0$ 时,$f_X(x) = 0$. 故 $f(x,y)$ 不存在.

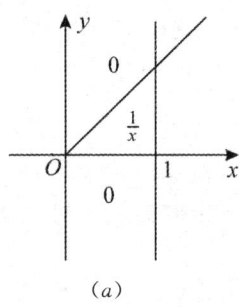
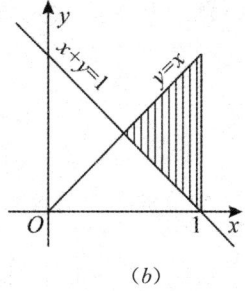

图 3-7

【例 3.6】 (2010) 设二维随机变量 (X,Y) 的概率密度为 $f(x,y) = Ae^{-2x^2+2xy-y^2}$，$-\infty < x < +\infty, -\infty < y < +\infty$，求常数 A 及条件概率密度 $f_{Y|X}(y|x)$.

【分析】 本题给出 $f(x,y)$，所以其中常数 A 可用 $\int_{-\infty}^{+\infty}\int_{-\infty}^{+\infty} f(x,y)\mathrm{d}x\mathrm{d}y = 1$ 来确定.

计算 $\int_{-\infty}^{+\infty}\int_{-\infty}^{+\infty} f(x,y)\mathrm{d}x\mathrm{d}y$ 会比较复杂.

$$f_{Y|X}(y|x) = \frac{f(x,y)}{f_X(x)}, f_X(x) \neq 0.$$

而 $f_X(x) = \int_{-\infty}^{+\infty} f(x,y)\mathrm{d}y$. 既然要求 $f_X(x)$，不如先求 $f_X(x)$ 带上常数 A，这不影响 $f_{Y|X}(y|x)$ 的计算，还可用 $\int_{-\infty}^{+\infty} f_X(x)\mathrm{d}x = 1$ 来定常数 A，比用 $\int_{-\infty}^{+\infty}\int_{-\infty}^{+\infty} f(x,y)\mathrm{d}x\mathrm{d}y$ 直接定常数简便些.

【解】
$$f_X(x) = \int_{-\infty}^{+\infty} f(x,y)\mathrm{d}y = A\int_{-\infty}^{+\infty} e^{-2x^2+2xy-y^2}\mathrm{d}y$$
$$= Ae^{-x^2}\int_{-\infty}^{+\infty} e^{-(y-x)^2}\mathrm{d}y = Ae^{-x^2}\int_{-\infty}^{+\infty} e^{-t^2}\mathrm{d}t$$
$$= A\sqrt{\pi}e^{-x^2}, -\infty < x < +\infty.$$

$$1 = \int_{-\infty}^{+\infty} f_X(x)\mathrm{d}x = A\sqrt{\pi}\int_{-\infty}^{+\infty} e^{-x^2}\mathrm{d}x = A\pi, \text{即 } A = \frac{1}{\pi}.$$

当 $-\infty < x < +\infty$ 时，$f_X(x) \neq 0$. 故

$$f_{Y|X}(y|x) = \frac{f(x,y)}{f_X(x)} = \frac{Ae^{-2x^2+2xy-y^2}}{A\sqrt{\pi}e^{-x^2}}$$
$$= \frac{1}{\sqrt{\pi}}e^{-x^2+2xy-y^2} = \frac{1}{\sqrt{\pi}}e^{-(y-x)^2}, -\infty < y < +\infty.$$

注 本题为 2010 年考题. 当年的得分率为 0.296.

本题解过程多处要用到积分：$\int_{-\infty}^{+\infty} e^{-t^2}\mathrm{d}t = \sqrt{\pi}$. 这公式可有多种推导：

① $\left(\int_{-\infty}^{+\infty} e^{-t^2}\mathrm{d}t\right)^2 = \int_{-\infty}^{+\infty}\int_{-\infty}^{+\infty} e^{-(x^2+y^2)}\mathrm{d}x\mathrm{d}y = \int_0^{2\pi}\mathrm{d}\theta\int_0^{+\infty} e^{-r^2}r\mathrm{d}r = \pi$，所以 $\int_{-\infty}^{+\infty} e^{-t^2}\mathrm{d}t = \sqrt{\pi}$.

② 对 $X \sim N\left(0, \frac{1}{2}\right)$ 的密度函数 $f(x) = \frac{1}{\sqrt{2\pi}\sqrt{\frac{1}{2}}} e^{-\frac{x^2}{2 \cdot \frac{1}{2}}} = \frac{1}{\sqrt{\pi}} e^{-x^2}$，必有 $\int_{-\infty}^{+\infty} \frac{1}{\sqrt{\pi}} e^{-x^2} dx = 1$，即 $\int_{-\infty}^{+\infty} e^{-x^2} dx = \sqrt{\pi}$.

如果考生能记住这个叫泊松积分的公式 $\int_{-\infty}^{+\infty} e^{-t^2} dt = \sqrt{\pi}$，会对考试很有帮助．

【例 3.7】设 $X \sim N\left(0, \frac{1}{2}\right)$，在 $X = x$ 的条件下 Y 服从正态分布 $N\left(x, \frac{1}{2}\right)$，求 Y 的概率密度．

【分析】已知边缘概率和条件概率，可求出联合概率，从而可以得到 Y 的概率密度．

【解】已知 $X \sim N\left(0, \frac{1}{2}\right)$，则 X 的概率密度为

$$f_X(x) = \frac{1}{\sqrt{2\pi}\frac{1}{\sqrt{2}}} e^{-\frac{x^2}{2 \times \frac{1}{2}}} = \frac{1}{\sqrt{\pi}} e^{-x^2}, -\infty < x < +\infty.$$

在 $X = x$ 的条件下，Y 的条件概率密度为

$$f_{Y|X}(y|x) = \frac{1}{\sqrt{2\pi}\frac{1}{\sqrt{2}}} e^{-\frac{(y-x)^2}{2 \cdot \frac{1}{2}}} = \frac{1}{\sqrt{\pi}} e^{-(y-x)^2}, -\infty < y < +\infty.$$

X 与 Y 的联合概率密度为

$$f(x,y) = f_X(x) f_{Y|X}(y|x)$$
$$= \frac{1}{\pi} e^{-(2x^2 - 2xy + y^2)}, -\infty < x < +\infty, -\infty < y < +\infty.$$

Y 的边缘概率密度为

$$f_Y(y) = \int_{-\infty}^{+\infty} f(x,y) dx = \int_{-\infty}^{+\infty} \frac{1}{\pi} e^{-(2x^2 - 2xy + y^2)} dx$$
$$= \frac{1}{\pi} \int_{-\infty}^{+\infty} e^{-2\left(x - \frac{1}{2}y\right)^2 - \frac{1}{2}y^2} dx$$
$$= \frac{1}{\sqrt{2\pi}} e^{-\frac{1}{2}y^2} \int_{-\infty}^{+\infty} \frac{1}{\sqrt{2\pi} \times \frac{1}{2}} e^{-\frac{\left(x - \frac{1}{2}y\right)^2}{2 \times \frac{1}{4}}} dx$$
$$= \frac{1}{\sqrt{2\pi}} e^{-\frac{1}{2}y^2}, (重点为积分)$$

即 Y 服从标准正态分布 $N(0,1)$．

注 若计算 $\int_{-\infty}^{+\infty} e^{ax^2 + bx + c} dx$ 形式的积分，可将被积函数凑成正态分布的概率密度的形式，利用概率密度的性质来计算．

【例 3.8】随机变量 (X,Y) 的联合概率密度为

$$f(x,y) = \begin{cases} 6x^2, & 0 < y < 1, |x| < y, \\ 0, & 其他. \end{cases} 求：$$

(1)(X,Y) 的边缘概率密度 $f_X(x),f_Y(y)$;

(2)条件概率密度 $f_{X|Y}(x|y)$ 和 $f_{Y|X}(y|x)$;

(3)$P\left\{-1<X<\dfrac{1}{4}\,\bigg|\,Y=\dfrac{1}{2}\right\}$.

【分析】题目给定连续型随机变量 (X,Y) 的联合概率密度,根据联合概率密度求边缘概率密度,就是对另一变量求在 $(-\infty,+\infty)$ 上的积分;第(2)问求条件概率密度,等于联合概率密度除以边缘概率密度. 第(3)问是比较新颖的题目.

【解】(1)X 的边缘概率密度为 $f_X(x)=\displaystyle\int_{-\infty}^{+\infty}f(x,y)\mathrm{d}y$,如图 3-8 所示.

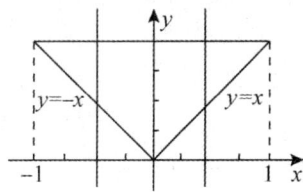

图 3-8

当 $x\leqslant -1$ 或 $x\geqslant 1$ 时,$f_X(x)=0$;

当 $-1<x<0$ 时,$f_X(x)=\displaystyle\int_{-x}^{1}6x^2\mathrm{d}y=6x^2(1+x)$;

当 $0\leqslant x<1$ 时,$f_X(x)=\displaystyle\int_{x}^{1}6x^2\mathrm{d}y=6x^2(1-x)$.

综上所述,X 的边缘概率密度为

$$f_X(x)=\begin{cases}6x^2(1+x), & -1<x<0,\\ 6x^2(1-x), & 0\leqslant x<1,\\ 0, & \text{其他}.\end{cases}$$

Y 的边缘概率密度 $f_Y(y)=\displaystyle\int_{-\infty}^{+\infty}f(x,y)\mathrm{d}x$,如图 3-9 所示.

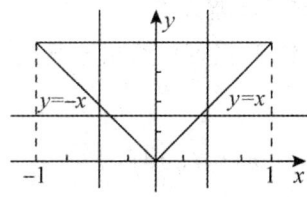

图 3-9

当 $y\leqslant 0$ 或 $y\geqslant 1$ 时,$f_Y(y)=0$;

当 $0<y<1$ 时,$f_Y(x)=\displaystyle\int_{-y}^{y}6x^2\mathrm{d}x=4y^3$.

综上所述,Y 的边缘概率密度为

$$f_Y(y) = \begin{cases} 4y^3, & 0 < y < 1, \\ 0, & \text{其他}. \end{cases}$$

(2) 当 $0 < y < 1$ 时，

$$f_{X|Y}(x|y) = \frac{f(x,y)}{f_Y(y)} = \begin{cases} \dfrac{3x^2}{2y^3}, & -y < x < y, \\ 0, & \text{其他}. \end{cases}$$

当 $-1 < x < 0$ 时，

$$f_{Y|X}(y|x) = \frac{f(x,y)}{f_X(x)} = \frac{f(x,y)}{6x^2(1+x)} = \begin{cases} \dfrac{1}{1+x}, & -x < y < 1, \\ 0, & \text{其他}. \end{cases}$$

当 $0 < x < 1$ 时，

$$f_{Y|X}(y|x) = \frac{f(x,y)}{f_X(x)} = \frac{f(x,y)}{6x^2(1-x)} = \begin{cases} \dfrac{1}{1-x}, & x < y < 1, \\ 0, & \text{其他}. \end{cases}$$

其余情况下，$f_{X|Y}(x|y)$，$f_{Y|X}(y|x)$ 不存在.

(3) 由 (2) 知，$f_{X|Y}\left(x \Big| y = \dfrac{1}{2}\right) = \begin{cases} 12x^2, & -\dfrac{1}{2} < x < \dfrac{1}{2}, \\ 0, & \text{其他}. \end{cases}$

$$P\left\{-1 < X < \frac{1}{4} \Big| Y = \frac{1}{2}\right\} = \int_{-1}^{\frac{1}{4}} f_{X|Y}\left(x \Big| y = \frac{1}{2}\right) \mathrm{d}x$$

$$= \int_{-\frac{1}{2}}^{\frac{1}{4}} 12x^2 \mathrm{d}x = \frac{9}{16}.$$

注 在根据联合概率密度求边缘概率密度和条件概率密度的时候，一定要注意确定变量的取值范围，特别是边缘概率密度的变量取值范围，最好通过作图，采用穿线法来确定，请同学们考虑第 (3) 问为什么不能直接用条件概率定义计算.

3.3.3 连续场合的全概率公式与贝叶斯公式

有了条件分布密度函数的概率，我们可以给出连续随机变量场合的全概率公式和贝叶斯公式.

全概率公式：$f_Y(y) = \int_{-\infty}^{+\infty} f(y|x) f_X(x) \mathrm{d}x,$

$$f_X(x) = \int_{-\infty}^{+\infty} f(x|y) f_Y(y) \mathrm{d}y.$$

贝叶斯公式：$f(x|y) = \dfrac{f(x,y)}{f_Y(y)},$

$$f(y|x) = \frac{f(x,y)}{f_X(x)}.$$

【例 3.9】设 $(X,Y) \sim N(\mu_1, \mu_2, \sigma_1^2, \sigma_2^2, \rho)$，求 $f(x|y)$ 和 $f(y|x)$.

【解】由定义及前面结论可知：

$$f(x\mid y)=\frac{f(x,y)}{f_Y(y)}=\frac{1}{2\pi\sigma_1\sqrt{1-\rho^2}}\mathrm{e}^{-\frac{1}{2\sigma_1^2(1-\rho^2)}\left[x-\left(\mu_1+\rho\frac{\sigma_1}{\sigma_2}(y-\mu_2)\right)\right]^2}.$$

由此可见,二维正态分布的条件分布仍为正态分布. 当 $Y=y$ 时, X 的条件分布为

$$N\left(\mu_1+\rho\frac{\sigma_1}{\sigma_2}(y-\mu_2),\sigma_1^2(1-\rho^2)\right).$$

同理有

$$Y\mid X=x\sim N\left(\mu_2+\rho\frac{\sigma_2}{\sigma_1}(x-\mu_1),\sigma_2^2(1-\rho^2)\right).$$

求解随机向量函数的分布只需掌握一般方法,不必记忆公式.

3.4 多维随机变量函数的分布

设 $X=(X_1,\cdots,X_n)$ 是 n 维随机向量, $y=g(x_1,\cdots,x_n)$ 是 n 元函数,则 $Y=g(X_1,\cdots,X_n)$ 是一维随机变量. 显然,多个随机变量之和、差、积、商(除数不为0)以及取极值等都是随机变量. 现在的问题是,如何由 $(X_1,\cdots,X_n)$ 的分布求出 $Y=g(X_1,\cdots,X_n)$ 的分布,这是一类技巧性很强的工作,不仅对离散场合和连续场合有不同的方法,而且对不同的函数 $g(X_1,\cdots,X_n)$ 要采用不同的方法,但归根结底都是由分布函数定义推导,即已知 n 维随机向量 $(X_1,\cdots,X_n)$ 的概率分布,则 $Y=g(X_1,\cdots,X_n)$ 的分布函数为

$$F_Y(y)=P(Y\leqslant y)=P(g(X_1,\cdots,X_n)\leqslant y).$$

最大值与最小值分布

设 $X_1,\cdots,X_n$ 是随机变量,令

$$X_{(n)}=\max(X_1,\cdots,X_n),X_{(1)}=\min(X_1,\cdots,X_n),$$

称 $X_{(n)}$ 为 $X_1,\cdots,X_n$ 的最大值变量, $X_{(1)}$ 为 $X_1,\cdots,X_n$ 的最小值变量.

如果 $X_1,\cdots,X_n$ 是相互独立的随机变量,且 $X_i\sim F_i(x)$,由分布函数定义有

$$F_{X_{(n)}}(x)=P(X_{(n)}\leqslant x)=P(\max(X_1,\cdots,X_n)\leqslant x)$$

$$=P(X_1\leqslant x)\cdots P(X_n\leqslant x)=\prod_{i=1}^n F_i(x);$$

$$F_{X_{(1)}}(x)=P(X_{(1)}\leqslant x)=1-P(\min(X_1,\cdots,X_n)>x)$$

$$=1-P(X_1>x)\cdots P(X_n>x)$$

$$=1-\prod_{i=1}^n[1-F_i(x)].$$

如果 $X_1,\cdots,X_n$ 独立同分布于 $F(x)$,则有

$$F_{X_{(n)}}(x)=[F(x)]^n, f_{X_{(1)}}(x)=1-[1-F(x)]^n.$$

当 $F_i(x)$ 可导时,求导可得密度函数

$$f_{X_{(n)}}(x)=nf(x)[F(x)]^{n-1},$$

$$f_{X_{(1)}}(x)=nf(x)[1-F(x)]^{n-1}.$$

$X_{(1)}$ 与 $X_{(n)}$ 的分布统称为极值分布. 极值分布在水文、气象、地震等预报问题中, 有着重要的作用. 在大型工程设计中, 我们要对一些带有严重破坏性的自然灾害进行必要的估计和预测. 如在建造桥梁时, 为防止洪水冲塌桥梁, 必须考虑使用期间河流可能爆发的最高水位; 在建造高大建筑物时, 也必须考虑到今后若干年内的最高水位、最大风速、最大地震等级等. 考虑这些随机变量的概率分布, 就是极值的概率分布.

3.4.1 离散型随机向量函数的分布

当离散型随机向量 $(X_1, \cdots, X_n)$ 所有可能取值较少时, 可将 Y 的取值一一列出, 然后再整理就可得结果. 其做法实质上和一维随机向量一样.

【**例 3.10**】设 (X, Y) 的联合分布列如表 3-6 所示.

表 3-6

X \ Y	-1	1	2
-1	$\frac{5}{20}$	$\frac{2}{20}$	$\frac{6}{20}$
2	$\frac{3}{20}$	$\frac{3}{20}$	$\frac{1}{20}$

试求: (1) $Z_1 = X+Y$; (2) $Z_2 = \max\{X,Y\}$ 的分布列.

【**解**】将 (X,Y) 及各个函数的取值对应列于同表 3-7 中.

表 3-7

P	$\frac{5}{20}$	$\frac{2}{20}$	$\frac{6}{20}$	$\frac{3}{20}$	$\frac{3}{20}$	$\frac{1}{20}$
(X,Y)	$(-1,-1)$	$(-1,1)$	$(-1,2)$	$(2,-1)$	$(2,1)$	$(2,2)$
$Z_1 = X+Y$	-2	0	1	1	3	4
$Z_2 = \max\{X,Y\}$	-1	1	2	2	2	2

然后经过合并整理就可得最后结果.

$$Z_1 \sim \begin{pmatrix} -2 & 0 & 1 & 3 & 4 \\ \frac{5}{20} & \frac{2}{20} & \frac{9}{20} & \frac{3}{20} & \frac{1}{20} \end{pmatrix}, Z_2 \sim \begin{pmatrix} -1 & 1 & 2 \\ \frac{5}{20} & \frac{2}{20} & \frac{13}{20} \end{pmatrix}.$$

定理 3.4.1.1 (泊松分布的可加性) 设 $X \sim P(\lambda_1), Y \sim P(\lambda_2)$, 且相互独立, 则
$$Z = X + Y \sim P(\lambda_1 + \lambda_2).$$

【**证明**】$Z = X+Y$ 所有可能取值为 $0,1,2,\cdots$ 所有非负整数, 而事件 $\{Z=k\}$ 是诸多互不相容事件 $\{X=i, Y=k-i\}, (i=0,1,\cdots,k)$ 的并集, 所以

$$P(Z=k) = P(X+Y=k) = \sum_{i=0}^{k} P(X=i, Y=k-i)$$
$$= \sum_{i=0}^{k} P(X=i) P(Y=k-i).$$

这个概率等式称为离散场合的卷积公式. 利用此公式可得,

$$P(Z=k) = \sum_{i=0}^{k} \frac{\lambda_1^i}{i!} e^{-\lambda_1} \frac{\lambda_2^{k-i}}{(k-i)!} e^{-\lambda_2}$$

$$= \frac{(\lambda_1+\lambda_2)^k}{k!} e^{-(\lambda_1+\lambda_2)} \sum_{i=0}^{k} \frac{k!}{i!(k-i)!} \left(\frac{\lambda_1}{\lambda_1+\lambda_2}\right)^i \left(\frac{\lambda_2}{\lambda_1+\lambda_2}\right)^{k-i}$$

$$= \frac{(\lambda_1+\lambda_2)^k}{k!} e^{-(\lambda_1+\lambda_2)}, k=0,1,\cdots.$$

这表明 $Z=X+Y \sim P(\lambda_1+\lambda_2)$.

注意, $X-Y$ 不服从泊松分布.

离散场合的卷积公式也可由全概率公式推导如下:

$$P(Z=k) = \sum_{i=0}^{k} P(X+Y=k \mid X=i) P(X=i)$$

$$= \sum_{i=0}^{k} P(X=i) P(Y=k-i).$$

以后我们称性质"同一类分布的独立随机变量的和的分布仍属于此类分布"为此类分布的可加性.

事实上,用条件概率的定义和泊松分布的可加性,对任意 $k=0,1,\cdots,n$ 有

$$P(X=k \mid Z=n) = \frac{P(X=k, Z=n)}{P(Z=n)} = \frac{P(X=k) P(Y=n-k)}{P(Z=n)}$$

$$= \frac{\dfrac{\lambda_1^k}{k!} e^{-\lambda_1} \dfrac{\lambda_2^{n-k}}{(n-k)!} e^{-\lambda_2}}{\dfrac{(\lambda_1+\lambda_2)^n}{n!} e^{-(\lambda_1+\lambda_2)}}$$

$$= \frac{n!}{k!(n-k)!} \left(\frac{\lambda_1}{\lambda_1+\lambda_2}\right)^k \left(1-\frac{\lambda_1}{\lambda_1+\lambda_2}\right)^{n-k}.$$

【例 3.11】设 X 与 Y 相互独立,且均服从参数为 λ 的泊松分布,则 $Z=X+Y$ 服从的分布为 _____.

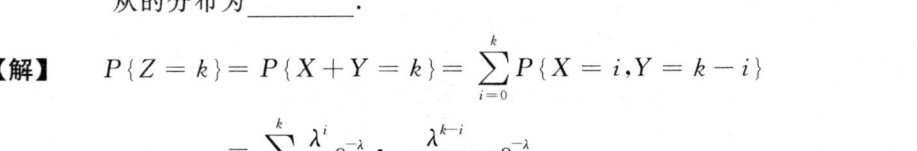

【解】 $P\{Z=k\} = P\{X+Y=k\} = \sum_{i=0}^{k} P\{X=i, Y=k-i\}$

$$= \sum_{i=0}^{k} \frac{\lambda^i}{i!} e^{-\lambda} \cdot \frac{\lambda^{k-i}}{(k-i)!} e^{-\lambda}$$

$$= \frac{\lambda^k}{k!} e^{-2\lambda} \sum_{i=0}^{n} \frac{k!}{i!(k-i)!}$$

$$= \frac{\lambda^k}{k!} e^{-2\lambda} \sum_{i=0}^{k} C_k^i = \frac{\lambda^k}{k!} e^{-2\lambda} (1+1)^k$$

$$= \frac{(2\lambda)^k}{k!} e^{-2\lambda}, k=0,1,2,\cdots$$

答案应填 $P(2\lambda)$.

定理 3.4.1.2 （二项分布的可加性）设 $X \sim B(n,p), Y \sim B(m,p)$，且相互独立，则 $Z = X + Y \sim B(n+m,p)$.

【证明】$X+Y$ 的可能值为 $0,1,\cdots,m+n$，由卷积公式可知，对 $0 \leqslant k \leqslant m+n$，有

$$P(Z=k) = \sum_{i=0}^{k} P(X=i)P(Y=k-i)$$

$$= \sum_{i=0}^{k} C_n^i p^i q^{n-i} C_m^{k-i} p^{k-i} q^{m-k+i}$$

$$= p^k q^{n+m-k} \sum_{i=0}^{k} C_n^i C_m^{k-i}$$

$$= C_{n+m}^k p^k q^{n+m-k}.$$

即 Z 服从参数为 $(n+m,p)$ 的二项分布.

注意，当 $i > n$ 或 $k - i > m$ 时，$C_n^i = 0$ 或 $C_m^{k-i} = 0$，所以上述推导当 $k > n$ 或 $k > m$ 时仍有意义，故结论成立.

这个定理的直观意义很明显. 进行伯努利试验时，每次试验中事件 A 发生的概率皆为 p，若 X 表示 n 次试验中事件 A 发生的次数，Y 表示 m 次试验中事件 A 发生的次数，又 X,Y 独立，表明前 n 次试验与后 m 次试验也相互独立，于是 $X+Y$ 自然就是 $n+m$ 次独立试验中事件 A 发生的次数，所以 $Z = X + Y \sim B(n+m,p)$.

【推论】如果将第 i 次伯努利试验中 A 出现的次数记为 $X_i, i = 1, \cdots, n$，则

$$X = \sum_{i=1}^{n} X_i \sim B(n,p).$$

定理 3.4.1.3 （负二项分布的可加性）设 $X \sim NB(r_1,p), Y \sim NB(r_2,p)$，且相互独立，则 $Z = X + Y \sim NB(r_1+r_2,p)$.

【证明】$X+Y$ 的可能值为 $r_1+r_2, r_1+r_2+1, \cdots$，由卷积公式可知，对 $k \geqslant r_1 + r_2$，有

$$P(Z=k) = \sum_{i=r_1}^{k-r_2} P(X=i)P(Y=k-i)$$

$$= \sum_{i=0}^{k} C_{i-1}^{r_1-1} p^{r_1} q^{i-r_1} C_{k-i-1}^{r_2-1} p^{r_2} q^{k-i-r_2}$$

$$= p^{r_1+r_2} q^{k-(r_1+r_2)} \sum_{i=0}^{k} C_{i-1}^{r_1-1} C_{k-i-1}^{r_2-1}$$

$$= C_{k-1}^{r_1+r_2-1} p^{r_1+r_2} q^{k-(r_1+r_2)}.$$

故结论成立.

这个定理的直观意义也很明显. 因为 X 是伯努利试验中 r_1 成功的等待时间，Y 是伯努利试验中 r_2 成功的等待时间，且 X,Y 独立，则 $X+Y$ 当然是 r_1+r_2 次成功的等待时间.

3.4.2 连续型随机变量函数的分布

从考试的角度来看，对于连续型的随机变量，建议通过定义掌握，至于卷积公式能记住就记住，记不住就算了，其余完全按照定义走，二维的利用联合概率密度，重点掌握和、差、积等下文中列出的几种形式，但三维及其以上的就要利用独立性化简成二维或一维的情形.

1. $Z = X+Y$ 的分布

设 (X,Y) 的概率密度为 $f(x,y)$，则 $Z = X+Y$ 的概率密度为

$$f_Z(z) = \int_{-\infty}^{+\infty} f(z-y,y)\,dy, \quad (1)$$

或 $$f_Z(z) = \int_{-\infty}^{+\infty} f(x,z-x)\,dx. \quad (2)$$

特别，当 X 和 Y 相互独立时，设它们的概率密度分别为 $f_X(x), f_Y(y)$，则 (1)、(2) 分别化为

$$f_Z(z) = \int_{-\infty}^{+\infty} f_X(z-y)f_Y(y)\,dy, \quad (3)$$

$$f_Z(z) = \int_{-\infty}^{+\infty} f_X(x)f_Y(z-x)\,dx. \quad (4)$$

公式 (1) 与 (2) 称为卷积公式，常记为 $f_X * f_Y$，即

$$f_X * f_Y = \int_{-\infty}^{+\infty} f_X(z-y)f_Y(y)\,dy = \int_{-\infty}^{+\infty} f_X(x)f_Y(z-x)\,dx.$$

注 ① 被积函数变元之和 $x+z-x = z-y+y = z$.

② 在应用卷积公式求 $f_Z(z)$ 时要注意（以 (4) 式为例）：首先它要对一切 z 予以讨论，可能 z 要分成几个区间分别处理，它们有不同的表达形式；其次，上述积分区域形式上为 $(-\infty, +\infty)$，实质上是在使 $f_X(x)f_Y(z-x) > 0$ 的区域上积分．因此，积分区域实质上是 $\{x \mid f_X(x) > 0\}$ 与 $\{x \mid f_Y(z-x) > 0\}$ 的交集，积分上、下限也应由此而定，注意到 z 不同，积分的上下限也不同．

2. $Z_1 = X-Y, Z_2 = Y-X$ 的分布

设 (X,Y) 的概率密度为 $f(x,y)$，则 $Z_1 = X-Y$ 的概率密度为

$$f_1(z) = \int_{-\infty}^{+\infty} f(x, x-z)\,dx \xrightarrow{\text{独立}} \int_{-\infty}^{+\infty} f_X(x) \cdot f_Y(x-z)\,dx.$$

$Z_2 = Y-X$ 的概率密度为

$$f_2(z) = \int_{-\infty}^{+\infty} f(x, x+z)\,dx \xrightarrow{\text{独立}} \int_{-\infty}^{+\infty} f_X(x)f_Y(x+z)\,dx.$$

注 被积函数变元之差 $x+z-x = z$.

3. $Z = XY$ 的分布

设 (X,Y) 的二维连续型随机变量，它具有概率密度 $f(x,y)$，则 $Z = XY$ 仍为连续型随机变量，其概率密度为

$$f_{XY}(z) = \int_{-\infty}^{+\infty} \frac{1}{|x|} f\left(x, \frac{z}{x}\right) dx. \quad (1)$$

注 被积函数第一变元与第二变元之积 $x \cdot \dfrac{z}{x} = z$.

又若 X 和 Y 相互独立．设 (X,Y) 关于 X，关于 Y 的边缘密度分别为 $f_X(x), f_Y(y)$，则 (1) 式化为

$$f_{XY}(z) = \int_{-\infty}^{+\infty} \frac{1}{|x|} f_X(x) f_Y\left(\frac{z}{x}\right) dx.$$

注 这里有个难点就是如何划分连续型随机变量函数自变量的范围,这里告诉一个傻瓜模板,将联合概率密度的分界点代入函数中,得到相应取值,再求出函数在概率密度不为 0 的区域上的最值点,将这些函数值在数轴上一一标注,以此将 R 分割成不同区间,这些区间就是连续型随机变量函数自变量的区间范围.

定理 3.4.2.1（正态分布的可加性）设 $X \sim N(\mu_1, \sigma_1^2), Y \sim N(\mu_2, \sigma_2^2)$,相互独立,则 $Z = X + Y \sim N(\mu_1 + \mu_2, \sigma_1^2 + \sigma_2^2)$.

【证明】 利用卷积公式可得

$$f_Z(z) = \frac{1}{2\pi\sigma_1\sigma_2} \int_{-\infty}^{+\infty} \exp\left\{-\frac{1}{2}\left[\frac{(z-y-\mu_1)^2}{\sigma_1^2} + \frac{(y-\mu_2)^2}{\sigma_2^2}\right]\right\} dy.$$

令 $A = \frac{1}{\sigma_1^2} + \frac{1}{\sigma_2^2}, B = \frac{z-\mu_1}{\sigma_1^2} + \frac{\mu_2}{\sigma_2^2}$,则

$$f_Z(z) = \frac{1}{2\pi\sigma_1\sigma_2} \exp\left\{-\frac{1}{2} \frac{(z-\mu_1-\mu_2)^2}{\sigma_1^2+\sigma_1^2}\right\} \int_{-\infty}^{+\infty} \exp\left\{\frac{A}{2}\left(y-\frac{B}{A}\right)^2\right\} dy.$$

利用正态分布密度函数的正则性,上式中积分应为 $\sqrt{\frac{2\pi}{A}}$,于是

$$f_Z(z) = \frac{1}{\sqrt{2\pi(\sigma_1^2+\sigma_2^2)}} \exp\left\{-\frac{1}{2} \frac{(z-\mu_1-\mu_2)^2}{(\sigma_1^2+\sigma_2^2)}\right\}.$$

故结论得证.

【推论】 任意 n 个相互独立的正态变量的线性组合仍为正态分布,即

$$\sum_{i=1}^{n} a_i X_i \sim N\left(\sum_{i=1}^{n} a_i \mu_i, \sum_{i=1}^{n} a_i^2 \sigma_i^2\right),$$

其中 $X_i \sim N(\mu_i, \sigma_i^2), i = 1, \cdots, n$ 且相互独立.

注 任意两个正态随机变量的和不一定是正态分布;两个边缘分布都是正态分布的二维随机变量不一定服从二维正态分布.

【例 3.12】【2005 年数 1】设二维随机变量 (X, Y) 的概率密度为

$$f(x, y) = \begin{cases} 1, & 0 < x < 1, 0 < y < 2x \\ 0, & \text{其他} \end{cases}.$$

求:(Ⅰ)(X, Y) 的边缘概率密度 $f_X(x), f_Y(y)$;(Ⅱ)$Z = 2X - Y$ 的概率密度 $f_Z(z)$.

【解】（Ⅰ）当 $0 < x < 1$ 时,$f_X(x) = \int_{-\infty}^{+\infty} f(x, y) dy = \int_0^{2x} dy = 2x$;

当 $x \leq 0$ 或 $x \geq 1$ 时,$f_X(x) = 0$,即

$$f_X(x) = \begin{cases} 2x, & 0 < x < 1 \\ 0, & \text{其他} \end{cases}.$$

当 $0<y<2$ 时，$f_Y(y) = \int_{-\infty}^{+\infty} f(x,y)\mathrm{d}x = \int_{\frac{y}{2}}^{1} \mathrm{d}x = 1-\frac{y}{2}$；

当 $y \leqslant 0$ 或 $y \geqslant 2$ 时，$f_Y(y) = 0$，即

$$f_Y(y) = \begin{cases} 1-\dfrac{y}{2}, & 0<y<2 \\ 0, & \text{其他} \end{cases}.$$

（Ⅱ）**解 1** 由 $z=2x-y$，得 $y=2x-z$，于是 $f_Z(z) = \int_{-\infty}^{+\infty} f(x, 2x-z)\mathrm{d}x$，有效区域是：$0<x<1, 0<y<2x \Leftrightarrow 0<x<1, 0<2x-z<2x \Leftrightarrow 0<x<1, x>\dfrac{z}{2}$. 当 $0<\dfrac{z}{2}<1$，即 $0<z<2$ 时，$f_Z(z) = \int_{-\infty}^{+\infty} f(x, 2x-z)\mathrm{d}x = \int_{\frac{z}{2}}^{1} 1\mathrm{d}x = 1-\dfrac{z}{2}$. 故

$$f_Z(z) = \begin{cases} 1-\dfrac{z}{2}, & 0<z<2 \\ 0, & \text{其他} \end{cases}.$$

解 2 当 $z<0$ 时，$F_Z(z)=0$；当 $0 \leqslant z<2$ 时，

$$F_Z(z) = P\{2X-Y \leqslant z\} = \iint\limits_{2x-y \leqslant z} f(x,y)\mathrm{d}x\mathrm{d}y = z-\frac{z^2}{4};$$

当 $z \geqslant 2$ 时，$F_Z(z)=1$. 所以 $f_Z(z) = \begin{cases} 1-\dfrac{z}{2}, & 0<z<2 \\ 0, & \text{其他} \end{cases}.$

【**例 3.13**】设随机变量 (X,Y) 的联合概率密度为

$$f(x,y) = \begin{cases} cx\mathrm{e}^{-y}, & 0<x<y<+\infty \\ 0, & \text{其他}. \end{cases}$$

求：(1) 常数 c；

(2) 关于 X 和关于 Y 的边缘概率密度；

(3) $f_{X|Y}(x \mid y), f_{Y|X}(y \mid x)$；

(4) (X,Y) 的联合分布函数；

(5) $Z=X+Y$ 的概率密度；

(6) $Z_1 = \max\{X,Y\}$ 和 $Z_2 = \min\{X,Y\}$ 的概率密度；

(7) $P\{X+Y<1\}$.

【**解**】(1) 由题意知，$\int_0^{+\infty} \mathrm{d}y \int_0^y cx\mathrm{e}^{-y}\mathrm{d}x = 1$，即

$$c\int_0^{+\infty} \mathrm{e}^{-y}\mathrm{d}y \int_0^y x\mathrm{d}x = \frac{c}{2}\int_0^{+\infty} y^2 \mathrm{e}^{-y}\mathrm{d}y = \frac{c}{2}\Gamma(3) = \frac{c}{2} \times 2! = c = 1.$$

(2) $f_X(x) = \begin{cases} \int_x^{+\infty} x\mathrm{e}^{-y}\mathrm{d}y = x\mathrm{e}^{-x}, & x \geqslant 0, \\ 0, & x<0, \end{cases}$

$$f_Y(y) = \begin{cases} \int_0^y x\mathrm{e}^{-y}\mathrm{d}x = \dfrac{1}{2}y^2\mathrm{e}^{-y}, & y \geqslant 0, \\ 0, & y < 0. \end{cases}$$

(3) $f_{X|Y}(x|y) = \dfrac{f(x,y)}{f_Y(y)} = \begin{cases} \dfrac{2x}{y^2}, & 0 < x < y < +\infty, \\ 0, & 其他. \end{cases}$

$f_{Y|X}(y|x) = \dfrac{f(x,y)}{f_X(x)} = \begin{cases} \mathrm{e}^{x-y}, & 0 < x < y < +\infty, \\ 0, & 其他. \end{cases}$

(4) 当 $x < 0$ 或 $y < 0$ 时，$F(x,y) = P\{X \leqslant x, Y \leqslant y\} = 0$；

当 $0 \leqslant y < x < +\infty$ 时，

$$F(x,y) = P\{X \leqslant x, Y \leqslant y\} = \int_0^y \mathrm{d}v \int_0^v u\mathrm{e}^{-v}\mathrm{d}u$$

$$= \dfrac{1}{2}\int_0^y v^2 \mathrm{e}^{-v}\mathrm{d}v = 1 - \dfrac{1}{2}y^2\mathrm{e}^{-y} - y\mathrm{e}^{-y} - \mathrm{e}^{-y}$$

$$= 1 - \left(\dfrac{1}{2}y^2 + y + 1\right)\mathrm{e}^{-y}.$$

当 $0 \leqslant x < y < +\infty$ 时，

$$F(x,y) = P\{X \leqslant x, Y \leqslant y\} = \int_0^x \mathrm{d}u \int_u^y u\mathrm{e}^{-v}\mathrm{d}v$$

$$= \int_0^x u(\mathrm{e}^{-u} - \mathrm{e}^{-y})\mathrm{d}u = 1 - (x+1)\mathrm{e}^{-x} - \dfrac{1}{2}x^2\mathrm{e}^{-y}.$$

则 (X,Y) 的联合分布函数为

$$F(x,y) = \begin{cases} 0, & x < 0 \text{ 或 } y < 0, \\ 1 - \left(\dfrac{1}{2}y^2 + y + 1\right)\mathrm{e}^{-y}, & 0 \leqslant y < x < +\infty, \\ 1 - (x+1)\mathrm{e}^{-x} - \dfrac{1}{2}x^2\mathrm{e}^{-y}, & 0 \leqslant x < y < +\infty. \end{cases}$$

(5) 先求分布函数 $f_Z(z) = \int_0^{\frac{z}{2}}\mathrm{d}x\int_x^{z-x}x\mathrm{e}^{-y}\mathrm{d}y = 1 - \mathrm{e}^{-z} - z\mathrm{e}^{-\frac{z}{2}}$，对分布函数求导同样得到相应的概率密度.

(6) 先求 $Z_1 = \max\{X,Y\}$ 的分布函数.

当 $z \geqslant 0$ 时，

$$F_{Z_1(z)} = P\{Z_1 \leqslant z\} = P\{X \leqslant z, Y \leqslant z\} = \int_0^z \mathrm{d}x \int_x^z x\mathrm{e}^{-y}\mathrm{d}y$$

$$= \int_0^z x(\mathrm{e}^{-x} - \mathrm{e}^{-z})\mathrm{d}x = 1 - \left(\dfrac{1}{2}z^2 + z + 1\right)\mathrm{e}^{-z}.$$

即 $F_{Z_1}(z) = \begin{cases} 1 - \left(\dfrac{1}{2}z^2 + z + 1\right)\mathrm{e}^{-z}, & z \geqslant 0, \\ 0, & z < 0, \end{cases}$

则
$$F_{Z_1}(z) = \begin{cases} \dfrac{1}{2}z^2 e^{-z}, & z \geqslant 0, \\ 0, & z < 0, \end{cases}$$

再求 $Z_2 = \min\{X, Y\}$ 的分布函数.

当 $z \geqslant 0$ 时,
$$\begin{aligned} F_{Z_2}(z) &= P\{Z_2 \leqslant z\} = 1 - P\{Z_2 > z\} = 1 - P\{X > z, Y > z\} \\ &= 1 - \int_z^{+\infty} \mathrm{d}y \int_z^y x \mathrm{e}^{-y} \mathrm{d}x = 1 - \int_z^{+\infty} \mathrm{e}^{-y} \dfrac{1}{2}(y^2 - z^2) \mathrm{d}y \\ &= 1 - \dfrac{1}{2} \int_z^{+\infty} y^2 \mathrm{e}^{-y} \mathrm{d}y + \dfrac{1}{2} z^2 \int_z^{+\infty} \mathrm{e}^{-y} \mathrm{d}y \\ &= 1 - \left(\dfrac{1}{2}z^2 + z + 1\right) \mathrm{e}^{-z} + \dfrac{1}{2} z^2 \mathrm{e}^{-z} \\ &= 1 - (z+1) \mathrm{e}^{-z}. \end{aligned}$$

则
$$f_{Z_2}(z) = \begin{cases} z\mathrm{e}^{-z}, & z \geqslant 0, \\ 0, & z < 0. \end{cases}$$

(7)
$$\begin{aligned} P\{X+Y \leqslant 1\} &= \int_0^{\frac{1}{2}} \mathrm{d}x \int_x^{1-x} x\mathrm{e}^{-y} \mathrm{d}y = \int_0^{\frac{1}{2}} x(\mathrm{e}^{-x} - \mathrm{e}^{-1+x}) \mathrm{d}x \\ &= \int_0^{\frac{1}{2}} x\mathrm{e}^{-x} \mathrm{d}x - \mathrm{e}^{-1} \int_0^{\frac{1}{2}} x\mathrm{e}^x \mathrm{d}x = 1 - \mathrm{e}^{-\frac{1}{2}} - \mathrm{e}^{-1}, \end{aligned}$$

或直接代入 $X+Y$ 的分布函数公式 $P\{X+Y \leqslant z\} = 1 - \mathrm{e}^{-z} - z\mathrm{e}^{-\frac{z}{2}}$,
则有 $P\{X+Y \leqslant 1\} = 1 - \mathrm{e}^{-1} - \mathrm{e}^{-\frac{1}{2}}$.

注 本题是个很好的综合题,几乎包含本章所有的重要考点,请考生认真研读,融会贯通.

3.4.3 离散型与连续型随机变量函数的分布

一个离散型与一个连续型随机变量函数的分布问题,需利用全概率公式对事件进行分解才能得到结果.

【例 3.14】(2003 年数 3) 设随机变量 X 与 Y 相互独立,其中 $X \sim \begin{bmatrix} 1 & 2 \\ 0.3 & 0.7 \end{bmatrix}$,
而 Y 的密度函数为 $f(y)$,求随机变量 $U = X+Y$ 的概率密度 $g(u)$.

【解】设 Y 的分布函数为 $F(y)$,则由全概率公式可知,$U = X+Y$ 的分布函数为
$$\begin{aligned} G(u) &= P(U = X+Y \leqslant u) \\ &= 0.3 P(X+Y \leqslant u \mid X = 1) + 0.7 P(X+Y \leqslant u \mid X = 2) \\ &= 0.3 P(Y \leqslant u-1 \mid X = 1) - 0.7 P(Y \leqslant u-2 \mid X = 2). \end{aligned}$$

由于 X 与 Y 相互独立,可见
$$\begin{aligned} G(u) &= 0.3 P(Y \leqslant u-1) + 0.7 P(Y \leqslant u-2) \\ &= 0.3 F(u-1) + 0.7 F(u-2). \end{aligned}$$

由此可得 U 的密度函数为
$$g(u) = 0.3 f(u-1) + 0.7 f(u-2).$$

【例 3.15】(2008 年数 1,3,4) 设随机变量 X,Y 相互独立,X 的概率分布为 $P(X=i)=\dfrac{1}{3}$,
$i=-1,0,1$,Y 的概率密度为 $f_Y(y)=\begin{cases}1, & 0\leqslant y<1\\ 0, & \text{其他}\end{cases}$,记 $Z=X+Y$,

试求:(1) $P\left\{Z\leqslant\dfrac{1}{2}\,\middle|\,X=0\right\}$;(2) Z 的概率密度 $f_Z(z)$.

【解】(1) 由于 X,Y 相互独立,于是

$$P\left\{Z\leqslant\dfrac{1}{2}\,\middle|\,X=0\right\}=P\left\{X+Y\leqslant\dfrac{1}{2}\,\middle|\,X=0\right\}=P\left\{Y\leqslant\dfrac{1}{2}\right\}=\dfrac{1}{2}.$$

(2) 先求 Z 的分布函数,由于 $\{X=-1\},\{X=0\},\{X=1\}$ 构成样本空间的一个分割,因此由全概率公式可得

$$F_Z(z)=P\{Z\leqslant z\}=\sum_{i=-1}^{1}P\{X=i\}P\{X+Y\leqslant z\mid X=i\}$$

$$=\dfrac{1}{3}\sum_{i=-1}^{1}P\{Y\leqslant z-i\mid X=i\}$$

$$=\dfrac{1}{3}\sum_{i=-1}^{1}P\{Y\leqslant z-i\}=\dfrac{1}{3}\sum_{i=-1}^{1}F_Y(z-i)$$

$$f_Z(z)=\dfrac{1}{3}\sum_{i=-1}^{1}f_Y(z-i)=\begin{cases}\dfrac{1}{3}, & -1\leqslant z<2,\\ 0, & \text{其他}.\end{cases}$$

第 4 章 数字特征

【导言】

因为分布函数或者概率密度或者分布律包含随机变量的所有特性,但随机变量的分布函数很多场合并不是很容易得到,并且实际中我们只需要了解其中某一方面的特征(举个例子,对两个大学的相同专业学生的英语四级考试成绩进行比较时,我们并不需要逐个对比每个学生的成绩,只需要对比平均成绩和成绩的稳定性即可). 最常用的是期望,因为所谓的方差本质上也是一种统计量的期望. 从本章开始我们就要研究数学期望、方差、标准差、各阶原点矩与中心距、协方差与相关系数等随机变量的部分特征.

当然这部分的难度在结合积分以及级数求和的情况下还是可以增加难度的,尤其对于数学一,关于随机变量的数字特征不仅要理解其概念,还应会运用定义与性质计算随机变量及其函数的数字特征,特别是计算一个或两个随机变量函数的数学期望,掌握常用分布的数字特征与其分布参数间的关系.

本章的复习,首先要记住常见分布的数字特征,考试中一定会直接或间接地用到这些结论. 这是每年必考题. 另外,本章往往和随机变量的分布结合一起出解答题(14分),应该引起考生足够的重视.

【考试要求】

考试要求	科目	考试内容
了解	数一	切比雪夫不等式
	数三	
理解	数一	随机变量数字特征(数学期望、方差、标准差、矩、协方差、相关系数)
	数三	
会	数一	运用数字特征的基本性质,求随机变量函数的数学期望
	数三	
掌握	数一	常用分布的数字特征
	数三	

【知识网络图】

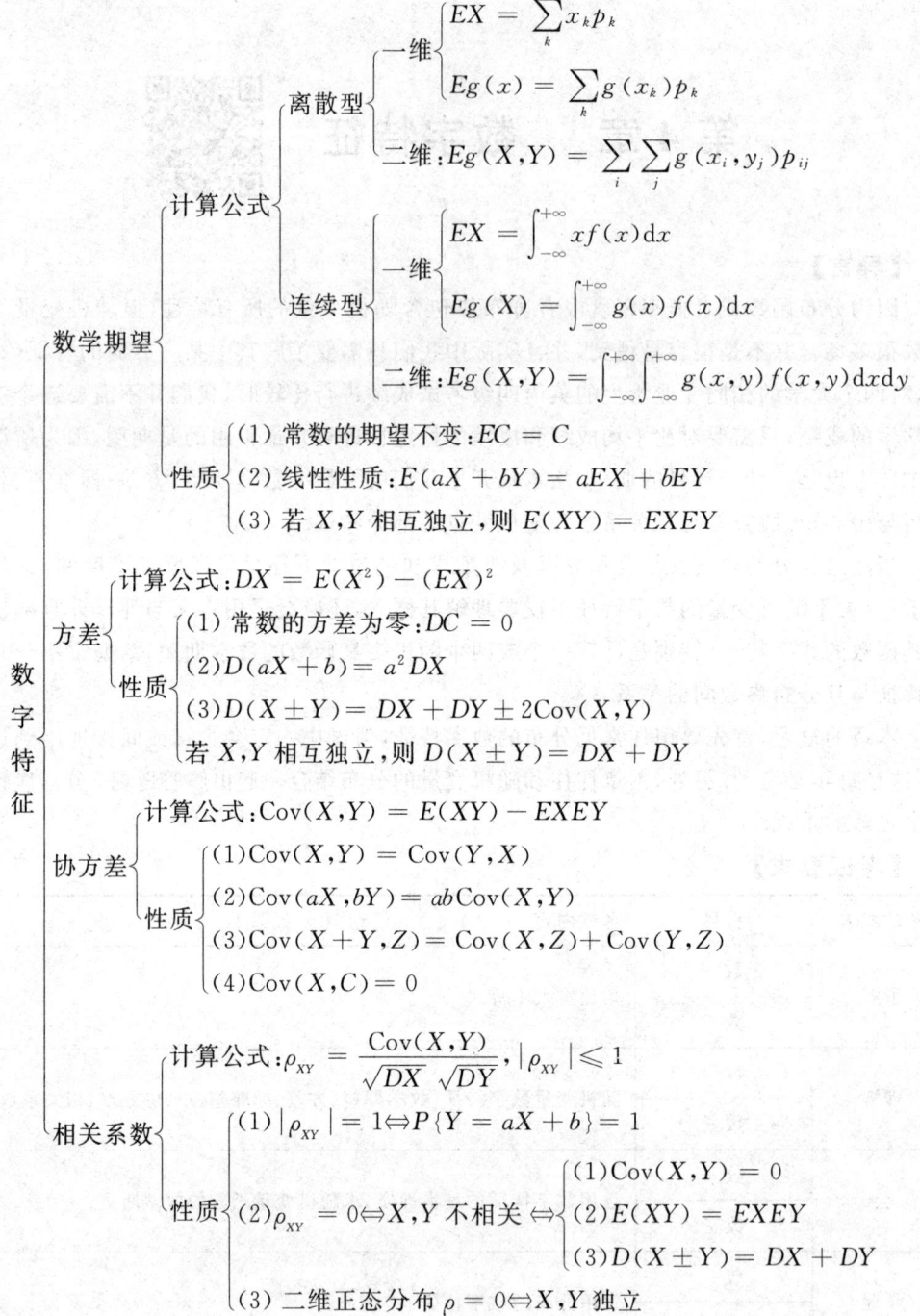

【内容精讲】

4.1 数学期望

4.1.1 离散型随机变量的数学期望

定义 4.1.1.1 设离散型随机变量 X 的分布律为 $P\{X=x_i\}=p_i, i=1,2,\cdots$

若 $\sum_{i=1}^{+\infty}|x_ip_i|=\sum_{i=1}^{+\infty}|x_i|p_i$ 收敛,则称 $E(X)=\sum_{i=1}^{+\infty}x_ip_i$ 为离散型随机变量 X 的数学期望,简称期望或均值(或记作 EX).

注 (1) 定义中要求级数 $\sum_{i=1}^{+\infty}x_ip_i$ 绝对收敛,是为了保证级数中的各项可任意改变求和次序而不影响级数的收敛性及其和值大小(由黎曼定理知绝对收敛可以保证任意改变次序仍是绝对收敛,要不然先算哪个和后算哪个得到的结果是不一样的,取值不唯一是无法唯一地描述一个对象的),因为各项的求和次序对随机变量的平均取值来说不是本质的.

(2) 随机变量的数学期望是实数位,与随机变量 X 有同样的量纲,它是随机变量 X 取值的客观平均值,描述了随机变量 X 取值的平均特征,但与一般变量的算术平均值不同.

4.1.2 连续型随机变量的数学期望

我们利用离散型随机变量求期望的思想,分析连续型随机变量的期望.

设 X 是连续型随机变量,其概率密度为 $f(x)$,在数轴上任意取得很密的分点 $\cdots<x_0<x_1<x_2<\cdots<x_i<x_{i+1}<\cdots$,则 X 落在某一小区间 $[x_i, x_{i+1}]$ 的概率(见图 4-1)为
$$P\{x_i\leqslant x<x_{i+1}\}=\int_{x_i}^{x_{i+1}}f(x)\mathrm{d}x\approx f(x_i)\Delta x_i.$$

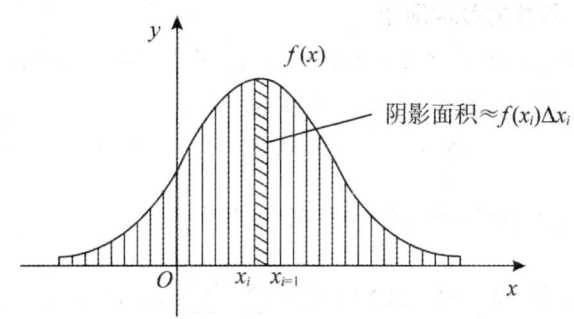

图 4-1 连续型随机变量的概率密度图

此时,随机变量 X 的概率分布如表 4-1 所示.

表 4-1

X_i	$\cdots$	x_0	x_1	$\cdots$	x_n	$\cdots$
p_i	$\cdots$	$f(x_0)\Delta x_0$	$f(x_1)\Delta x_1$	$\cdots$	$f(x_n)\Delta x_n$	$\cdots$

此概率分布可视为 X 的离散近似,服从上述分布的离散型随机变量的数学期望 $\sum_{i=1}^{\infty} x_i f(x_i) \Delta x_i$,若 $\lim_{n \to \infty} \sum_{i}^{n} x_i f(x_i) \Delta x_i$ 存在,也可近似表示为积分 $\int_{-\infty}^{+\infty} x f(x) \mathrm{d}x$.

定义 4.1.2.1 设 X 是连续型随机变量,其密度函数为 $f(x)$,如果 $\int_{-\infty}^{+\infty} x f(x) \mathrm{d}x$ 绝对收敛,则称 $E(X) = \int_{-\infty}^{+\infty} x f(x) \mathrm{d}x$ 为连续型随机变量 X 的数学期望.

注 并非所有随机变量都有数学期望. 如设随机变量 X 服从柯西分布,其概率密度为 $f(x) = \frac{1}{\pi(1+x^2)}, -\infty < x < +\infty$. 因为

$$\int_{-\infty}^{+\infty} |x| f(x) \mathrm{d}x = 2 \int_{0}^{+\infty} \frac{x}{\pi(1+x^2)} \mathrm{d}x = \frac{1}{\pi}(1+x^2)| = +\infty$$

故 X 的数学期望不存在.

4.1.3　一维随机变量函数的数学期望

定理 4.1.3.1 设 Y 是随机变量 X 的函数 $Y = g(X)$,其中 $g(x)$ 是连续函数.

(1) 若 X 是离散型随机变量,其分布律为 $P\{X = x_i\} = p_i, i = 1, 2, \cdots$

如果 $\sum_{i=1}^{+\infty} |g(x_i)| p_i$ 收敛,则有 $E(Y) = E[g(X)] = \sum_{i=1}^{+\infty} g(x_i) p_i$.

(2) 若 X 是连续型随机变量,其概率密度是 $f(x)$,如果 $\int_{-\infty}^{+\infty} |g(x)| f(x) \mathrm{d}x$ 收敛,则有 $E(Y) = E[g(X)] = \int_{-\infty}^{+\infty} g(x) f(x) \mathrm{d}x$.

4.1.4　二维随机变量函数的数学期望

定理 4.1.4.1 设随机变量 Z 是二维随机变量 (X, Y) 的连续函数 $Z = g(X, Y)$.

(1) 若 (X, Y) 是离散型随机变量,其分布律为

$$P\{X = x_i, Y = y_j\} = p_{ij}, i = 1, 2, \cdots, j = 1, 2, \cdots$$

如果 $\sum_{i=1}^{+\infty} \sum_{j=1}^{+\infty} |g(x_i, y_j)| p_{ij}$ 收敛,则 $E(Z)$ 存在,且有

$$E(Z) = E[g(X, Y)] = \sum_{i=1}^{+\infty} \sum_{j=1}^{+\infty} g(x_i, y_j) p_{ij}$$

(2) 若 (X, Y) 是连续型随机变量,其概率密度为 $f(x, y)$,如果

$$\int_{-\infty}^{+\infty} \int_{-\infty}^{+\infty} |g(x, y)| f(x, y) \mathrm{d}x \mathrm{d}y \text{ 收敛}$$

则 $E(Z)$ 存在,且有 $E(Z) = E[g(X, Y)] = \int_{-\infty}^{+\infty} \int_{-\infty}^{+\infty} g(x, y) f(x, y) \mathrm{d}x \mathrm{d}y$.

4.1.5　数学期望的性质

数学期望 E 本质是一个广义函数——算子,即每给一个随机变量 X,映射到一个实数 EX. 期望运算其实就是数学上的积分运算,故很多积分性质可类似地推广到期望运算上. 由期望定义及积分性质可知,随机变量的数学期望具有以下重要性质:

(1) 设 C 为常数,则 $E(C) = C$;

(2) 设 C 为常数,则 $E(CX) = CE(X)$;

(3) 设 X、Y 是两个随机变量,则有 $E(X+Y) = E(X) + E(Y)$;

(4) 设 X、Y 是相互独立的随机变量,则有 $E(XY) = E(X)E(Y)$.

【证明】(1) 因为随机变量只取常数 C,即其以概率 1 取常数 C,故 $E(C) = C \times 1 = C$. 以下只给出连续型随机变量情形下的证明,离散型随机变量的情形类似.

(2) 设 $X \sim f(x)$,故 $E(CX) = \int_{-\infty}^{+\infty} Cxf(x)\mathrm{d}x = C\int_{-\infty}^{+\infty} xf(x)\mathrm{d}x = C \cdot E(X)$

(3) 设 $(X,Y) \sim f(x,y)$,由式(4.7),得

$$E(X+Y) = \int_{-\infty}^{+\infty}\int_{-\infty}^{+\infty} (x+y)f(x,y)\mathrm{d}x\mathrm{d}y$$
$$= \int_{-\infty}^{+\infty}\int_{-\infty}^{+\infty} xf(x,y)\mathrm{d}x\mathrm{d}y + \int_{-\infty}^{+\infty}\int_{-\infty}^{+\infty} yf(x,y)\mathrm{d}x\mathrm{d}y$$
$$= E(X) + E(Y)$$

(4) 设 $(X,Y) \sim f(x,y)$, $X \sim f_X(x)$, $Y \sim f_Y(y)$,因为 X、Y 相互独立,则有
$$f(x,y) = f_X(x)f_Y(y)$$

于是 $E(XY) = \int_{-\infty}^{+\infty}\int_{-\infty}^{+\infty} xyf(x,y)\mathrm{d}x\mathrm{d}y = \int_{-\infty}^{+\infty}\int_{-\infty}^{+\infty} xy[f_X(x)f_Y(y)\mathrm{d}x\mathrm{d}y]$
$$= \int_{-\infty}^{+\infty} xf_X(x)\mathrm{d}x \int_{-\infty}^{+\infty} xf_Y(y)\mathrm{d}y$$
$$= E(X)E(Y)$$

注 (1) 方差不具有这个性质.

(2) 若 $E(XY) = E(X)E(Y)$ 成立,则 X、Y 不一定独立.

(3) 性质(3)、性质(4)可以推广到 n 个随机变量的情况.

设 $X_1, X_2, \cdots, X_n$ 是 n 个随机变量,则

$$E\left(C_0 + \sum_{i=1}^{n} C_i X_i\right) = C_0 + \sum_{i=1}^{n} C_i E_i(X_i)$$

其中 $C_0, C_1, C_2, \cdots, C_n$ 为常数. 这个性质叫数学期望的线性性质.

若 $X_1, X_2, \cdots, X_n$ 相互独立,则 $E\left(\prod_{i=1}^{n} X_i\right) = \prod_{i=1}^{n} E(X_i)$.

【例 4.1】掷 20 个骰子,求这 20 个骰子出现的点数之和的数学期望.

【解】设 X_i 为第 i 个骰子出现的点数,$i = 1, 2, \cdots, 20$,那么 20 个骰子点数之和
$$X = X_1 + X_2 + \cdots + X_{20}.$$

易知,X_i 有相同的分布列 $P(X_i = k) = \dfrac{1}{6}, k = 1,2,3,4,5,6.$

所以 $EX_i = \dfrac{1}{6}(1+2+3+4+5+6) = \dfrac{21}{6}, i = 1,2,\cdots,20.$

于是 $EX = EX_1 + EX_2 + \cdots + EX_{20} = 20 \times \dfrac{21}{6} = 70.$

【例 4.2】假设 n 个信封内分别装有发给 n 个考生的录取通知书,但信封上各收信人的地址是随机填写的,以 X 表示收到各自通知书的人数,求 X 的数学期望.

【解】设 X_i 为第 i 个同学收到自己的录取通知书的次数,则 $X = X_1 + X_2 + \cdots + X_n$.

易知,X_i 有相同的分布列:$X_i \sim \begin{pmatrix} 0 & 1 \\ 1-\dfrac{1}{n} & \dfrac{1}{n} \end{pmatrix}$,且 $EX_i = \dfrac{1}{n}$.

从而有 $\quad EX = EX_1 + EX_2 + \cdots + EX_n = n \times \dfrac{1}{n} = 1.$

注意,该类题的解法具有典型性,求解时并没有直接利用 X 的概率分布,而是将随机变量 X 分解成若干个随机变量之和,利用随机变量和的期望公式,把 EX 的计算转化为求若干个随机变量的期望,使 EX 的计算大为简化.但是,如果直接求解 X 个概率分布需要非常繁杂的计算,并且由此概率分布求数学期望也并非易事.

【例 4.3】设在长度为 L 的一段路 $[0,L]$ 上某一点 X 处发生了车祸. 在发生车祸的同时,在 $[0,L]$ 的某一点 Y 处有一辆救护车. 假定 X,Y 都是均匀地分布在地段 $[0,L]$ 上,并且相互独立,求事故地点和救护车之间的平均距离.

【解】X 和 Y 之间的平均距离就是 $E(|X-Y|)$,(X,Y) 的联合概率密度为

$$f(x,y) = \begin{cases} \dfrac{1}{L^2}, & 0<x<L, 0<y<L \\ 0, & \text{其他} \end{cases}$$

$$E(|X-Y|) = \dfrac{1}{L^2} \int_0^L \int_0^L |x-y| \, dx \, dy$$

$$= \dfrac{1}{L^2} \int_0^L dx \left[\int_0^x (x-y) \, dy + \int_x^L (y-x) \, dy \right] = \dfrac{L}{3}$$

【例 4.4】(2012 数 3) 设随机变量 X 与 Y 相互独立,且都服从参数为 1 的指数分布,记 $U = \max\{X,Y\}, V = \min\{X,Y\}$. 求 (1) V 的概率密度 $f_V(v)$;(2) $E(U+V)$.

【解】(1) 由已知得 X 与 Y 的分布函数分别为

$$F_X(x) = \begin{cases} 1-e^{-x}, & x>0 \\ 0, & x \leqslant 0 \end{cases}, F_Y(y) = \begin{cases} 1-e^{-y}, & y>0 \\ 0, & y \leqslant 0 \end{cases}$$

又 X 与 Y 相互独立,故 V 的分布函数与密度函数分别为

$$F_V(v) = 1 - [1-F_X(v)][1-F_Y(v)] = \begin{cases} 1-e^{-2v}, & v>0 \\ 0, & v \leqslant 0 \end{cases}$$

$$f_V(v) = \begin{cases} 2e^{-2v}, & v>0 \\ 0, & v \leqslant 0 \end{cases}$$

(2) 因为 $U+V = X+Y$,故

$$E(U+V) = E(X+Y) = EX + EY = 1 + 1 = 2.$$

注 (1) 若按照最值的数学期望的计算方法处理,计算量非常大. 给出下列等式

$$U = \max\{X,Y\} = \frac{1}{2}[(X+Y)+|X-Y|],$$

$$V = \min\{X,Y\} = \frac{1}{2}[(X+Y)-|X-Y|],$$

这个等式对所有随机变量均使用. 但主要用于求正态分布的数字特征.

则 $U+V = X+Y, U-V = |X-Y|, UV = XY.$

(2) $\max\{X,Y\}$ 分布. 设 $(X,Y) \sim F(x,y)$,则 $Z = \max\{X,Y\}$ 的分布函数

$$F_{\max}(z) = P\{\max\{X,Y\} \leqslant z\} = P\{X \leqslant z, y \leqslant z\} = F(z,z)$$

当 X 与 Y 独立时,

$$F_{\max}(z) = F_x(z) \cdot F_y(z).$$

(3) $\min\{X,Y\}$ 分布. 设 $(X,Y) \sim F(x,y)$,则 $Z = \min\{X,Y\}$ 的分布函数

$$F_{\min}(z) = P\{\min\{X,Y\} \leqslant z\} = 1 - P\{\min\{X,Y\} > z\}$$
$$= 1 - P(X > z, Y > z)$$

当 X 与 Y 独立时,

$$F_{\min}(z) = 1 - P(X > z) \cdot P(Y > z)$$
$$= 1 - [1 - F_X(z)][1 - F_Y(z)].$$

(4) 上述结果容易推广到 n 个相互独立变量 $X_1, X_2, \cdots, X_n$ 的情况,即

$$F_{\max}(z) = F_{X_1}(z) \cdots F_{X_n}(z),$$
$$F_{\min}(z) = 1 - [1 - F_{X_1}(z)][1 - F_{X_2}(z)] \cdots [1 - F_{X_n}(z)].$$

特别地,当 X_i 独立且有相同的分布函数 $F(x)$、概率密度 $f(x)$ 时,

$$F_{\max}(x) = [F(x)]^n \Rightarrow f_{\max}(x) = n[F(x)]^{n-1} f(x).$$
$$F_{\min}(x) = 1 - [1 - F(x)]^n \text{ 可得}$$
$$f_{\min}(x) = n[1 - F(x)]^{n-1} f(x)$$

4.2 方 差

数学期望描述了随机变量取值的平均特征,反映了随机变量取值的相对集中位置,方差是用来刻画随机变量取值相对于其均值的平均偏离程度的一个重要数字特征.

首先,考虑 X 的值与数学期望的偏差 $X - EX$. 此偏差也是一个随机变量,且有正有负,取整体平均数时,正负抵消.

为了避免正负抵消,可以考虑绝对误差 $|X - EX|$. 由于这个量仍是一个随机变量,具有不确定性,我们可以取它的期望值来刻画偏离程度是合理的,但它不便于计算,因为绝对值本质上是分段函数.

为了避开这个困难,另选一个同样可以反映偏离程度的量 $(X - EX)^2$. 其实,$X - EX$ 的偶数次方都可达到此目的,但因为它们都比平方复杂,不采用,由此,引入下面定义.

4.2.1 定义

设 X 为一随机变量,若 $E(X - EX)^2$ 存在,则称 $E(X - EX)^2$ 为随机变量 X 的方差,记

为 DX 或 $\text{var}(X)$,而称 $\sqrt{DX}$ 为标准差或均方差.

方差 DX 通常也说成是其概率分布的方差,它描述了随机变量偏离平均取值的程度. 若 $D(X)$ 较大,则表示 X 的取值较分散,因此方差是刻画随机变量取值分散程度的量. 标准差与随机变量 X 具有相同的量纲.

4.2.2 方差的简单应用

在风险管理中,风险的概念十分重要,风险的高低有时可以单凭主观感受做出判断,也可用方差或标准差去测量,从而得出一个比较客观和科学的结果. 在精算模型中,设每张保单实际赔付额为 X,则数学期望 EX 通常称为纯保费,它是保费定价的基础,而方差则可以衡量资产的风险,方差越大,风险也越大,附加保费也越多.

关于方差的具体计算,采用以下方法:

(1) 若 X 是离散型随机变量,则 $DX = \sum_{i=1}^{\infty}(x_i - EX)^2 p_i$. (不常用)

(2) 若 X 是连续型随机变量,则 $DX = \int_{-X}^{+\infty}(x - EX)^2 f(x)\mathrm{d}x$. (不常用)

(3) $DX = EX^2 - (EX)^2$. 尤其是 $EX^2 = DX + (EX)^2$(高频考点)

【证明】运用数学期望的性质可得
$$DX = E(X - EX)^2 = E[X^2 - 2XEX + (EX)^2]$$
$$= E(X^2) - 2EX \cdot EX + (EX)^2 = EX^2 - (EX)^2.$$

假设所遇到的方差都存在,则方差具有下列基本性质:

(1) $DX \geqslant 0$,并且 $DX = 0$ 当且仅当 X 以概率 1 为常数.

特别有:$D(c) = 0$,其中 c 为常数.

(2) $\forall a \in \mathbf{R}, D(aX) = a^2 D(X)$.

(3) 设 X, Y 是两个随机变量,则有
$$D(X+Y) = D(X) + D(Y) + 2E[(X-EX)(Y-EY)].$$

特别当 X, Y 独立时,$D(X+Y) = D(X) + D(Y)$

【证明】由方差的定义及数学期望的性质可得
$$D(X+Y) = E[X+Y-E(X+Y)]^2 = E[X-EX+Y-EY]^2$$
$$= E[X-EX]^2 + E[Y-EY]^2 + 2E[(X-EX)(Y-EY)]$$
$$= D(X) + D(Y) + 2E[(X-EX)(Y-EY)]$$

当 X, Y 独立时,
$$E[(X-EX)(Y-EY)] = E[XY - XEY - YEX + EXEY]$$
$$= EXEY - EXEY - EYEX + EXEY = 0$$

即结论成立.

(4) 设随机变量 X 的方差 DX 存在,令 $X^* = \dfrac{X - EX}{\sqrt{DX}}$,则 $EX^* = 0, DX^* = 1$,称 X^* 是 X 的标准化随机变量.

4.2.3 常见分布的数学期望与方差

1. 二项分布 $X \sim B(n,p), q = p-1$

$$EX = \sum_{k=0}^{n} k C_n^k p^k q^{n-k} = np \sum_{k=1}^{n} \frac{(n-1)!}{(k-1)![(n-1)-(k-1)]!} p^{k-1} q^{(n-1)-(k-1)}$$
$$= np(p+q)^{n-1} = np.$$

$$E(X^2) = \sum_{k=0}^{n} k^2 C_n^k p^k q^{n-k} = \sum_{k=0}^{n} k(k-1+1) C_n^k p^k q^{n-k}$$
$$= \sum_{k=1}^{n} k(k-1) C_n^k p^k q^{n-k} + \sum_{k=0}^{n} k C_n^k p^k q^{n-k}$$
$$= \sum_{k=1}^{n} k(k-1) C_n^k p^k q^{n-k} + np$$
$$= n(n-1)p^2 \sum_{k=2}^{n} C_{n-2}^{k-2} p^{k-2} q^{n-k} + np = n(n-1)p^2 + np.$$

故
$$DX = E(X^2) - (EX)^2 = n(n-1)p^2 + np - (np)^2 = npq.$$

事实上,令 X_i 表示第 i 次独立试验成功的次数,则 $\{X_i\}$ 相互独立且都服从参数为 p 的 0-1 分布,因此 $EX_i = p, DX_i = pq$.

二项分布 X 可以视为 n 次伯努利试验成功的次数,故 $X = X_1 + \cdots + X_n$,因此由数学期望和方差的性质可得 $EX = EX_1 + \cdots EX_n = np$.

$$DX = DX_1 + \cdots + DX_n = npq.$$

2. 泊松分布 $X \sim P(\lambda)$

$$EX = \sum_{k=0}^{\infty} k \frac{\lambda^k}{k!} e^{-\lambda} = e^{-\lambda} \sum_{k=1}^{\infty} \frac{\lambda^k}{(k-1)!} = \lambda e^{-\lambda} \sum_{k=1}^{\infty} \frac{\lambda^{k-1}}{(k-1)!} = \lambda e^{-\lambda} \cdot e^{\lambda} = \lambda.$$

这说明泊松分布的参数 λ 就是服从泊松分布的随机变量的均值.

$$E(X^2) = \sum_{k=0}^{\infty} k^2 \frac{\lambda^k}{k!} e^{-\lambda} = e^{-\lambda} \sum_{k=1}^{\infty} k(k-1+1) \frac{\lambda^k}{k!}$$
$$= e^{-\lambda} \lambda^2 \sum_{k=1}^{\infty} \frac{\lambda^{k-2}}{(k-2)!} + \lambda = \lambda^2 + \lambda,$$

故
$$DX = E(X^2) - (EX)^2 = \lambda.$$

3. 几何分布 $X \sim Ge(p)$ (务必掌握推导过程)

设 $X \sim Ge(p)$,令 $q = 1-p$,利用逐项微分可得 X 的数学期望.

$$EX = \sum_{k=1}^{\infty} kpq^{k-1} = p \sum_{k=1}^{\infty} \frac{dq^k}{dq} = p \frac{d}{dq} \sum_{k=1}^{\infty} q^k = p \frac{d}{dq} \sum_{k=0}^{\infty} q^k$$
$$= p \frac{d}{dq} \left(\frac{1}{1-q} \right) = \frac{p}{(1-q)^2} = \frac{1}{p}$$

$$EX^2 = \sum_{k=1}^{+\infty} k^2 pq^{k-1} = p \sum_{k=1}^{+\infty} k^2 q^{k-1} = p \sum_{k=1}^{+\infty} k \left[\int kq^{k-1} dq \right]'$$
$$= p \left[\sum_{k=1}^{+\infty} k \int kq^{k-1} dq \right]' = p \left[q \sum_{k=1}^{+\infty} kq^{k-1} \right]'$$

$$= p\Big[q\sum_{k=1}^{+\infty}\Big(\int kq^{k-1}\mathrm{d}q\Big)'\Big]' = p\Big[q\Big(\sum_{k=1}^{+\infty}\int kq^{k-1}\mathrm{d}q\Big)'\Big]'$$

$$= p\Big[q\Big(\sum_{k=1}^{+\infty}q^k\Big)'\Big]' = p\Big[q\Big(\frac{q}{1-q}\Big)'\Big]'$$

$$= \frac{1}{p^2} + \frac{q}{p^2}$$

故 $DX = \dfrac{q}{p^2}$.

4. 超几何分布 $X \sim h(n,N,M)$（不用掌握其数学期望及方差）

5. 均匀分布 $X \sim U(a,b)$

$$EX = \int_a^b x\frac{1}{b-a}\mathrm{d}x = \frac{a+b}{2}$$

$$E(X^2) = \int_a^b x^2\frac{1}{b-a}\mathrm{d}x = \frac{b^3-a^3}{3(b-a)} = \frac{a^2+ab+b^2}{3}$$

则 $\quad DX = E(X^2) - (EX)^2 = \dfrac{a^2+ab+b^2}{3} - \Big(\dfrac{a+b}{2}\Big)^2 = \dfrac{(b-a)^2}{12}$.

注 EX 正好是 (a,b) 的中点，这与 EX 所代表的均值意义相符合.

6. 指数分布 $X \sim Exp(\lambda)$

$$EX = \int_0^{+\infty} x\lambda e^{-\lambda x}\mathrm{d}x = \int_0^{+\infty} x\mathrm{d}(-e^{-\lambda x}) = -e^{-\lambda x}x\Big|_0^{+\infty} + \int_0^{+\infty} e^{-\lambda x}\mathrm{d}x = \frac{1}{\lambda}$$

$$E(X^2) = \int_0^{+\infty} x^2 \cdot \lambda e^{-\lambda x}\mathrm{d}x = \int_0^{+\infty} x^2\mathrm{d}(-e^{-\lambda x}) = \frac{2}{\lambda^2}$$

故 $DX = \dfrac{2}{\lambda^2} - \Big(\dfrac{1}{\lambda}\Big)^2 = \dfrac{1}{\lambda^2}$.

7. 正态分布

设随机变量 X 服从参数为 μ 和 σ 的正态分布，即 $X \sim N(\mu,\sigma^2)$，概率密度函数为

$$f(x) = \frac{1}{\sqrt{2\pi}\sigma}e^{-\frac{(x-\mu)^2}{2\sigma^2}},\ -\infty < x < +\infty$$

有

$$E(x) = \int_{-\infty}^{+\infty} xf(x)\mathrm{d}x = \frac{1}{\sqrt{2\pi}\sigma}\int_{-\infty}^{+\infty} xe^{-\frac{(x-\mu)^2}{2\sigma^2}}\mathrm{d}x$$

$$\xrightarrow{\text{令}\ t=\frac{x-\mu}{\sigma}} \frac{1}{\sqrt{2\pi}\sigma}\int_{-\infty}^{+\infty}(\sigma t + \mu)e^{-\frac{t^2}{2}}\sigma\mathrm{d}t$$

$$= \frac{\sigma}{\sqrt{2\pi}}\int_{-\infty}^{+\infty} te^{-\frac{t^2}{2}}\mathrm{d}t + \frac{\mu}{\sqrt{2\pi}}\int_{-\infty}^{+\infty} e^{-\frac{t^2}{2}}\mathrm{d}t$$

上式中第一项的被积函数是奇函数，积分为 0；而第二项中，$\int_{-\infty}^{+\infty} e^{-\frac{t^2}{2}}\mathrm{d}t = \sqrt{2\pi}$，所以，$E(x) = \mu$.

注 我们知道,若 $X \sim N(\mu,\sigma^2)$,则 $x = \mu$ 是密度函数 $f(x)$ 的对称轴,这里结论说明,μ 又是 $N(\mu,\sigma^2)$ 的数学期望. 这一性质具有一般性:

若某随机变量 X 的数学期望 $E(x)$ 存在,且对于任意的 $x \sim R$,密度函数 $f(x)$ 都满足:
$$f(c+x) = f(c-x)$$
则
$$E(x) = c (证略)$$

标准正态分布 $U \sim N(0,1)$.
$$EU = \int_{-\infty}^{+\infty} x \frac{1}{\sqrt{2\pi}} e^{-\frac{x^2}{2}} dx = 0.$$

$$EU^2 = \int_{-\infty}^{+\infty} x^2 \frac{1}{\sqrt{2\pi}} e^{-\frac{x^2}{2}} dx = \int_{-\infty}^{+\infty} -\frac{x}{\sqrt{2\pi}} de^{-\frac{x^2}{2}}$$

$$= -\frac{1}{\sqrt{2\pi}} x e^{-\frac{x^2}{2}} \Big|_{-\infty}^{+\infty} + \frac{1}{\sqrt{2\pi}} \int_{-\infty}^{+\infty} e^{-\frac{x^2}{2}} dx = \frac{\sqrt{2\pi}}{\sqrt{2\pi}} = 1$$

故 $DU = 1$.

令 $X = \mu + \sigma U$,则 $X \sim N(\mu,\sigma^2)$,由期望及方差的性质可知
$$EX = \mu + \sigma EU = \mu, DX = \mu + \sigma^2(DU) = \sigma^2.$$

注 中间计算过程利用了以下结论:令 $\int_{-\infty}^{+\infty} e^{-\frac{x^2}{2}} dx = I$,则

$$I^2 = \int_{-\infty}^{+\infty} e^{-\frac{x^2}{2}} dx \int_{-\infty}^{+\infty} e^{-\frac{y^2}{2}} dy = \int_{-\infty}^{+\infty}\int_{-\infty}^{+\infty} e^{-\frac{x^2+y^2}{2}} dx dy.$$

作极坐标变换:$\begin{cases} x = \rho\cos\theta \\ y = \rho\sin\theta \end{cases}$,$0 \leqslant \rho < \infty, 0 \leqslant \theta < 2\pi$,

则 $I^2 = \int_0^{2\pi}\int_0^{+\infty} e^{-\frac{\rho^2}{2}} \rho d\rho d\theta = \int_0^{2\pi} 1 d\theta = 2\pi$,故 $I = \sqrt{2\pi}$.

以上推导过程很经典,要求熟练掌握,这也是我们很多题目演变的母题,一定要对过程熟稔于心.

【例 4.5】 已知随机变量 X_1, X_2, X_3, X_4 相互独立,且都服从正态分布 $N(0,\sigma^2)$,如果二阶行列式 $Y = \begin{vmatrix} X_1 & X_2 \\ X_3 & X_4 \end{vmatrix}$,方差 $DY = \frac{1}{4}$,则 $\sigma^2 = $ _____.

【解】 $Y = X_1 X_4 - X_2 X_3$,由于 X_i 相互独立,所以 $DY = D(X_1 X_4) + D(X_2 X_3)$,其中
$$D(X_1 X_4) = E(X_1 X_4)^2 - [E(X_1 X_4)]^2 = E(X_1^2 X_4^2) - (EX_1 EX_4)^2$$
$$= E(X_1^2)E(X_4^2) - (EX_1 EX_4)^2 = D(X_1)D(X_4) = (\sigma^2)^2$$

同理 $D(X_2 X_3) = (\sigma^2)^2$,所以 $DY = 2(\sigma^2)^2 = \frac{1}{4}, \sigma^2 = \frac{1}{\sqrt{8}}$.

注 $D(X_1 X_4) \neq DX_1 DX_4$,没有性质只能先利用定义和其他中间环节的性质计算.

常用分布的数学期望和方差如表 4-2 所示,一定要记住.

表 4-2

分布	分布列 p_k 或概率密度 $f(x)$	期望	方差
0-1 分布	$p_k = p^k(1-p)^{1-k}, k=0,1$	p	$p(1-p)$
二项分布 $B(n,p)$	$p_k = C_n^k p^k (1-p)^{n-k}, k=0,1,\cdots,n$	np	$np(1-p)$
泊松分布 $p(\lambda)$	$p_k = \dfrac{\lambda^k}{k!}e^{-\lambda}, k=0,1,\cdots$	λ	λ
超几何分布 $h(n,N,M)$	$p_k = \dfrac{C_M^k C_{N-M}^{n-k}}{C_N^n}, k=0,1,\cdots,r$ $r = \min\{M,n\}$	$n\dfrac{M}{N}$	$\dfrac{nM(N-M)(N-n)}{N^2(N-1)}$
几何分布 $Ge(p)$	$p_k = (1-p)^{k-1}p, k=1,2,\cdots$	$\dfrac{1}{p}$	$\dfrac{1-p}{p^2}$
正态分布 $N(\mu,\sigma^2)$	$f(x) = \dfrac{1}{\sqrt{2\pi}\sigma}\exp\left\{-\dfrac{(x-\mu)^2}{2\sigma^2}\right\}$, $-\infty < x < +\infty$	μ	σ^2
均匀分布 $U(a,b)$	$f(x) = \dfrac{1}{b-a}, a < x < b$	$\dfrac{a+b}{2}$	$\dfrac{(b-a)^2}{12}$
指数分布 $E(\lambda)$	$f(x) = \lambda e^{-\lambda x}, x \geq 0$	$\dfrac{1}{\lambda}$	$\dfrac{1}{\lambda^2}$
$\chi^2(n)$ 分布	$f(x) = \dfrac{x^{\frac{n}{2}-1}e^{-\frac{x}{2}}}{\Gamma\left(\dfrac{n}{2}\right)2^{\frac{n}{2}}}, x \geq 0 (不记)$	n	$2n$

注 表中仅列出各分布概率密度的非零区域.

4.3 协方差和相关性

二维随机变量的联合分布函数不仅包含分量的边际分布,还含有两个分量间相互关联的信息,描述这种相互关联程度的一个特征数就是协方差.

在同一样本空间 Ω 上定义的随机变量,它们之间存在许多关系,有相依关系或独立关系. 比如,同一个人的身高 X 和体重 Y 之间就存在相依关系,这种相依关系不是通常的函数关系,而是一种"趋势". 一般来说,个子高的人体重也重,这种关系在概率论中称为"相关".

4.3.1 协方差定义

定义 4.3.1.1 设 (X,Y) 是一个二维随机变量,若 $E[(X-EX)(Y-EY)]$ 存在,则称之为 X 与 Y 的协方差,记为 $\text{Cov}(X,Y) = E[(X-EX)(Y-EY)]$.

从协方差的定义可以看出,它是 X 的偏差 $X-EX$ 与 Y 的偏差 $Y-EY$ 的乘积的数学期望.具体表现如下：

(1) 当 $\mathrm{Cov}(X,Y) > 0$ 时,称 X,Y 正相关,即 X,Y 同时增加或同时减少;

(2) 当 $\mathrm{Cov}(X,Y) < 0$ 时,称 X,Y 负相关,即 X,Y 的取值朝相反方向变化;

(3) 当 $\mathrm{Cov}(X,Y) = 0$ 时,称 X,Y 不相关.

4.3.2 协方差的性质

协方差具有以下基本性质：

(1) 协方差的简化公式：$\mathrm{Cov}(X,Y) = E[XY] - E(X)E(Y)$ (考试中用得最多,重点掌握).

【证明】 由协方差的定义及期望的性质,可得
$$\mathrm{Cov}(X,Y) = E(XY - YEX + EXEY - XEY)$$
$$= E(XY) - EYEX + EXEY - EXEY = E(XY) - EXEY.$$

(2) 若 X,Y 相互独立,则 $\mathrm{Cov}(X,Y) = 0$,反之不然.如设随机变量 $X \sim N(0,\sigma^2)$,令 $Y = X^2$,则 X,Y 不独立,但 $\mathrm{Cov}(X,Y) = \mathrm{Cov}(X,X^2) = E(X^3) - E(X)E(X^2) = 0$.

这个例子表明："独立"必导致"不相关",而"不相关"不一定导致"独立".独立要求更严,不相关要求弱,因为独立是用概率分布定义的,而不相关只是用矩定义的.

(3) 协方差满足交换律：$\mathrm{Cov}(X,Y) = \mathrm{Cov}(Y,X)$.

(4) $\mathrm{Cov}(X,a) = 0, a \in \mathbf{R}$.

(5) $\mathrm{Cov}(X,X) = D(X)$.

(6) 对任意常数 a,b,有 $\mathrm{Cov}(aX,bY) = ab\mathrm{Cov}(X,Y)$.

(7) 协方差满足分配律：设 X,Y,Z 是任意三个随机变量,有
$$\mathrm{Cov}(X+Y,Z) = \mathrm{Cov}(X,Z) + \mathrm{Cov}(Y,Z).$$

(8) $\forall a,b \in \mathbf{R}, D(aX+bY) = a^2 D(X) + b^2 D(Y) + 2ab\mathrm{Cov}(X,Y)$.

【例 4.6】(2000 年) 设 A,B 是两随机事件,随机变量

$$X = \begin{cases} 1, & A \text{ 出现} \\ -1, & A \text{ 不出现} \end{cases}, Y = \begin{cases} 1, & B \text{ 出现} \\ -1, & B \text{ 不出现} \end{cases}$$

试证明随机变量 X 和 Y 不相关的充分必要条件是 A 与 B 相互独立.

【证明】由题设,$P(A) = P(X=1), P(B) = P(Y=1)$.

所以 $EX = 1 \times P(A) - 1 \times P(\overline{A}) = 2P(A) - 1.$

同理 $EY = 2P(B) - 1.$

由于 XY 只有两个可能值 1 和 -1,因此
$$P(XY=1) = P(X=1)P(Y=1) + P(X=-1)P(Y=-1)$$
$$= P(AB) + P(\overline{AB}) = P(AB) + 1 - P(A) - P(B) + P(AB)$$
$$= 2P(AB) + 1 - P(A) - P(B).$$
$$P(XY=-1) = 1 - P(XY=1) = P(A) + P(B) - 2P(AB).$$
$$E(XY) = 1 \times P(XY=1) - 1 \times P(XY=-1)$$
$$= 4P(AB) - 2P(A) - 2P(B) + 1.$$

$$\mathrm{Cov}(X,Y) = E(XY) - E(X)E(Y) = 4P(AB) - 4P(A)P(B).$$

可见,$\mathrm{Cov}(X,Y) = 0 \Leftrightarrow P(A)P(B) = P(AB)$.

结论得证.

【例 **4.7**】(2010 年)箱中装有 6 个球,其中红、白、黑球个数分别为 1,2,3 个,现从箱中随机地取出 2 个球,记 X 为取出红球的个数,Y 为取出白球的个数. 试求:

(1) 随机变量 (X,Y) 的概率分布;(2) $\mathrm{Cov}(X,Y)$.

【解】(1) 易知 X 的可能取值为 $0,1$,Y 的所有可能取值为 $0,1,2$,由古典概型可得

$$P(X=0,Y=0) = \frac{C_3^2}{C_6^2} = \frac{1}{5}, P(X=0,Y=1) = \frac{C_2^1 C_3^1}{C_6^2} = \frac{2}{5},$$

$$P(X=0,Y=2) = \frac{C_2^2}{C_6^2} = \frac{1}{15}, P(X=1,Y=0) = \frac{C_1^1 C_3^1}{C_6^2} = \frac{1}{5},$$

$$P(X=1,Y=1) = \frac{C_1^1 C_2^1}{C_6^2} = \frac{2}{15}, P(X=1,Y=2) = 0.$$

故二维随机变量 (X,Y) 的概率分布为

X \ Y	0	1	2
0	$\frac{1}{5}$	$\frac{2}{5}$	$\frac{1}{15}$
1	$\frac{1}{5}$	$\frac{2}{15}$	0

(2) 先求 X,Y,XY 的概率分布. 显然,由随机变量函数的定义可得(先确定随机变量取值,然后得到边缘分布律或者联合分布律):

$$X \sim \begin{pmatrix} 0 & 1 \\ \frac{2}{3} & \frac{1}{3} \end{pmatrix}, Y \sim \begin{pmatrix} 0 & 1 & 2 \\ \frac{2}{5} & \frac{8}{15} & \frac{1}{15} \end{pmatrix}, XY \sim \begin{pmatrix} 0 & 1 \\ \frac{13}{15} & \frac{2}{15} \end{pmatrix}.$$

所以 $EX = \frac{1}{3}, EY = \frac{2}{3}, E(XY) = \frac{2}{15}.$

进一步有 $\mathrm{Cov}(X,Y) = E(XY) - E(X)E(Y) = -\frac{4}{45}.$

【例 **4.8**】设 N 件产品中有 M 件次品,有放回地从中依次取 n 件,用 X 表示取得的次品数(称 X 服从超几何分布),求 $D(X)$.

【解】定义随机变量 $X_i = \begin{cases} 1, & \text{第 } i \text{ 次抽取取得次品} \\ 0, & \text{第 } i \text{ 次抽取取得正品} \end{cases}, i = 1,2,\cdots,n$

则 $X_1, X_2, \cdots, X_n$ 有如下相同的概率分布且相互独立

X_i	0	1
P	$1 - \frac{M}{N}$	$\frac{M}{N}$

易算得 $E(X_i) = \dfrac{M}{N}, E(X_i^2) = \dfrac{M}{N}$,则 $D(X_i) = \dfrac{NM - M^2}{N^2}$,令 $X = X_1 + X_2 + \cdots + X_n$,表示取得的次品数,则

$$D(X) = DX_1 + DX_2 + \cdots + DX_n = nDX_i = \dfrac{n(NM - M^2)}{N^2}$$

【例 4.9】假设 n 个信封内分别装有发给 n 个人的通知,但信封上各收信人的地址是随机填写的. 以 X 表示收到自己通知的人数,求 X 的数学期望、协方差和方差.

【解】(1) 记 $A_k = \{$第 k 封信的地址与内容一致$\}$. 第 k 个人的通知随意装入 n 个信封中的一个信封,恰好装进写有其地址的信封的概率等于 $\dfrac{1}{n}$,故 $P(A_k) = \dfrac{1}{n}$. 同理

$$P(A_i A_j) = P(A_i) P(A_j \mid A_i) = \dfrac{1}{n(n-1)} \quad (i \neq j).$$

引进随机变量

$$U_k = \begin{cases} 1, & A_k \text{ 出现} \\ 0, & A_k \text{ 不出现} \end{cases}, (k = 1, \cdots, n)$$

则 $X = U_1 + U_2 + \cdots + U_n$,从而,有

$$P\{U_k = 1\} = P(A_k) = \dfrac{1}{n},$$

$$EU_k = P(A_k) = \dfrac{1}{n},$$

$$DU_k = P(A_k)[1 - P(A_k)] = \dfrac{n-1}{n^2},$$

$$EX = EU_1 + EU_2 + \cdots + EU_n = n \times \dfrac{1}{n} = 1$$

(2) 对于任意 $i \neq j$,乘积 $U_i U_j$ 只有 0 和 1 两个可能值,且

$$P\{U_i U_j = 1\} = P(A_i A_j) = P(A_i) P(A_j \mid A_i) = \dfrac{1}{n(n-1)},$$

因此,对于任意 $i \neq j$,有

$$\mathrm{Cov}(U_i, U_j) = E(U_i U_j) - EU_i EU_j = \dfrac{1}{n(n-1)} - \dfrac{1}{n^2}.$$

(3) 最后求方差 DX.

$$DX = E(X - EX)^2 = E\Big[\sum_{m=1}^{n} (U_m - EU_m)\Big]^2$$

$$= \sum_{k=1}^{n} DU_k + 2 \sum_{i \neq j} \mathrm{Cov}(U_i, U_j)$$

$$= nDU_1 + n(n-1) \mathrm{Cov}(U_1, U_2)$$

$$= n \times \dfrac{n-1}{n^2} + n(n-1) \Big[\dfrac{1}{n(n-1)} - \dfrac{1}{n^2}\Big] = 1$$

注 该题的解法具有典型性：求解时并没有直接利用 X 的概率分布，仅利用数学期望和方差的性质．当然，也可以先求 X 的概率分布，然后再根据定义求数学期望．然而，求概率分布需要相当繁杂的计算，并且由此概率分布求数学期望也并非易事．

【例 4.10】已知随机变量 $(X,Y) \sim N(0,0;1,1;0.5)$，$U = \max\{X,Y\}$，$V = \min\{X,Y\}$，则 $E(U+V) = $ _____，$E(U-V) = $ _____，$E(UV) = $ _____．

【分析】若按照最值的数学期望的计算方法处理，计算量非常大．给出下列等式

$$U = \max\{X,Y\} = \frac{1}{2}[(X+Y) + |X-Y|],$$

$$V = \min\{X,Y\} = \frac{1}{2}[(X+Y) - |X-Y|],$$

这个等式对所有随机变量均使用．但主要用于求正态分布的数字特征．

【解】 $U = \max\{X,Y\} = \frac{1}{2}[(X+Y) + |X-Y|]$，

$$V = \min\{X,Y\} = \frac{1}{2}[(X+Y) - |X-Y|],$$

则 $U+V = X+Y, U-V = |X-Y|, UV = XY$，

$E(U+V) = EX + EY = 0, Z = X - Y \sim N(0,1)$，

则 $E(U-V) = E(|X-Y|) = E(|Z|) = \int_{-\infty}^{+\infty} |z| \frac{1}{\sqrt{2\pi}} e^{\frac{-z^2}{2}} dz = \sqrt{\frac{2}{\pi}}$，

$E(UV) = E(XY) = \text{Cov}(X,Y) + EXEY = 0.5 + 0 = 0.5$．

若随机变量的协方差不等于零，则它们不独立，也就是说它们之间存在着某种联系．但协方差的大小一般不能直接反映随机变量间相互联系的强弱．若随机变量 X 与 Y 中的任一个与其数学期望的差很小，则无论 X 与 Y 间有多么密切的联系，它们的协方差总是会接近于零．

4.4 相关系数

随机变量 X 与 Y 的协方差虽然反映了 X 与 Y 之间的联系，但它受到 X 和 Y 本身大小及数值尺度的影响．如，让 X 与 Y 分别增大 k 倍，即 $X_1 = kX, Y_1 = kY$，这时 X_1 与 Y_1 的联系和 X 与 Y 的联系是一样的，但反映这种联系的协方差却增大到 k^2 倍，即

$$\text{Cov}(X_1, Y_1) = k^2 \text{Cov}(X, Y)$$

为克服这一缺陷，将 X 与 Y 标准化：$\dfrac{X - EX}{\sqrt{DX}}, \dfrac{Y - EY}{\sqrt{DY}}$，可得到相关系数的概念．

4.4.1 相关系数的概念

定义 4.4.1.1 设 (X,Y) 为二维随机变量，其协方差及方差 $D(X)$ 与 $D(Y)$ 都存在，且 $D(X) > 0, D(Y) > 0$，则称

$$\rho_{XY} = \frac{\text{Cov}(X,Y)}{\sqrt{D(X)D(Y)}}$$

为随机变量 X 与 Y 的相关系数(correlation coefficient).

也可以写成
$$\rho_{XY} = E\left(\frac{X-E(X)}{\sqrt{D(X)}} \cdot \frac{Y-E(Y)}{\sqrt{D(Y)}}\right) = \text{Cov}\left(\frac{X-E(X)}{\sqrt{D(X)}}, \frac{Y-E(Y)}{\sqrt{D(Y)}}\right)$$

即相关系数是随机变量 X 与 Y 相应的标准化随机变量的协方差,它有别于"一般"协方差的性质. 这些性质能更好地刻画随机变量间的某种相互关系.

4.4.2 相关系数的性质

相关系数具有如下性质:

(1) 若 X 与 Y 相互独立,则 $\rho_{XY} = 0$;

(2) $|\rho_{XY}| \leqslant 1$;

(3) $|\rho_{XY}| = 1$ 的充要条件是 X 与 Y 以概率 1 线性相关,即存在常数 $a(a \neq 0), b$, 使得 $P\{Y = aX + b\} = 1$.

【证明】(1) $\text{Cov}(X,Y) = 0$, 因而 $\rho_{XY} = 0$.

(2) 因为方差总是非负的,所以对于任意实数 t, 有
$$D(Y - tX) = D(Y) - 2t\text{Cov}(X,Y) + t^2 D(X) \geqslant 0$$
又因为关于 t 的一元二次函数非负的充要条件是
$$\Delta = (-2\text{Cov}(X,Y))^2 - 4D(X)D(Y) \leqslant 0$$
即
$$\frac{\text{Cov}^2(X,Y)}{D(X)D(Y)} \leqslant 1$$
或
$$|\rho_{XY}| \leqslant 1$$

(3) 记 $a = \text{Cov}(X,Y)/D(X)$, 由式得
$$\begin{aligned} D(Y - aX) &= D(Y) - 2a\text{Cov}(X,Y) + a^2 D(X) \\ &= D(Y) - 2\frac{\text{Cov}^2(X,Y)}{D(X)} + \frac{\text{Cov}^2(X,Y)}{D(X)} \\ &= D(Y) - \frac{\text{Cov}^2(X,Y)}{D(X)} = D(Y)\left[1 - \frac{\text{Cov}^2(X,Y)}{D(X)D(Y)}\right] \\ &= D(Y)(1 - \rho_{XY}^2) \end{aligned}$$

当 $|\rho_{XY}| = 1$ 时,$D(Y - aX) = 0$, 其成立的充要条件是
$$P\{Y - aX = E(Y - aX)\} = 1$$
于是,记 $b = E(Y - aX) = E(Y) - aE(X)$, 则
$$|\rho_{XY}| = 1 \Leftrightarrow P\{Y = aX + b\} = 1$$

4.4.3 相关系数的含义——线性回归的理论依据

下面考虑 $aX + b$ 与 Y 接近的程度.

若要用随机变量 X 的某一线性函数 $aX + b$ 来逼近随机变量 Y, 所产生的误差为 $Y - (aX + b)$, 这是一个随机变量,不能直接取为误差指标,将误差指标取为如下均方误差的形式 $g(a,b) = E\{[Y - (aX + b)]^2\}$

即 $g(a,b) = E(Y^2) + a^2 E(X^2) + 2abE(X) + b^2 - 2aE(XY) - 2bE(Y)$

均方误差 $g(a,b)$ 值越小,可认为用 $aX+b$ 来近似 Y 的程度越好,为求最佳的线性近似,可取 a 与 b,使得 $g(a,b)$ 最小. 为此,分别对 a 与 b 求偏导数,并令偏导数为零,得到

$$\begin{cases} \dfrac{\partial}{\partial a}g(a,b) = 2aE(X^2) + 2bE(X) - 2E(XY) = 0 \\ \dfrac{\partial}{\partial b}g(a,b) = 2aE(X) + 2b - 2E(Y) = 0 \end{cases}$$

求解该方程组,得到最小值点:

$$\begin{cases} a_0 = \dfrac{\mathrm{Cov}(X,Y)}{D(X)} \\ b_0 = E(Y) - a_0 E(X) = E(Y) - \dfrac{\mathrm{Cov}(X,Y)}{D(X)}E(X) \end{cases}$$

于是,最小均方误差为

$$g(a_0, b_0) = E\{[Y - (a_0 X + b_0)]^2\} = (1 - \rho_{XY}^2)D(Y)$$

由此可见,最小均方误差是 $|\rho_{XY}|$ 的严格单调减函数.这样相关系数 ρ_{XY} 的含义就很明显了:相关系数 ρ_{XY} 描述了两个随机变量 X 与 Y 之间的线性相关程度. 当 $|\rho_{XY}|$ 较大时,$g(a_0, b_0)$ 较小,随机变量 X 与 Y 之间的线性相关程度较强,特别当 $|\rho_{XY}|=1$ 时,X 与 Y 之间以概率 1 具有线性关系;当 $|\rho_{XY}|$ 较小时,$g(a_0, b_0)$ 较大,随机变量 X 与 Y 之间的线性相关程度较弱,特别当 $\rho_{XY}=0$ 时,X 与 Y 之间的线性相关程度最弱,此时称 X 与 Y 不相关.

注 (1) 相关系数只是刻画了随机变量的线性相关程度.当且仅当随机变量间有严格的线性关系时,相关系数的绝对值才达到最大值 1. 若随机变量 X 与 Y 间有某种严格的非线性关系时,$|\rho_{XY}|$ 不仅不会为 1,还可能为 0,例如:

若 $X \sim N(0,1)$,令 $Y = X^2$,这时 X 与 Y 有密切的平方关系,但

$$E(XY) = E(X^3) = 0$$

从而 $\mathrm{Cov}(X,Y) = E(XY) - E(X)E(Y) = 0 - 0 \times 1 = 0$

即 $\rho_{XY} = 0$

(2) 若随机变量 X 与 Y 相互独立,则 X 与 Y 不相关,反之不然.

我们将 $\rho=0$ 称为 X 与 Y 不相关,即 X 与 Y 不相关等价于 $\mathrm{Cov}(X,Y)=0$;$|\rho|=1$,称 X 与 Y 完全相关;$\rho>0$,称 X 与 Y 正相关;$\rho<0$,称 X 与 Y 负相关. 相关系数的符号与随机变量间取值的关系如图 4-2 所示.

相关系数有着广泛的应用. 例如,亲缘关系是生物学中一个十分重要的概念. 数量分类学引进了比亲缘关系更广泛的概念,即相似性的概念. 相似程度的数值表示称为相似性系数. 相似性系数的出现是生物分类由定性向定量方向发展的重要标志. 描述相似性系数有 5 个重要方法:距离系数、相关系数、联合系数、信息系数和模糊系数. 其中将概率统计中的相关系数的概念移植到数量分类学中,可起到描述生物之间的相似性关系的作用. 两个物种相关系数的值越大,两个物种之间亲缘关系越近;反之值越小,亲缘关系越疏远. 另在经济、金融领域,在证券投资市场上,投资者为了将投资风险分散化,需购进一定种类的股票及配置适当的份额进行投资,此称为证券组合. 在最优证券组合的研究中,涉及股票的筛选及份

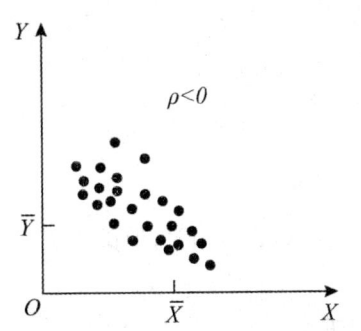
(a) 随机变量取值负相关图

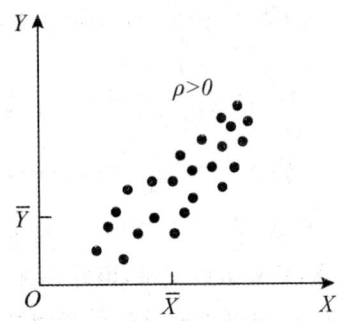
(b) 随机变量取值正相关图

图 4-2 相关系数的符号与随机变量间取值的关系

额的配置. 其中一个很重要的方法就是尽量避免重复选择两个回报率的相关系数较大的股票作为投资对象,若重复选择,将起不到风险分散化的作用.

【例 4.11】 设 $(X,Y) \sim N(\mu_1,\mu_2,\sigma_1^2,\sigma_2^2,\rho)$,求 X 与 Y 的相关系数.

【解】 我们知道,$EX = \mu_1, DX = \sigma_1^2, EY = \mu_2, DY = \sigma_2^2$,而

$$\text{Cov}(X,Y) = \int_{-\infty}^{+\infty}\int_{-\infty}^{+\infty}(x-\mu_1)(y-\mu_2)f(x,y)\mathrm{d}x\mathrm{d}y$$

$$= \frac{1}{2\pi\sigma_1\sigma_2\sqrt{1-\rho^2}}\int_{-\infty}^{+\infty}\int_{-\infty}^{+\infty}(x-\mu_1)(y-\mu_2)$$

$$\times \exp\left\{\frac{-1}{2(1-\rho^2)}\left(\frac{y-\mu_2}{\sigma_2}-\rho\frac{x-\mu_1}{\sigma_1}\right)^2 - \frac{(x-\mu_1)^2}{2\sigma_1^2}\right\}\mathrm{d}x\mathrm{d}y$$

令 $t = \frac{1}{\sqrt{1-\rho^2}}\left(\frac{y-\mu_2}{\sigma_2}-\rho\frac{x-\mu_1}{\sigma_1}\right), u = \frac{x-\mu_1}{\sigma_1}$,则有

$$\text{Cov}(X,Y) = \frac{1}{2\pi}\int_{-\infty}^{+\infty}\int_{-\infty}^{+\infty}(\sigma_1\sigma_2\sqrt{1-\rho^2}\,tu + \rho\sigma_1\sigma_2 u^2)\exp\left\{\frac{u^2+t^2}{2}\right\}\mathrm{d}t\mathrm{d}u$$

$$= \frac{\rho\sigma_1\sigma_2}{2\pi}\int_{-\infty}^{+\infty}u^2\mathrm{e}^{-\frac{u^2}{2}}\mathrm{d}u\int_{-\infty}^{+\infty}t^2\mathrm{e}^{-\frac{t^2}{2}}\mathrm{d}t + \frac{\sigma_1\sigma_2\sqrt{1-\rho^2}}{2\pi}\int_{-\infty}^{+\infty}u\mathrm{e}^{-\frac{u^2}{2}}\mathrm{d}u\int_{-\infty}^{+\infty}t\mathrm{e}^{-\frac{t^2}{2}}\mathrm{d}t$$

$$= \frac{\rho\sigma_1\sigma_2}{2\pi}\sqrt{2\pi}\sqrt{2\pi} = \rho\sigma_1\sigma_2.$$

于是 $$\rho_{XY} = \frac{\text{Cov}(X,Y)}{\sqrt{DX}\sqrt{DY}} = \rho.$$

这就是说,二维正态随机变量 (X,Y) 概率密度中的参数 ρ 就是 X 与 Y 的相关系数,因而二维正态随机变量的分布完全可由 X 与 Y 各自的数学期望、方差以及它们之间的相关系数所确定.

若 $(X,Y) \sim N(\mu_1,\mu_2,\sigma_1^2,\sigma_2^2,\rho)$,则 X 与 Y 独立的充要条件是 $\rho = 0$. 现在知道 $\rho = \rho_{XY}$,因此对于二维正态随机变量,不相关等价于独立.

【例 4.12】 设随机变量 θ 服从 $[-\pi,\pi]$ 上的均匀分布,$X = \sin\theta, Y = \cos\theta$,则 $\rho_{XY} = 0$,判断 X,Y 的独立性.

【解】
$$EX = \frac{1}{2\pi}\int_{-\pi}^{\pi} \sin x \, dx = 0,$$
$$EY = \frac{1}{2\pi}\int_{-\pi}^{\pi} \cos x \, dx = \frac{1}{2\pi}(\sin x)\Big|_{-\pi}^{\pi} = 0,$$
$$E(XY) = \frac{1}{2\pi}\int_{-\pi}^{\pi} \sin x \cos x \, dx = 0,$$

则 $\text{Cov}(X,Y) = E(XY) - EXEY = 0$，即 $\rho_{XY} = 0, X, Y$ 不相关，但由于 $X^2 + Y^2 = \sin^2\theta + \cos^2\theta = 1$，可见 X, Y 有函数关系，但并不独立．

要说明 X, Y 不独立，也可以通过如下特例给予说明：
$$P\left\{X \leqslant -\frac{\sqrt{2}}{2}\right\} = P\left\{\sin\theta \leqslant -\frac{\sqrt{2}}{2}\right\} = P\left\{-\frac{3\pi}{4} \leqslant \theta \leqslant -\frac{\pi}{4}\right\} = \frac{1}{4},$$
$$P\left\{Y \leqslant -\frac{\sqrt{2}}{2}\right\} = P\left\{\cos\theta \leqslant -\frac{\sqrt{2}}{2}\right\} = P\left\{-\pi \leqslant \theta \leqslant -\frac{3\pi}{4}\right\} + P\left\{\frac{3\pi}{4} \leqslant \theta \leqslant \pi\right\} = \frac{1}{4}.$$

而
$$P\left\{X \leqslant -\frac{\sqrt{2}}{2}, Y \leqslant -\frac{\sqrt{2}}{2}\right\} = P\left\{\sin\theta \leqslant -\frac{\sqrt{2}}{2}, \cos\theta \leqslant -\frac{\sqrt{2}}{2}\right\}$$
$$= P\left\{-\frac{3\pi}{4} \leqslant \theta \leqslant -\frac{\pi}{4}, -\pi \leqslant \theta \leqslant -\frac{3\pi}{4} \text{ 或 } \frac{3\pi}{4} \leqslant \theta \leqslant \pi\right\} = 0,$$

即 $P\left\{X \leqslant -\frac{\sqrt{2}}{2}, Y \leqslant -\frac{\sqrt{2}}{2}\right\} \neq P\left\{X \leqslant -\frac{\sqrt{2}}{2}\right\} \cdot P\left\{Y \leqslant -\frac{\sqrt{2}}{2}\right\}$，于是有 X, Y 不独立．

注 上例说明两个随机变量不相关不能推出独立性，因为即使不相关，它们之间也可能有其他函数关系．

【例 4.13】将一枚硬币重复掷 n 次，以 X 和 Y 分别表示正面向上和反面向上的次数，则 X 和 Y 的相关系数为 _____．

【解】$X + Y = n$，即 $Y = -X + n$，则相关系数为 -1．

注 若 $Y = aX + b$，则当 $a > 0$ 时，$\rho_{XY} = 1$；$a < 0$ 时，$\rho_{XY} = -1$．

4.5 条件期望（可看可不看）

近年来，条件期望在计算科学、统计、物理、工程、经济管理和金融领域中得到了广泛应用，并取得了良好效果，尤其值得注意的是条件期望在统计推断中的应用．条件分布的数学期望称为条件数学期望，它的定义如下：

4.5.1 条件期望定义

定义 4.5.1.1 设 (X, Y) 是二维随机变量，$F(x|y), F(y|x)$ 分别是 X 和 Y 的条件分布函数，则条件分布的数学期望（若存在）称为条件数学期望，其定义如下：

$$E(X|Y = y) = \int x \, dF(x|y) = \begin{cases} \sum_x x P(X = x | Y = y), & X, Y \text{ 离散} \\ \int x f(x|y) \, dx, & X, Y \text{ 连续} \end{cases}$$

$$E(Y|X=x) = \int y\,dF(y|x) = \begin{cases} \sum_y y P(Y=y|X=x), & X,Y \text{ 离散} \\ \int y f(y|x)\,dy, & X,Y \text{ 连续} \end{cases}$$

因为条件数学期望是条件分布的期望,所以它具有数学期望的一切性质.

我们要特别强调的是:$E(X|Y=y)$是y的函数,对y的不同取值,$E(X|Y=y)$的取值也在变化. 比如,若X表示我国成年人的身高,Y表示我国成年人的脚长,则EX表示我国成年人的平均身高,而$E(X|Y=y)$表示脚长为y的我国成年人的身高. 我国公安部门研究得到

$$E(X|Y=y) = 6.876y.$$

这个公式对公安部门破案起着重要的作用,如果$E(X|Y=y) = g(y)$,则

$$E(X|Y) = E(X|Y=y) = g(y)$$

称$E(X|Y)$为X在条件Y下的条件数学期望. 这也是条件期望运算的重要法则.

若随机变量X,Y的期望存在,则有全期望公式.

$$EX = E[E(X|Y)] = \int E(X|Y=y)\,dF_Y(y)$$

全概率公式是全数学期望公式的特例. 事实上,记I_B为事件B的显性函数,易知

$$EI_B = P(B), E(I_B|Y=y) = P(B|Y=y),$$

于是有
$$P(B) = \int P(B|Y=y)\,dF_Y(y) = \begin{cases} \sum_y P(B|Y=y)P(Y=y) \\ \int P(B|Y=y)f(y)\,dy \end{cases}$$

分别对应于分布列型及连续型全概率公式.

【例4.14】一名矿工被困在3个门的矿井中,第1个门通一坑道,沿此坑道3小时可达安全区域;第2个门通一坑道,沿此坑道5小时返回原处;第3个门通一坑道,沿此坑道7小时返回原处. 假设这名矿工总是等可能地在3个门中选择1个,试求他平均多长时间才能到达安全区域?

【解】设该矿工需要X小时到达安全区域,则X的所有可能取值为

$$3, 5+3, 7+3, 5+5+3, \cdots$$

写出X的分布列是很困难的,所以无法直接求出$E(X)$. 若记Y表示第一次选择的门,由题设可知$Y \sim \begin{pmatrix} 1 & 2 & 3 \\ \frac{1}{3} & \frac{1}{3} & \frac{1}{3} \end{pmatrix}$,

且 $E(X|Y=1) = 3, E(X|Y=2) = 5 + E(X), E(X|Y=3) = 7 + E(X)$.

综上所述,$E(X) = \frac{1}{3}[3 + 5 + E(X) + 7 + E(X)] = 5 + \frac{2}{3}E(X)$.

解得$E(X) = 15$,即矿工平均15小时才能到达安全区域.

【例4.15】设电力公司每月可供应某工厂的电力 $X \sim U(10,30)$（单位：10^4 kW），而该工厂每月实际需要用电 $Y \sim U(10,20)$. 如果该工厂能从电力公司得到足够的电力，则每 10^4 kW 电可创造 30 万元利润，若得不到足够电力，则不足部分通过其他途径解决，但每 10^4 kW 电可创造 10 万元利润. 求该厂每月的平均利润 Z.

【解】设该工厂每月利润为 Z 万元，则按题意得 $Z = \begin{cases} 30Y, & Y \leqslant X \\ 30X + 10(Y - X), & Y > X \end{cases}$

在 $X = x$ 时，Z 仅是 Y 的函数，于是当 $10 \leqslant x < 20$ 时，

$$E(Z|X = x) = \int_{10}^{x} 30y f_Y(y) dy + \int_{x}^{20}(10y + 20x) f_Y(Y) dy$$

$$= \int_{10}^{x} 30y \frac{1}{10} dy + \int_{x}^{20}(10y + 20x) \frac{1}{10} dy = 50 + 40x - x^2;$$

当 $20 \leqslant x < 30$ 时，

$$E(Z|X = x) = \int_{10}^{20} 30y f_Y(y) dy = \int_{10}^{20} 30y \frac{1}{10} dy = 450,$$

然后用 X 分布对条件期望 $E(Z|X = x)$ 再做一次平均可得

$$E(Z) = E[E(Z|X)] = \int_{10}^{20} E(Z|X = x) f_X(x) dx + \int_{20}^{30} E(Z|X = x) f_X(x) dx$$

$$= \frac{1}{20} \int_{10}^{2}(50 + 40x - x^2) dx + \frac{1}{20} \int_{20}^{30} 450 dy \approx 433.$$

所以该厂每月的平均利润为 433 万元.

【例4.16】设某日进入某商店的顾客人数是随机变量 N，X_i 表示第 i 个顾客所花的钱数，X_1，X_2，… 是相互独立同分布的随机变量，且与 N 相互独立，试求该日商店一天营业额的均值.

【解】由全概率公式可得

$$E\left(\sum_{i=1}^{N} X_i\right) = E\left(\sum_{i=1}^{N} X_i \mid N = n\right) P(N = n) = E\left(\sum_{i=1}^{N} X_i\right) P(N = n)$$

$$= nE(X_1) P(N = n) = E(N) E(X_1).$$

4.5.2 趣味阅读（可看可不看）

数学期望的概念产生于概率论历史上一个著名的"分赌本问题"：甲、乙两位赌徒，各出注金 50 元，每局各人获胜的概率都是 $\frac{1}{2}$，约定谁先赢三局，即赢得全部注金 100 元. 当进行到甲赢了两局、乙赢了一局时，赌博因故必须停止，问此时全部注金 100 元应如何分配给甲、乙才算公平？

这种问题最早见于 1494 年帕西奥利的一本著作，引起了不少人的兴趣，其中包括一些数学家，如卡丹诺（G. Cardano，1501—1576，他发现了一般的三次代数方程的解法）、帕斯卡（B. Pascal，1623—1662）、费尔马（P. de Fermat，1601—1665）等. 首先大家都认识到，平均分配对于甲不公平，全部给甲对于乙不公平，合理的分法是按照一定的比例，甲多分一些，乙少分一些，帕西奥利提出按照 2∶1 来分配，这是基于已赌局数来考虑的. 1654 年，帕斯卡提出了

如下的分法:设想再赌下去,则最多再赌两局即能分出胜负,两局的全部可能结果是:

甲甲、甲乙、乙甲、乙乙

其中"甲乙"表示前一局甲胜后一局乙胜,在这四种情况中有三种都是使得甲胜,于是甲最终所得 X 具有如下的概率分布:

X	0	100
p_k	$\dfrac{1}{4}$	$\dfrac{3}{4}$

从而甲的期望所得应该为:

$$0 \times \frac{1}{4} + 100 \times \frac{3}{4} = 75(元)$$

帕斯卡的分法不仅考虑了已赌局数,而且还包括了对再赌下去的一种期望,这就是数学期望这个名称的由来.

(1) $E(X)$ 是一个数值,完全由 X 的概率分布决定.

(2) 当 X 的所有可能取值是有限多个时,$E(X) = \sum x_i p_i$ 一定存在;当 X 的所有可能取值是无限多个时,$\sum x_i p_i$ 是无穷级数的和,有可能不存在,定义中的条件"级数 $\sum_{i=1}^{\infty} x_i p_i$ 绝对收敛"不仅保证了 $\sum x_i p_i$ 是收敛的,而且保证了不论按照什么样的次序写出 X 的概率分布列,所计算出来的 $\sum x_i p_i$ 都是相同的数值.

(3) $E(X)$ 是 X 的概率分布参数的函数,这个特征在后面要学习的统计推断中起到十分重要的作用.

第 5 章 大数定理和中心极限定理

【导言】

通过前面章节的学习,我们来归纳下可以精确地求出概率的方法.针对一次试验的情况,可以通过古典概率、几何概率、一维随机变量已知分布求概率;针对二次试验的情况,可以通过全概率公式、贝叶斯公式、二维随机变量已知分布求概率;针对三次及三次以上的我们只考虑相互独立的情况,可以通过贝努利概率、多维随机变量已知分布求概率;另外我们还可以通过随机事件之间的关系与运算规则及公式算出相应事件的概率.若上述方法都不能算出概率,这时该怎么办?虽然不能算出概率精确的取值,但要是能估计出概率在哪个大致范围内想必也是极好的,本章就为我们估计概率提供了方法和途径,也为我们接下来的数理统计奠定了基础.

备考本章时应掌握如下几点:

一是知道切比雪夫不等式说的是个什么事,它估计的是谁的概率;

二是什么是依概率收敛,谁收敛了,收敛到谁了;

三是知道常见的大数定律,哪几种情况是符合大数定律的;

四是大量独立同分布的随机变量的综合效应是怎么通过中心极限定理估计概率.

因为本部分出题频率低,通常出现在填空题,属于送分题(4分),所以只要将上述提到的几点掌握住就可以了.

【考试要求】

考试要求	科目	考试内容
了解	数一	切比雪夫不等式、切比雪夫大数定律、伯努利大数定律和辛钦大数定律(独立同分布随机变量序列的大数定律)、棣莫弗—拉普拉斯定理(二项分布以正态分布为极限分布)和列维—林德伯格定理(独立同分布随机变量序列的中心极限定理)
	数三	切比雪夫大数定律、伯努利大数定律和辛钦大数定律(独立同分布随机变量序列的大数定律)、棣莫弗—拉普拉斯中心极限定理(二项分布以正态分布为极限分布)、列维—林德伯格中心极限定理(独立同分布随机变量序列的中心极限定理)

(续表)

考试要求	科目	考试内容
理解	数一	
	数三	
会	数一	
	数三	用相关定理近似计算有关随机事件的概率
掌握	数一	
	数三	

【知识结构网图】

$$
\begin{cases}
\text{切比雪夫不等式} \\
\text{大数定律} \begin{cases} \text{定理} \begin{cases} \text{内容:独立同分布随机变量的匀值变量依概率收敛于其数学期望} \\ \text{形式}: \lim_{n \to +\infty} P\left\{\left|\frac{1}{n}\sum_{i=1}^{n}X_i - \mu\right| < \varepsilon\right\} = 1, \text{其中} \mu = EX_i \end{cases} \\ \text{三个重要的大数定律} \begin{cases} \text{切比雪夫大数定律} \\ \text{伯努利大数定律} \\ \text{辛钦大数定律} \end{cases} \end{cases} \\
\text{中心极限定理} \begin{cases} \text{定理} \begin{cases} \text{内容:大量独立同分布随机变量的和近似服从正态分布} \\ \text{形式}: \lim_{n \to +\infty} P\left\{\frac{\sum_{i=1}^{n}X_i - n\mu}{\sigma\sqrt{n}} \leqslant x\right\} = \Phi(x), \text{其中} \mu = EX_i, \sigma^2 = DX_i \end{cases} \\ \text{两个重要的极限定理} \begin{cases} \text{独立同分布中心极限定理} \\ \text{棣莫弗—拉普拉斯中心极限定理} \end{cases} \end{cases}
\end{cases}
$$

【内容精讲】

5.1 切比雪夫不等式

定义 5.1.1 设随机变量 X 的期望 EX,方差 DX 都存在,则对任意的 $\varepsilon > 0$,有 $P\{|X-EX| \geqslant \varepsilon\} \leqslant \frac{DX}{\varepsilon^2}$ 或 $P\{|X-EX| < \varepsilon\} \geqslant 1 - \frac{DX}{\varepsilon^2}$,这个不等式称为切比雪夫不等式.

这个不等式是说随机变量 X 落在以它的数学期望 EX 为中心,以任意大于 0 的 ε 为半径的区域内的概率是大于等于 $1 - \frac{DX}{\varepsilon^2}$,相应的落在这个区域外的概率是小于等于 $\frac{DX}{\varepsilon^2}$,通过这个不等式就可以估计随机变量 X 在特定区域内/外的概率,这个特定区域指的是以它的数学期望为中心,以任意的 $\varepsilon > 0$ 为半径构成的区域. 以下的证明看懂就行,不要求掌握.

【证明】 由于随机变量在某区域的概率等于密度函数在此区域上的积分,所以

$$P(|X-EX|\geq \varepsilon)=\int_{|X-EX|\geq \varepsilon}f(x)\mathrm{d}x\leq \int_{|X-EX|\geq \varepsilon}\frac{(X-EX)^2}{\varepsilon^2}f(x)\mathrm{d}x$$
$$\leq \int_{-\infty}^{+\infty}\frac{(X-EX)^2}{\varepsilon^2}f(x)\mathrm{d}x=\frac{D(X)}{\varepsilon^2}$$

注 因为$|X-EX|\geq \varepsilon$所以$\frac{(X-EX)^2}{\varepsilon^2}$为大于等于1.

在概率论中,事件$|X-EX|\geq \varepsilon$称为大偏差,其概率称为大偏差发生的概率.切比雪夫不等式给出了大偏差发生概率的上界,这个上界与方差成正比,方差越大上界也越大.切比雪夫不等式等价于

$$P(|X-EX|<\varepsilon)\geq 1-\frac{D(X)}{\varepsilon^2}$$

切比雪夫不等式的优点是适应性强,它适用于任何有数学期望和方差的随机变量,并且不需要知道概率分布;其不足之处在于,它给出的估计比较"粗略".因此,切比雪夫不等式主要用于一般性研究或证明,不便用于处理精确的估计问题.

注 概率统计中遇到不等式的概率估计问题时,第一时间要想到用切比雪夫不等式.

【例5.1】(2001年)设随机变量X的方差为2,则根据切比雪夫不等式$P\{|X-E(X)|\geq 2\}\leq$ _____.

【分析】 本题涉及到求概率的范围,没有让求确切的概率值,仅仅估计个大概范围,所以要想到用切比雪夫不等式,且题目明确说了要用切比雪夫不等式.

【解】 根据切比雪夫不等式,$P\{|X-E(X)|\geq 2\}\leq \frac{D(X)}{2^2}=\frac{2}{2^2}=\frac{1}{2}$.

答案应填$\frac{1}{2}$.

【例5.2】(2001年)设随机变量X和Y的数学期望分别为-2和2,方差分别为1和4,而相关系数为-0.5,则根据切比雪夫不等式$P\{|X+Y|\geq 6\}\leq$ _____

【分析】 这道题就比例5.1要难一些,因为这道题并没有直接告诉我们随机变量$X+Y$的数学期望和方差,需要我们自己根据题干条件求出数学期望和方差.就算这道题题干没有说根据切比雪夫不等式估计,我们也要想到用这个不等式去估计概率.

【解】 由于$E(X+Y)=E(X)+E(Y)=-2+2=0$,

$D(X+Y)=D(X)+D(Y)+2\rho_{XY}\sqrt{D(x)}\sqrt{D(y)}=1+4-2\times 0.5\times 1\times 2=3$,

所以$P\{|X+Y-0|\geq 6\}\leq \frac{D(X+Y)}{6^2}=\frac{3}{36}=\frac{1}{12}$.

答案应填$\frac{1}{12}$.

注 切比雪夫不等式是对事件$|X-E(X)|\geq \varepsilon$或事件$|X-E(X)|<\varepsilon$的概率的一个估计,

X 被估计的范围只是 $(E(X)-\varepsilon, E(X)+\varepsilon)$ 或这区间以外的范围,而且这个估计只用到 X 的方差,因此估计比较粗略.

5.2　依概率收敛

定义 5.2.1　设随机变量序列 $Y_1, Y_2, Y_3 \cdots, Y_n, \cdots, a$ 是一个常数,如果对任意的 $\varepsilon > 0$,有
$$\lim_{n \to \infty} P\{|Y_n - a| < \varepsilon\} = 1,$$
则称随机变量序列 $Y_1, Y_2, Y_3 \cdots, Y_n, \cdots$ 依概率收敛于随机变量 a,记为
$$Y_n \xrightarrow{P} a.$$

注(1)依概率收敛指的是随机变量数列的算术平均值依概率收敛于随机变量的数学期望,这个地方往往作为选择题考查,其实就是求随机变量的数学期望.

(2)在讨论未知参数估计量是否具有一致性(相合性)时,常常要用到依概率收敛这一性质和大数定律(仅数一要求,且在考试中判断一致性时,只考查无偏估计量是不是一致的,往往通过方差是否为零来判别).

【例 5.3】假设随机变量序列 $\{X_i\}(i \geqslant 1)$ 相互独立且都服从参数为 λ 的指数分布,记 $\overline{X_n} = \dfrac{1}{n}\sum\limits_{i=1}^{n} X_i$,则当 $n \to \infty$ 时,$\overline{X_n}$ 依概率收敛于_____;$\dfrac{1}{n}\sum\limits_{i=1}^{n} X_i^2$ 依概率收敛于_____;$\dfrac{1}{n}\sum\limits_{i=1}^{n} (X_i - \overline{X_n})^2$ 依概率收敛于_____;$\lim\limits_{n \to \infty} P\left\{0 < \overline{X_n} < \dfrac{2}{\lambda}\right\} = $ _____.

【解】依题意,显然我们要用依概率收敛的定义、性质及大数定律来计算所要的结果.

已知随机变量序列 $\{X_i\}$ 独立同分布且 $EX_i = \dfrac{1}{\lambda}, DX_i = \dfrac{1}{\lambda^2}$,所以 $\{X_i^2\}$ 独立同分布,且
$$E(X_i^2) = DX_i + (EX_i)^2 = \dfrac{2}{\lambda^2}.$$

由辛钦大数定律知,
$$\overline{X_n} = \dfrac{1}{n}\sum_{i=1}^{n} X_i \xrightarrow{P} \dfrac{1}{\lambda}$$

对 $\{X_i^2\}$ 应用辛钦大数定律得:
$$\dfrac{1}{n}\sum_{i=1}^{n} X_i^2 \xrightarrow{P} \dfrac{2}{\lambda^2}$$

而
$$\dfrac{1}{n}\sum_{i=1}^{n} (X_i - \overline{X_n})^2 = \dfrac{1}{n}\sum_{i=1}^{n} (X_i^2 - 2\overline{X_n} X_i + \overline{X_n}^2)$$
$$= \dfrac{1}{n}\sum_{i=1}^{n} X_i^2 - 2\overline{X_n} \cdot \dfrac{1}{n}\sum_{i=1}^{n} X_i + \overline{X_n}^2$$
$$= \dfrac{1}{n}\sum_{i=1}^{n} X_i^2 - \overline{X_n}^2$$

所以,根据依概率收敛性质,得

$$\frac{1}{n}\sum_{i=1}^{n}(X_i-\overline{X_n})^2 = \frac{1}{n}\sum_{i=1}^{n}X_i^2 - \overline{X_n}^2 \xrightarrow{P} \frac{2}{\lambda^2} - \frac{1}{\lambda^2} = \frac{1}{\lambda^2}$$

因为 $\overline{X_n} \xrightarrow{P} \frac{1}{\lambda}$,所以对 $\forall \varepsilon > 0$,有

$$\lim_{n\to\infty}P\left\{\left|\overline{X_n} - \frac{1}{\lambda}\right| < \varepsilon\right\} = \lim_{n\to\infty}P\left\{\frac{1}{\lambda} - \varepsilon < \overline{X_n} < \frac{1}{\lambda} + \varepsilon\right\} = 1$$

取 $\varepsilon = \frac{1}{\lambda} > 0$,得

$$\lim_{n\to\infty}P\left\{0 < \overline{X_n} < \frac{2}{\lambda}\right\} = 1$$

【例 5.4】设总体 X 服从参数为 2 的指数分布,$X_1, X_2, \cdots, X_n$ 为来自总体 X 的简单随机样本,则当 $n \to \infty$ 时,$Y_n = \frac{1}{n}\sum_{i=1}^{n}X_i^2$ 依概率收敛于_____.

【解】本题主要考查"辛钦大数定律". 由题设,X_i 均服从参数为 2 的指数分布,因此,

$$E(X_i^2) = DX_i + (EX_i)^2 = \frac{2}{\lambda^2} = \frac{1}{2}$$

根据辛钦大数定律,若 $X_1, X_2, \cdots, X_n$ 具有相同的数学期望 $EX_i = \mu$,则对任意的正数 ε,有

$$\lim_{n\to\infty}P\left\{\left|\frac{1}{n}\sum_{i=1}^{n}X_i - \mu\right| < \varepsilon\right\} = 1$$

从而,本题有

$$\lim_{n\to\infty}P\left\{\left|\frac{1}{n}\sum_{i=1}^{n}X_i^2 - \frac{1}{2}\right| < \varepsilon\right\} = 1$$

即当 $n \to \infty$ 时,$Y_n = \frac{1}{n}\sum_{i=1}^{n}X_i^2$ 依概率收敛于 $\frac{1}{2}$.

5.3 大数定律

5.3.1 切比雪夫大数定律

定义 5.3.1.1 设 $\{X_n\}$ 为相互独立的随机变量序列,如果存在常数 C,使得 $DX_i \leqslant C, i = 1, 2, \cdots$,则 $\{X_n\}$ 服从大数定律.

注(1) 切比雪夫大数定律只要求 $\{X_n\}$ 相互独立,并不要求它们是同分布的,假如 $\{X_n\}$ 是独立同分布的随机变量序列,且方差有限,则 $\{X_n\}$ 服从大数定律.

(2) 切比雪夫大数定理要求三个条件缺一不可,通过下面例题重点掌握.

【例 5.5】假设随机变量 $X_1, X_2, \cdots, X_n, \cdots$ 相互独立且均服从参数为 λ 的泊松分布,则下列随机变量序列中不满足切比雪夫大数定律条件的是( ).

(A) $X_1, X_2, \cdots, X_n, \cdots$

(B) $X_1 + 1, X_2 + 2, \cdots, X_n + n, \cdots$

(C) $X_1, \frac{1}{2}X_2, \cdots, \frac{1}{n}X_n, \cdots$

(D) $X_1, 2X_2, \cdots, nX_n, \cdots$

【解】切比雪夫大数定律的条件有三个.

第一个要求构成随机变量序列的各随机变量是相互独立的,显然无论是 $X_1, X_2, \cdots, X_n, \cdots$,还是 $X_1+1, X_2+2, \cdots, X_n+n, \cdots$;还是 $X_1, \frac{1}{2}X_2, \cdots, \frac{1}{n}X_n, \cdots$ 以及 $X_1, 2X_2, \cdots, nX_n, \cdots$ 都是相互独立的;

第二个条件要求各随机变量的期望与方差都存在,由于
$$EX_n = \lambda, DX_n = \lambda, E(X_n+n) = \lambda+n, D(X_n+n) = \lambda,$$
$$E\left(\frac{1}{n}X_n\right) = \frac{\lambda}{n}, D\left(\frac{1}{n}X_n\right) = \frac{1}{n^2}\lambda, E(nX_n) = n\lambda, D(nX_n) = n^2\lambda.$$

因此四个备选答案都满足第二个条件.

第三个条件是方差 $DX_1, \cdots, DX_n, \cdots$ 有公共上界,即 $DX_n < c$, c 是与 n 无关的常数,对于(A),$DX_n = \lambda < \lambda+1$;对于(B),$D(X_n+n) = DX_n = \lambda < \lambda+1$;对于(C),$D\left(\frac{X_n}{n}\right) = \frac{1}{n^2}\lambda < \lambda+1$;对于(D),$D(nX_n) = n^2 DX_n = n^2\lambda$ 没有公共上界.

综上分析,只有(D)中方差不满足一致有界的条件,因此应选(D).

5.3.2 伯努利大数定律

定义 5.3.2.1 设 X 独立同分布于 $B(n,p)$,则 $\{X_n\}$ 服从大数定律.

等价形式:设事件 A 在每次试验中发生的概率为 p,n 次重复独立试验中事件 A 发生的次数为 v_A,则对于任意 $\varepsilon \geq 0$,有

$$\lim_{n\to\infty} P\left\{\left|\frac{v_A}{n}-p\right|<\varepsilon\right\} = 1,$$

即频率 $\frac{v_A}{n}$ 依概率收敛(稳定)于概率.

人们在长期实践中认识到频率具有稳定性,即当试验次数不断增大时,频率稳定在一个数附近.这一事实显示了可以用一个数来表示事件发生的可能性大小,也使人们认识到概率是客观存在的,进而由频率的性质得到启发,抽象出概率的定义.总之,Bernoulli 大数定律提供了用频率来确定概率的理论依据,它说明,随着 n 的增加,事件 A 发生的频率 $\frac{v_A}{n}$ 越来越接近其发生的概率 p.这就是频率稳定于概率的含义,或者说频率依概率收敛于概率.在实际应用中,当试验次数很大时,便可以用事件的频率代替事件的概率.

说明:太简洁、太普遍,基本不可能直接考这个知识点.

5.3.3 (辛钦)大数定律

定义 5.3.3.1 设随机变量序列 $\{X_i\}$ 是独立同分布的,若 $E(X_i)$,$i=1,2,\cdots$,存在,则 $\{X_n\}$ 服从大数定律.

辛钦大数定律的证明比较复杂,涉及特征函数,因此从略.注意伯努利大数定律是辛钦大数定律的特例.

【推论】设 X_i 独立同分布,如果对正整数 $k>1, E(X_i^k)=\mu_k$,则对任意 $\varepsilon>0$,

$$\lim_{n\to\infty}P\left\{\left|\frac{1}{n}\sum_{i=1}^{n}X_i^k-\mu_k\right|<\varepsilon\right\}=1.$$

辛钦大数定律说明,对于独立同分布随机变量序列,其前 n 项的平均值依概率收敛于其数学期望.辛钦大数定律是参数估计中矩估计的理论基础,即当 n 足够大时,可将样本均值作为总体 X 均值的估计值,而不必考虑 X 的分布怎样.在实际生活中,就是用观察值的平均值作为随机变量均值的估计值.不仅如此,辛钦大数定律应用于数值计算,产生了统计试验法,又称为蒙特卡罗方法.

切比雪夫大数定律和伯努利大数定律都要求方差存在,如果方差不存在,就不能直接应用切比雪夫不等式了.前苏联数学家辛钦用截尾法克服了这一困难,但他研究的是独立同分布随机变量序列,这种序列在数理统计中也经常使用.辛钦大数定律只要求数学期望存在,使得大数定律有了本质的突破,但要求 X_i 独立同分布.

【例5.6】下列命题正确的是( ).

(A) 由辛钦大数定律可以得出切比雪夫大数定律
(B) 由切比雪夫大数定律可以得出辛钦大数定律
(C) 由切比雪夫大数定律可以得出伯努利大数定律
(D) 由伯努利大数定律可以得出切比雪夫大数定律

【解】切比雪夫大数定律的条件是:随机变量 $X_i,X_2,\cdots,X_n,\cdots$ 两两独立,并且存在常数 C,使 $DX_i\leqslant C(i=1,2,\cdots,n,\cdots)$;这样的常数 C 对于选项(C)存在.伯努利大数定律可以表述为:假设随机变量 $X_1,X_2,\cdots,X_n,\cdots$ 独立同服从参数为 p 的 $0-1$ 分布,则

$$\frac{1}{n}\sum_{i=1}^{n}X_i \xrightarrow{P} p.$$

对于服从参数为 p 的 $0-1$ 分布随机变量 $X_i,X_2,\cdots,X_n,\cdots$,显然

$$DX_i=p(1-p)\leqslant \frac{1}{4}(i=1,2,\cdots,n,\cdots).$$

从而满足服从切比雪夫大数定律的条件此外,(A)、(B)和(D)显然不成立.

【例5.7】将一枚骰子重复掷 n 次,则当 $n\to\infty$ 时,n 次掷出点数的算术平均值 $\overline{X}_n$ 依概率收敛于_____.

【解】设 $X_1,X_2,\cdots,X_n$ 是各次掷出的点数,它们显然独立同分布,每次掷出点数的数学期望等于 $\frac{7}{2}$.因此,根据辛钦大数定律,$\overline{X}_n$ 依概率收敛于 $\frac{7}{2}$.

【例5.8】设 $\{X_i\}$ 为相互独立同分布的随机变量序列,并且 X_i 的概率分布为

$$P\{X_i=2^{i-2\ln i}\}=2^{-i}(i=1,2,\cdots),$$

试证:$\{X_i\}$ 服从大数定律.

【证明】因为
$$EX_k = \sum_{i=1}^{\infty} 2^{i-2\ln i} \times 2^{-i} = \sum_{i=1}^{\infty} \frac{1}{2^{2\ln i}} = \sum_{i=1}^{\infty} \frac{1}{4^{\ln i}} < +\infty$$

由辛钦大数定律可知 $\{X_k\}$ 服从大数定律.

提示：

设 $X_n \xrightarrow{P} X, Y_n \xrightarrow{P} Y$，函数 $g(x,y)$ 是二元连续函数，则
$$g(X_n, Y_n) \xrightarrow{P} g(X, Y)$$

一般地，对 m 元连续函数 $g(x_1, \cdots, x_m)$，上述结论亦成立.

注 在讨论未知参数估计量是否具有一致性（相合性）时，常常要用到依概率收敛这一性质和大数定律.

【例 5.9】设随机变量 $X_1, X_2, \cdots, X_n, \cdots$ 相互独立，则根据辛钦大数定律，当 n 充分大时 $X_1, X_2, \cdots, X_n, \cdots$ 依概率收敛于其共同的数学期望. 只要 $X_1, X_2, \cdots, X_n, \cdots$（　　）.

(A) 有相同的数学期望　　　　(B) 服从同一离散型分布

(C) 服从同一泊松分布　　　　(D) 服从同一连续型分布

【解】辛钦大数定律要求 X_i 独立同分布，期望存在，只有 (C) 满足要求.

(A) 不能保证同分布，(B) 和 (D) 均不能保证期望存在，选 (C).

【例 5.10】设随机变量序列 $X_1, X_2, \cdots, X_n, \cdots$ 相互独立且都服从正态分布 $N(\mu, \sigma^2)$，记 $Y_n = X_{2n} - X_{2n-1}$，根据辛钦大数定律，当 $n \to \infty$ 时，$\dfrac{1}{n}\sum_{i=1}^{n} Y_i^2$ 依概率收敛于_____.

【解】由于 $\{X_n\}(n \geq 1)$ 相互独立且都服从 $N(\mu, \sigma^2)$，则 $Y_n = X_{2n} - X_{2n-1}(n \geq 1)$ 相互独立且都服从 $N(0, 2\sigma^2)$，所以 $\{Y_n^2\}(n \geq 1)$ 独立同分布且 $E(Y_n^2) = DY_n + (EY_n)^2 = 2\sigma^2$，根据辛钦大数定律，当 $n \to \infty$ 时，$\dfrac{1}{n}\sum_{i=1}^{n} Y_i^2$ 依概率收敛于 $2\sigma^2$.

5.4　中心极限定理

中心极限定理的内容包含极限，因而称它为极限定理是很自然的，又由于它在统计中的重要性，比如它是大样本统计的理论基础，故称为中心极限定理，这是波利亚（Polya）在 1920 年取的名字. 大数定律有广泛的应用，它只是假定 $\{X_n\}$ 独立同分布、方差存在，不管原来分布是什么，只要 n 充分大，它就可以用正态分布去逼近.

5.4.1　列维—林德伯格中心极限定理，即独立同分布中心极限定理

定义 5.4.1.1　假设 $\{X_n\}$ 是独立同分布的随机变量序列，如果 $EX_n = \mu, DX_n = \sigma^2 > 0 (n \geq 1)$ 存在，则 $\{X_n\}$ 服从中心极限定理，即对任意的实数 x，有

$$\lim_{n\to\infty} P\left\{\frac{\sum_{i=1}^{n} X_i - n\mu}{\sqrt{n}\sigma} \leqslant x\right\} = \frac{1}{\sqrt{2\pi}}\int_{-\infty}^{x} e^{-\frac{1}{2}t^2} dt = \Phi(x).$$

注 (1) 定理的三个条件:"独立、同分布、期望方差存在",缺一不可.

(2) 只要 X_n 满足定理条件,那么当 n 很大时,独立同分布随机变量的和 $\sum_{i=1}^{n} X_i$ 近似服从正态分布 $N(n\mu, n\sigma^2)$,由此可知:当 n 很大时,有

$$P\left\{a < \sum_{i=1}^{n} X_i < b\right\} \approx \Phi\left(\frac{b - n\mu}{\sqrt{n}\sigma}\right) - \Phi\left(\frac{a - n\mu}{\sqrt{n}\sigma}\right),$$

这常常是解题的依据,只要题目涉及独立同分布随机变量的和 $\sum_{i=1}^{n} X_i$,我们就要考虑中心极限定理.

【**例 5.11**】(2005 年) 设 $X_1, X_2, \cdots, X_n, \cdots$ 为独立同分布的随机变量序列,且均服从参数为 $\lambda (\lambda > 1)$ 的指数分布,记 $\Phi(x)$ 为标准正态分布函数,则有

(A) $\lim_{n\to\infty} P\left\{\dfrac{\sum_{i=1}^{n} X_i - n\lambda}{\lambda\sqrt{n}} \leqslant x\right\} = \Phi(x).$

(B) $\lim_{n\to\infty} P\left\{\dfrac{\sum_{i=1}^{n} X_i - n\lambda}{\sqrt{n\lambda}} \leqslant x\right\} = \Phi(x).$

(C) $\lim_{n\to\infty} P\left\{\dfrac{\lambda\sum_{i=1}^{n} X_i - n}{\sqrt{n}} \leqslant x\right\} = \Phi(x).$

(D) $\lim_{n\to\infty} P\left\{\dfrac{\sum_{i=1}^{n} X_i - \lambda}{\sqrt{n\lambda}} \leqslant x\right\} = \Phi(x).$

【**解**】根据列维—林德伯格定理 $X_i, X_2, \cdots, X_n, \cdots$ 独立同分布,且 $E(X_n) = \dfrac{1}{\lambda}, D(X_n) = \dfrac{1}{\lambda^2}$,则有

$$\lim_{n\to\infty} P\left\{\frac{\sum_{i=1}^{n} X_i - n \cdot \frac{1}{\lambda}}{\sqrt{n} \cdot \frac{1}{\lambda}} \leqslant x\right\} = \Phi(x).$$

答案应选 C.

5.4.2 棣莫弗—拉普拉斯中心极限定理,即二项分布以正态分布为其极限分布定理

定义 5.4.2.1 假设随机变量 $Y_n \sim B(n, p)$ $(0 < p < 1, n \geqslant 1)$,则对任意实数 x,有

$$\lim_{n\to\infty} P\left\{\frac{Y_n - np}{\sqrt{np(1-p)}} \leqslant x\right\} = \frac{1}{\sqrt{2\pi}}\int_{-\infty}^{x} e^{-\frac{t^2}{2}} dt = \Phi(x).$$

从逻辑上我们可以说,棣莫弗-拉普拉斯中心极限定理是列维-林德伯格中心极限定理的推论,但实际上,棣莫弗-拉普拉斯中心极限定理是概率论历史上的第一个中心极限定理,它是专门针对二项分布的,因此称为"二项分布的正态近似",泊松定理给出了"二项分布的泊松近似",两者相比,一般在 p 较小时,用泊松近似较好,而在 $np>5$ 和 $n(1-p)>5$ 时,用正态分布近似较好.

若记 $\beta=\Phi(y)$,则由棣莫弗-拉普拉斯中心极限定理给出的近似式

$$P(Y_n^* \leqslant y) \approx \Phi(y) = \beta,$$

可以用来解决三类问题:① 已知 n,y,求 β;② 已知 n,β,求 y;③ 已知 y,β,求 n.

标准化的步骤:$\dfrac{\sum\limits_{i=1}^{n} X_i - n \cdot 期望}{\sqrt{n} \cdot 标准差}$.

标准化的意义:使得一些科学研究有一个标准的正态分布表或者统一的规律进行比较,并方便查表或者计算机的计算.

【例 5.12】(2001 年)一生产线生产的产品成箱包装,每箱的重量是随机的,假设每箱平均重 50 千克,标准差为 5 千克. 若用最大载重量为 5 吨的汽车承运,试利用中心极限定理说明每辆车最多可以装多少箱,才能保障不超载的概率大于 0.977.($\Phi(2)=0.977$,其中 $\Phi(x)$ 是标准正态分布函数.)

【解】设 n 是所求箱数,且假定第 i 箱的重量是 X_i(千克)$i=1,2,\cdots,n$. 由题设条件可以把 $X_1, X_2, \cdots, X_n$ 视为独立同分布随机变量序列,而 n 箱总重量为 $T_n = X_1 + X_2 + \cdots + X_n$ 是独立同分布随机变量之和.根据题设条件有

$$EX_i = 50, \sqrt{DX_i} = 5, E(T_n) = 50n, \sqrt{D(T_n)} = 5\sqrt{n}.$$

根据列维—林德伯格中心极限定理,T_n 近似服从正态分布 $N(50n, 25n)$.

$$P\{T_n \leqslant 5000\} = P\left\{\frac{T_n - 50n}{5\sqrt{n}} \leqslant \frac{5000 - 50n}{5\sqrt{n}}\right\}$$

$$\approx \Phi\left(\frac{1000 - 10n}{\sqrt{n}}\right) > 0.977 = \Phi(2)$$

可见 $\dfrac{1000-10n}{\sqrt{n}} > 2$,解得 $n < 98.0199$,所以最多可装 98 箱.

注 (1) 中心极限定理在二项分布近似计算中有重要的作用,本题就是一个典型的例题.

(2) 无论随机变量 $X_i, i=1,2,\cdots$,服从什么分布,只要满足定理的条件,它们的和 $\sum\limits_{i=1}^{n} X_i$,当 n 很大时,都近似服从正态分布这就是正态分布在概率论中占有重要地位的一个基本原因. 在很多问题中,所考虑的随机变量都可以表示成很多独立的随机变量之和,比如一个物理实验的测量误差是由许多观察不到的、可加的微小误差所合成的,它们往往近似服从正态分布.

(3) 大数定理与中心极限定理的关系:当$\{X_n\}$是独立同分布随机变量数列,方差$DX_n = \sigma^2$存在且为正时,两个定理都成立,这时可以作比较.

对任意的$\varepsilon > 0$,由大数定律

$$\lim_{n \to \infty} P\left(\left|\frac{1}{n}\sum_{j=1}^{n}(X_j - EX_j)\right| \leqslant \varepsilon\right) = 1$$

中心极限定理给出

$$P\left(\left|\frac{1}{n}\sum_{j=1}^{n}(X_j - EX_j)\right| \leqslant \varepsilon\right) = P\left(\left|\frac{1}{\sigma\sqrt{n}}\sum_{j=1}^{n}(X_j - EX_j)\right| \leqslant \frac{\varepsilon\sqrt{n}}{\sigma}\right)$$

$$= P\left(-\frac{\varepsilon\sqrt{n}}{\sigma} \leqslant \frac{\sum_{j=1}^{n}(X_j - EX_j)}{\sigma\sqrt{n}} \leqslant \frac{\varepsilon\sqrt{n}}{\sigma}\right)$$

$$\approx 2\Phi\left(\frac{\varepsilon\sqrt{n}}{\sigma}\right) - 1$$

中心极限定理给出了收敛的速度(精度)估计,而大数定律没有给出估计,只是说它收敛到1,我们知道在所给条件下,大数定律成立,但它不能给出收敛速度的估计.

第6章 数理统计基本概念

【导言】

经过前面概率论部分的学习,相信同学们对随机现象已经有了比较清晰的认识.从本章开始我们开始统计学的学习,统计学的核心问题是由样本推断总体,这也是现实生活给统计学提出的基本问题,要理解统计中的一些基本概念:总体、简单随机样本、统计量及样本数字特征.统计量是样本的函数,统计量的选择和运用在统计推断中占据核心地位,我们所涉及的统计量主要是样本的数字特征(如样本均值、样本方差、样本原点矩与样本中心距等).

这一章在考研中经常以小题的形式出现,分值一般是 4 分左右,从以下三方面进行考查:一是让考生判断给定的统计量属于什么分布;二是会涉及 χ^2 分布、t 分布的数学期望,需要拼凑的技巧;三是利用上分位数的定义计算概率.

【考试要求】

考试要求	科目	考试内容
了解	数一	χ^2 分布、t 分布和 F 分布的概念及性质; 上侧 α 分位数的概念; 正态总体的常用抽样分布.
	数三	总体、简单随机样本、统计量、样本均值、样本方差及样本矩的概念,其中样本方差定义为: $$S^2 = \frac{1}{n-1}\sum_{i=1}^{n}(X_i - \overline{X})^2.$$ 产生 χ^2 变量、t 变量和 F 变量的典型模式. 标准正态分布、χ^2 分布、t 分布和 F 分布的上侧 α 分位数. 经验分布函数的概念和性质.
理解	数一	总体、简单随机样本、统计量、样本均值、样本方差及样本距的概念,其中样本方差定义为: $$S^2 = \frac{1}{n-1}\sum_{i=1}^{n}(X_i - \overline{X})^2$$
会	数一	查上侧 α 分位数表并计算.
	数三	查标准正态分布、χ^2 分布、t 分布和 F 分布的上侧 α 分位数数值表.
掌握	数三	正态总体的样本均值、样本方差、样本矩的抽样分布.

【知识网络图】

- 基本概念
  - 总体与个体
  - 样本
    - 代表性：与总体具有相同概率分布
    - 独立性：个体两两相互独立

- 统计量
  - 概念：不含其他未知参数的样本函数
  - 常见统计量
    - 样本均值：$\overline{X} = \dfrac{1}{n}\sum_{i=1}^{n} X_i$
    - 样本方差：$S^2 = \dfrac{1}{n-1}\sum_{i=1}^{n}(X_i - \overline{X})^2 = \dfrac{1}{n-1}\left(\sum_{i=1}^{n} X_i^2 - n\overline{X}^2\right)$
    - 样本 k 阶原点距：$A_k = \dfrac{1}{n}\sum_{i=1}^{n} X_i^k$
    - 样本 k 阶中心距：$B_k = \dfrac{1}{n}\sum_{i=1}^{n}(X_i - \overline{X})^k, k = 2,3,\cdots$
  - 常用统计量的数字特征
    - $E(\overline{X}) = E(X), D(\overline{X}) = \dfrac{DX}{n}$
    - $E(S^2) = D(X)$

- 抽样分布
  - χ^2 分布
    - 形式：n 个独立标准正态分布的平方和，自由度为 n
    - 性质：(1) 独立可加性；(2) 若 $X \sim \chi^2(n)$，则 $EX = n, DX = 2n$
  - t 分布
    - 形式：$t = \dfrac{X}{\sqrt{Y/n}}$，其中 X, Y 独立且 $X \sim N(0,1), Y \sim \chi^2(n)$
    - 性质：若 $t \sim t(n)$，则 $Et = 0, Dt = \dfrac{n}{n-1}$
  - F 分布
    - 形式：$F = \dfrac{X/n_1}{Y/n_2} \sim F(n_1, n_2)$，其中 X, Y 独立且 $X \sim \chi^2(n_1), Y \sim \chi^2(n_2)$
    - 性质：若 $X \sim t(n)$，则 $X^2 \sim F(1, n)$

- 单个正态总体 $X \sim N(\mu, \sigma^2)$ 下的抽样分布
  - $\dfrac{\overline{X} - \mu}{\sigma/\sqrt{n}} \sim N(0,1), \dfrac{(n-1)S^2}{\sigma^2} \sim \chi^2(n-1)$，$\overline{X}$ 与 S^2 独立
  - $\sum_{i=1}^{n}\left(\dfrac{X_i - \mu}{\sigma}\right)^2 \sim \chi^2(n), \dfrac{\overline{X} - \mu}{S/\sqrt{n}} \sim t(n-1)$

- 两个正态总体 $X \sim N(\mu_1, \sigma_1^2), Y \sim N(\mu_2, \sigma_2^2)$ 的抽样分布

【内容精讲】

6.1 总体与样本

6.1.1 统计学引入

在一个统计问题中,我们把研究对象的全体称为总体,构成总体的每个元素称为个体. 比如,在研究某批零件的抗拉强度时,这批零件的全体就组成了一个总体,而其中每一个零件就是个体.

抛开实际背景,总体就是一堆数,这堆数中有大有小,有的出现机会大,有的出现机会小,因此用一概率分布去描述和归纳总体是合适的. 从这个意义上说,总体就是一个分布,而其数量指标就是服从这个分布的随机变量. 个体就是总体对应随机变量的一次观察值.

统计上,我们研究有关对象的某一数量指标时,往往需要考查与这一数量指标相联系的随机试验. 这样,总体就是试验的全部可能观测值,即总体就是随机变量 X,个体就是随机变量 X 的一次观测值,我们对总体的研究就是对一个随机变量 X 的研究.

数学上,$\Omega = \{\omega\}$ 是抽象元素 ω 的集合,其中 ω 可以是数字、人、物……一般称作原总体或总体的原形. 对于统计研究,人们并不关心 $\Omega = \{\omega\}$ 的个别元素,而是要考查与之相联系的数量特征 $X(\omega)$ 在 Ω 上的分布. 一般把所要考查的特征 X 称为代表总体的特征. 另一方面,从 $\Omega = \{\omega\}$ 中随意抽取一个元素并测定其特征的值 $X = X(\omega)$,就是一次随机试验,而随机试验是用随机变量来表示的,于是,数学上把代表总体的随机变量定义为总体.

6.1.2 常用术语定义

定义 6.1.2.1 设 X 是代表总体的随机变量,则称随机变量 X 为总体,简称总体 X;称 X 的数字特征为总体 X 的数字特征;如果总体 X 服从正态分布,则称之为正态总体.

总体中所包含个体的个数称为总体的容量. 容量有限的总体称为有限总体;容量无限的总体称为无限总体.

为了解总体的分布,就必须对总体进行抽样观察,即从总体 X 中随机地抽取 n 个个体,记为 $X_1,\cdots,X_n$,称为总体的一个样本,n 称为样本容量,简称样本量.

样本具有二重性:一方面,由于样本是从总体中随机抽取的,抽取前无法预知它们的数值,因此样本也是随机变量,用大写字母 $X_1,\cdots,X_n$ 表示;另一方面,样本在抽取以后就有确定的观测值,称为样本观测值,用小写字母 $x_1,\cdots,x_n$ 表示.

在实际问题中,总体和个体不是一成不变的,是由我们研究的任务来决定. 例如,如果我们的研究对象是该大学的男生体重,就把该大学男生体重的所有可能取值的全体作为总体,把每个男同学的体重看作个体.

6.1.3 简单随机样本的概率分布

从总体中抽取样本有不同的抽法,为了能对总体作出较可靠的推断,总希望样本能很好地代表总体,即要求抽取的样本能很好地反映总体的特征且便于处理,这就需要对抽样方法提出一些要求,最常用的是简单随机抽样. 它满足:

(1) 随机性(代表性):每一个个体都有同等机会被选入样本,即每一样本 X_i 与总体 X 有

相同的分布;

(2) 独立性:每一样本的取值不影响其他样本的取值,即 $X_1,\cdots,X_n$ 相互独立.

若样本 $X_1,\cdots,X_n$ 是 n 个独立同分布的随机变量,则称该样本为简单随机样本,简称为样本,即满足上述两条性质的样本称为简单随机样本.

考研中涉及的总体样本皆为简单随机样本. 希望大家能在题目中看到简单随机样本或样本分布这几个字的时候能立即想到:

(1) 独立同分布.

(2) 如 X 的分布为 $F(x)$,则样本 $X_1,X_2,\cdots,X_n$ 的联合分布为

$$F_n(x_1,x_2,\cdots,x_n)=\prod_{i=1}^{n}F(x_i).$$

相应地,我们有:

(1) 对于离散型随机变量的样本 $X_1,X_2,\cdots,X_n$ 我们有:

联合分布为 $P\{X_1=x_1,\cdots,X_n=x_n\}=\prod_{i=1}^{n}P\{X_i=x_i\}$,

(2) 对于连续型随机变量的样本 $X_1,X_2,\cdots,X_n$,我们有:

联合概率密度为 $f(x_1,\cdots,x_n)=\prod_{i=1}^{n}f(x_i).$

6.2 统计量

6.2.1 统计量的定义

定义 6.2.1.1 设 $X_1,\cdots,X_n$ 为来自某总体的样本,若样本函数 $T=T(X_1,\cdots,X_n)$ 中不含有任何有关总体分布的未知参数,则称 T 为统计量,统计量的分布称为抽样分布.

由于样本为随机变量,而统计量是样本的函数且不含未知参数,故统计量 $T=T(X_1,\cdots,X_n)$,也是一个随机变量. 设 $x_1,\cdots,x_n$ 是样本 $X_1,\cdots,X_n$ 的观测值,则称 $T(x_1,\cdots,x_n)$ 为 $T(X_1,\cdots,X_n)$ 观测值. 样本和统计量一般应视为随机变量,在处理实际问题时,样本与统计量多指其实际观测值. 上述定义中规定不含有任何未知参数是强调在获得了样本观测值 $(x_1,\cdots,x_n)$ 后,代入统计量立即可以算的统计量的观测值 $T(x)=T(x_1,\cdots,x_n)$,如果还有总体分布的未知参数,那即便代入了样本观察值,还是有个未知数没有解决,也就没有做到用已知寻找未知的目的,所以统计量完全是由样本决定的,其他都不行.

通过抽样来的原始样本数据一般是杂乱无章的,并且含有总体各方面的信息,但这些信息较为分散,有时不能直接利用. 为了将这些分散的信息集中起来以反映总体的各种特征,我们就需要对样本进行加工整理,最常用的加工整理方法是构造样本的函数,即统计量. 不同的函数反映总体的不同特征,如均值反映的是样本的平均水平,方差反映的是样本离散程度.因此针对不同的问题可构造出不同的统计量. 同时需要指出,统计量具有压缩数据功能,信息量可能会减少,当然了这句话只是作为课外阅读,考研并不考查,如果您有兴趣可以

看看充分统计量的概念.

【例 6.1】设总体 X 服从正态分布 $N(\mu,\sigma^2)$，其中 μ 已知，σ^2 未知. $X_1,\cdots,X_n$ 是取自总体 X 的简单随机样本，则下列样本函数中不是统计量的是（　　）.

(A) $\dfrac{1}{n}\sum\limits_{i=1}^{n}X_i$ \quad\quad (B) $\max\limits_{1\leqslant i\leqslant n}\{X_i\}$

(C) $\sum\limits_{i=1}^{n}\left(\dfrac{X_i-\mu}{\sigma}\right)^2$ \quad\quad (D) $\dfrac{1}{n}\sum\limits_{i=1}^{n}(X_i-\mu)^2$

【解】应选 C.

由统计量的定义："不含任何未知参数的样本函数"，即知不是统计量的选项应该是 C，因为 C 中含有未知参数 σ.

说明：

(1) 虽然统计量不依赖未知参数，但其分布一般是依赖于未知参数的. 怎么理解呢？举个例子来说，现在有一批灯泡，我们想要知道这批灯泡的使用寿命，如果一个个测，确实能得到最精准的数据，但并不现实：一是测完了，灯泡也报废了，浪费资源；二是工作量实在太大，太浪费时间，再说我们也没有必要非得那么精确，只要知道个大致的情况就行. 那这时我们就可以从不同的角度去估计这批灯泡的寿命了，比如说均值、方差、中位数、众数，到底要用那个指标，必须明确. 比如说用均值，那均值就是个统计指标，不含任何参数，我们取一组样本观测值，比如说是 1,2,3,4,5，这时均值 $=\dfrac{1+2+3+4+5}{5}=3$，那就可以把 3 看做是这批灯泡的使用寿命. 但是，如果选择了如下统计量 $\dfrac{X_1+aX_2+\cdots+X_5}{5}$，将上述样本观测值带入，得到 $\dfrac{12+2a}{5}$，由于参数 a 是不确定的，那这个统计量得到的统计值就确定不下来，就不能确切地说出这批灯泡的寿命到底是几. 无论你选的统计量到底是哪个，都只是真实信息的近似，因为样本是从总体中选出来的，那肯定受总体信息的制约，所以你得到的最终的统计结果也要受总体真实信息的制约，这时要是求这个统计量的分布信息，由后文可知，我们是怎么求的，比如说总体服从 μ,δ^2 未知的正态分布 $N(\mu,\delta^2)$，那利用一组简单随机样本 X_1, $X_2\cdots X_n$，构造出均值这样一个统计量 $\overline{X}=\dfrac{X_1+X_2+\cdots+X_n}{n}$，那这个统计量 $\overline{X}\sim N(\mu,\dfrac{\delta^2}{n})$，看这个统计量的分布很显然要依赖于总体未知参数 μ,δ^2. 也就是选统计量时不能引入未知参数，不然就不能估计总体的值，统计量本身就是由总体中的样本构成的，研究其分布信息，很明显受总体未知参数的制约.

(2) 统计量在统计学中具有极其重要的地位，它是统计推断的基础，统计量在统计学中的地位相当于随机变量在概率论中的地位. 研究统计量的性质和评价一个统计推断的优良性，完全取决于其抽样分布的性质，所以抽样分布的研究是统计学中的重要内容.

(3) 常用的统计量有：样本的数字特征和顺序统计量.

6.2.2 常用统计量

设 $X_1, X_2, \cdots, X_n$ 是来自某总体的样本,

(1) 样本均值: $\bar{X} = \dfrac{1}{n}\sum\limits_{i=1}^{n} X_i$;

(2) 样本(无偏)方差: $S^2 = \dfrac{1}{n-1}\sum\limits_{i=1}^{n}(X_i - \bar{X})^2$, 也称为修正的样本方差, S 称为样本(无偏)标准差;

(3) 样本 k 阶原点矩: $A_k = \dfrac{1}{n}\sum\limits_{i=1}^{n} X_i^k$,

样本 k 阶中心矩: $B_k = \dfrac{1}{n}\sum\limits_{i=1}^{n}(X_i - \bar{X})^k$;

(4) 样本中位数: $X \sim \begin{cases} X_{\frac{n+1}{2}}, & n\text{ 为奇数} \\ \dfrac{1}{2}(X_{\frac{n}{2}} + X_{\frac{n}{2}+1}), & n\text{ 为偶数} \end{cases}$;

其中样本均值与方差是最常用的样本数字特征. 下面我们对其多做一些研究.

定理 6.2.2.1 设总体 X 具有二阶矩, $EX = \mu, DX = \sigma^2 < +\infty, X_1, \cdots, X_n$ 为从该总体中得到的样本, $\bar{X}$ 和 S^2 分别是样本均值与样本方差, 则

$$E(\bar{X}) = \mu, \quad D(\bar{X}) = \frac{\sigma^2}{n}, \quad ES^2 = \sigma^2.$$

【证明】由于 $X_1, \cdots, X_n$ 独立同分布于总体 X, 所以

$$E(\bar{X}) = E\left[\frac{1}{n}\sum_{i=1}^{n} X_i\right] = \frac{1}{n}\sum_{i=1}^{n} EX_i = \frac{1}{n}\sum_{i=1}^{n}\mu = \mu;$$

$$D(\bar{X}) = D\left[\frac{1}{n}\sum_{i=1}^{n} X_i\right] = \frac{1}{n^2}\sum_{i=1}^{n} DX_i = \frac{\sigma^2}{n};$$

$$E(\bar{X}^2) = D(\bar{X}) + E(\bar{X})^2 = \frac{\sigma^2}{n} + \mu^2,$$

$$EX_i^2 = DX_i + (EX_i)^2 = \sigma^2 + \mu^2,$$

由于 $S^2 = \dfrac{1}{n-1}\sum\limits_{i=1}^{n}(X_i - \bar{X})^2 = \dfrac{1}{n-1}\left[\sum X_i^2 - n\bar{X}^2\right]$, 所以

$$ES^2 = E\left[\frac{1}{n-1}\sum_{i=1}^{n}(X_i - \bar{X})^2\right]$$

$$= E\left[\frac{1}{n-1}\sum_{i=1}^{n}(X_i^2 - 2X_i\bar{X} + \bar{X}^2)\right]\text{(把求和符号挪到括号内部)}$$

$$= E\left\{\frac{1}{n-1}\left[\sum_{i=1}^{n} X_i^2 - 2\sum_{i=1}^{n} X_i \cdot (\bar{X}) + n\bar{X}^2\right]\right\}$$

$$= \left\{\frac{1}{n-1}\left[\sum_{i=1}^{n} EX_i^2 - 2\bar{X}\sum_{i=1}^{n} EX_i + nE\bar{X}^2\right]\right\}$$

$$= \left\{\frac{1}{n-1}\left[\sum_{i=1}^{n} EX_i^2 - 2\bar{X}\left(n\frac{1}{n}\sum_{i=1}^{n} EX_i\right) + nE\bar{X}^2\right]\right\}$$

$$= \left\{\frac{1}{n-1}\left[\sum_{i=1}^{n}EX_i^2 - 2E\overline{X}(nE\overline{X}) + nE\overline{X}^2\right]\right\}$$

$$= \frac{1}{n-1}\left[\sum_{i=1}^{n}EX_i^2 - nE\overline{X}^2\right]$$

$$= \frac{1}{n-1}\left[n(\sigma^2 + \mu^2) - n\left(\frac{\sigma^2}{n} + \mu^2\right)\right]$$

$$= \frac{n-1}{n-1}\sigma^2 = \sigma^2.$$

上述定理需要考研前背熟，考场上直接使用.

【例 6.2】 设 $X_1, X_2, \cdots, X_n$ 为取自总体 X，则样本标准差 S 是总体标准差 σ 的( ).

(A) 无偏估计量　　　　　　(B) 最大似然估计量

(C) 相合的估计量　　　　　(D) 样本标准差 S 与均值 $\overline{X}$ 独立

【解】 本题要考查以下结论：

(1) 对于取自总体 X 的样本 $X_1, X_2, \cdots, X_n$，其样本方差 $S^2 = \frac{1}{n-1}\sum_{i=1}^{n}(X_i - \overline{X})^2$ 是 σ^2 的无偏估计量，但其样本标准差 S 不是总体标准差 σ 的无偏估计量.

(2) 对于取自总体 X 的样本 $X_1, X_2, \cdots, X_n$，二阶样本中心矩 $\frac{n-1}{n}S^2$ 是 σ^2 的最大似然估计量，$\sqrt{\frac{n-1}{n}}S$ 是 σ 的最大似然估计量.

(3) 对于取自总体 X 的样本 $X_1, X_2, \cdots, X_n$，S^2 是 σ^2 的相合估计量，因为，样本矩具有相合性，即当 $n \to \infty$ 时，有

$$\frac{1}{n}\sum_{i=1}^{n}X_i^2 \xrightarrow{P} E(X^2), \overline{X} = \frac{1}{n}\sum_{i=1}^{n}X_i \xrightarrow{P} EX,$$

所以

$$S^2 = \frac{1}{n-1}\sum_{i=1}^{n}(X_i - \overline{X})^2 \xrightarrow{P} E(X - EX)^2 = DX = \sigma^2$$

从而有

$$S = \sqrt{S^2} \xrightarrow{P} \sqrt{DX} = \sqrt{\sigma^2} = \sigma.$$

仅当正态总体时，样本标准差 S 与均值 $\overline{X}$ 独立，总体服从其他分布时，样本标准差 S 与均值 $\overline{X}$ 未必独立.

综上分析，本题应选择 C.

【例 6.3】 设总体 X 的密度 $f(x) = \begin{cases} |x|, & |x| < 1, \\ 0, & \text{其他} \end{cases}$，$\overline{X}, S^2$ 分别为取自总体 X 容量为 n 的样本均值和方差. 则 $E\overline{X} = $ _____;$D\overline{X} = $ _____;$E(S^2) = $ _____.

【解】 由 $E(\overline{X}) = EX, D(\overline{X}) = \frac{DX}{n}, E(S^2) = DX$，由题设有

$$EX = \int_{-\infty}^{+\infty} xf(x)\mathrm{d}x = \int_{-1}^{1} x|x|\mathrm{d}x = 0,$$

$$DX = E(X^2) - (EX)^2 = \int_{-\infty}^{+\infty} x^2 f(x)\mathrm{d}x = \int_{-1}^{1} x^2|x|\mathrm{d}x = 2\int_{0}^{1} x^3 \mathrm{d}x = \frac{1}{2}.$$

所以 $E(\bar{X}) = 0, D(\bar{X}) = \frac{1}{2n}, E(S^2) = \frac{1}{2}$.

【例 6.4】总体 $X \sim N(\mu, \sigma^2)$，$X_1, X_2, \cdots, X_{2n}$ 是来自总体容量为 $2n$ 的一组简单随机样本。统计量 $Y = \frac{1}{2n}\sum_{i=1}^{n}(X_{2i} - X_{2i-1})^2$，求期望 EY、方差 DY.

【解】**方法一** （分布法）先求 $X_{2i} - X_{2i-1}$ 的分布而后应用性质（或已知结果）求 EY, DY.

由题设知 $X_{2i} \sim N(\mu, \sigma^2), X_{2i-1} \sim N(\mu, \sigma^2), X_{2i}$ 与 X_{2i-1} 相互独立，所以

$$X_{2i} - X_{2i-1} \sim N(0, 2\sigma^2).$$

记 $Y_i = \frac{X_{2i} - X_{2i-1}}{\sqrt{2}\sigma} \sim N(0,1)$，且相互独立，$Y_i^2 \sim \chi^2(1)$，故

$$E(Y_i^2) = 1, D(Y_i^2) = 2.$$

所以 $Y = \frac{2\sigma^2}{2n}\sum_{i=1}^{n} Y_i^2 = \frac{\sigma^2}{n}\sum_{i=1}^{n} Y_i^2, EY = \frac{\sigma^2}{n}\sum_{i=1}^{n} E(Y_i^2) = \frac{\sigma^2}{n} \cdot \sum_{i=1}^{n} 1 = \sigma^2$

$$DY = \frac{\sigma^4}{n^2}\sum_{i=1}^{n} D(Y_i^2) = \frac{\sigma^4}{n^2}\sum_{i=1}^{n} 2 = \frac{2\sigma^4}{n}.$$

方法二 （性质法）已知 $X_i \sim N(\mu, \sigma^2)$ 且相互独立，将 Y 的表达式化简，并应用数字特征性质计算 EY, DY.

$$Y = \frac{1}{2n}\sum_{i=1}^{n}(X_{2i} - X_{2i-1})^2 = \frac{1}{2n}\sum_{i=1}^{n}(X_{2i}^2 - 2X_{2i}X_{2i-1} + X_{2i-1}^2),$$

$$EY = \frac{1}{2n}\sum_{i=1}^{n}[E(X_{2i}^2) - 2EX_{2i}EX_{2i-1} + E(X_{2i-1}^2)]$$

$$= \frac{1}{2n}\sum_{i=1}^{n}(\sigma^2 + \mu^2 - 2\mu^2 + \sigma^2 + \mu^2) = \frac{2n\sigma^2}{2n} = \sigma^2.$$

又 $Z_i = X_{2i} - X_{2i-1} \sim N(0, 2\sigma^2)$ 且相互独立，$EZ_i = 0, E(Z_i^2) = 2\sigma^2$，所以

$$DY = \frac{1}{4n^2}\sum_{i=1}^{n} D(X_{2i} - X_{2i-1})^2 = \frac{1}{4n^2}\sum_{i=1}^{n} D(Z_i^2)$$

$$= \frac{1}{4n^2}\sum_{i=1}^{n}[E(Z_i^4) - (E(Z_i^2))^2],$$

其中 $E(Z_i^2) = 2\sigma^2, E(Z_i^4) = 12\sigma^4$，

故 $$DY = \frac{1}{4n^2}\sum_{i=1}^{n}(12\sigma^4 - 4\sigma^4) = \frac{2\sigma^4}{n}.$$

注 (1) 求解统计量的数字特征时，首先要记住常用结论，其次要学会向常见的分布靠拢（特别是 χ^2 分布），最后要学会分解法（将不独立的两个部分分解为相互独立的两个部分）。

(2) 关于伽马函数一定要牢记,背熟,考场上直接凑配使用,事半功倍.

6.2.3 次序统计量

除了样本数字特征外,另一类常用的统计量就是次序统计量.

定义 6.2.3.1 样本 $X_1, X_2, \cdots X_n$ 按由小到大的顺序重排为

$$X_{(1)}, X_{(2)}, \cdots, X_{(n)},$$

则称 $X_{(1)}, X_{(2)}, \cdots, X_{(n)}$ 为样本 $X_1, X_2, \cdots, X_n$ 的次序统计量,$X_{(k)}$ 为第 k 次序统计量,$X_{(1)}$ 为最小次序统计量,$X_{(n)}$ 为最大次序统计量. $R = X_{(n)} - X_{(1)}$ 称为样本极差.

我们知道,在一个简单随机样本中,$X_1, X_2, \cdots, X_n$ 是独立同分布的,而次序统计量 $X_{(1)}$, $X_{(2)}, \cdots, X_{(n)}$ 既不独立,分布也不相同.

注 (1) $X_{(n)} = \max\{X_1, \cdots, X_n\}$ 的分布函数为

$$F_{(n)}(x) = [F(x)]^n$$

(概率密度为 $f_{(n)}(x) = n[F(x)]^{n-1} f(x)$).

(2) $X_{(1)} = \min\{X_1, \cdots, X_n\}$ 的分布函数为

$$F_{(1)}(x) = 1 - [1 - F(x)]^n$$

(概率密度为 $f_{(1)}(x) = n[1 - F(x)]^{n-1} f(x)$).

【例 6.5】 设 $X_1, X_2, \cdots, X_n$ 是取自如下指数分布的样本:$F(x) = 1 - e^{-\lambda x}, x > 0$,统计量 $X_{(1)} = \min\{X_1, \cdots, X_n\}, X_{(n)} = \max\{X_1, \cdots, X_n\}$,求 $P\{X_{(1)} > a\}$ 与 $P\{X_{(n)} < b\}$,其中 a, b 为给定的正数.

【解】 为求概率 $P\{X_{(1)} > a\}$ 与 $P\{X_{(n)} < b\}$,则先求 $X_{(1)}$ 与 $X_{(n)}$ 的分布.

$X_{(1)}$ 的分布函数为

$$F_{(1)}(x) = 1 - [1 - F(x)]^n = 1 - e^{-n\lambda x} \quad (x > 0),$$

从而

$$P\{X_{(1)} > a\} = 1 - F_{(1)}(a) = e^{-n\lambda a}$$

$X_{(n)}$ 的分布函数为

$$F_{(n)}(x) = [F(x)]^n = [1 - e^{-\lambda x}]^n \quad (x > 0),$$

故

$$P\{X_{(n)} < b\} = F_{(n)}(b) = (1 - e^{-\lambda b})^n.$$

【例 6.6】 设总体 X 服从正态分布 $N(12, 4)$,而 $X_1, X_2, \cdots, X_5$ 是来自总体 X 的简单随机样本;$\overline{X}$ 是样本均值,$X_{(1)}$ 和 $X_{(5)}$ 分别是最小观测量和最大观测量. 试分别求事件 $\{\overline{X} > 13\}, \{X_{(1)} < 10\}$ 和 $\{X_{(5)} > 15\}$ 的概率 $\left(\frac{\sqrt{5}}{2} \approx 1.12\right)$.

【解】 (1) 由于总体 $X \sim N(12, 4)$,可见样本均值 $\overline{X} \sim N\left(12, \frac{4}{5}\right)$,因此

$$P\{\overline{X} > 13\} = P\left\{\frac{\overline{X} - 12}{2/\sqrt{5}} > \frac{13 - 12}{2/\sqrt{5}}\right\}$$

$$= P\left\{\frac{\overline{X} - 12}{2/\sqrt{5}} > \frac{\sqrt{5}}{2}\right\}$$

$$\approx 1-\Phi(1.12) \approx 1-0.8686 \approx 0.1314.$$

(2) 为求事件 $\{X_{(1)} < 10\}$ 的概率,先求最小观测值 $X_{(1)}$ 的概率分布. 对于任意 x,有

$$P\{X_{(1)} \leqslant x\} = P\{\min\{X_1, X_2, \cdots, X_5\} \leqslant x\}$$
$$= 1 - P\{\min\{X_1, X_2, \cdots, X_5\} > x\}$$
$$= 1 - \prod_{i=1}^{5} P\{X_i > x\} = 1 - \prod_{i=1}^{5}(1 - P\{X_i \leqslant x\})$$
$$= 1 - \prod_{i=1}^{5}\left(1 - P\left\{\frac{X_i - 12}{2} \leqslant \frac{x - 12}{2}\right\}\right)$$
$$= 1 - \left[1 - \Phi\left(\frac{x - 12}{2}\right)\right]^5,$$
$$P\{X_{(1)} \leqslant 10\} = 1 - \left[1 - \Phi\left(\frac{10 - 12}{2}\right)\right]^5 = 1 - [1 - \Phi(-1)]^5$$
$$= 1 - [\Phi(1)]^5 = 0.5785.$$

(3) 为求事件 $\{X_{(5)} > 15\}$ 的概率,先求最大观测值 $X_{(5)}$ 的概率分布. 对于任意 x,有

$$P\{X_{(5)} \leqslant x\} = P\{\max\{X_1, X_2, \cdots, X_5\} \leqslant x\} = \prod_{i=1}^{5} P\{X_i \leqslant x\}$$
$$= \prod_{i=1}^{5} P\left\{\frac{X_i - 12}{2} \leqslant \frac{x - 12}{2}\right\} = \left[\Phi\left(\frac{x - 12}{2}\right)\right]^5,$$
$$P\{X_{(5)} > 15\} = 1 - \left[\Phi\left(\frac{15 - 12}{2}\right)\right]^5 = 1 - [\Phi(1.5)]^5 = 0.2923.$$

【例 6.7】假设总体 X 的分布函数为 $F(x)$,概率密度为 $f(x)$,$X_1, X_2, \cdots, X_n$ 是来自总体 X 的简单随机样本,统计量 $X_{(1)} = \min\{X_1, \cdots, X_n\}$,$X_{(n)} = \max\{X_1, \cdots, X_n\}$,求 $(X_{(1)}, X_{(n)})$ 的联合分布函数 $F(x, y)$ 及概率密度 $f(x, y)$.

【解】应用定义计算,考虑到 max, min 的特点,在具体计算时应用全集分解式:

$$\{X_{(n)} \leqslant y\} = \{X_{(n)} \leqslant y, X_{(1)} \leqslant x\} + \{X_{(n)} \leqslant y, X_{(1)} > x\}.$$

由于 X_i 相互独立且有相同的分布函数 $F(x)$,故 $(X_{(1)}, X_{(n)})$ 的联合分布

$$F(x, y) = P\{X_{(1)} \leqslant x, X_{(n)} \leqslant y\} = P\{X_{(n)} \leqslant y\} - P\{X_{(n)} \leqslant y, X_{(1)} > x\}$$
$$= P\{\max\{X_1, \cdots, X_n\} \leqslant y\} - P\{\max\{X_1, \cdots, X_n\} \leqslant y, \min\{X_1, \cdots, X_n\} > x\}$$
$$= P\{X_1 \leqslant y, \cdots, X_n \leqslant y\} - P\{X_1 \leqslant y, \cdots, X_n \leqslant y, X_1 > x, \cdots, X_n > x\}.$$

若 $x > y$,$F(x, y) = P\{X_1 \leqslant y, \cdots, X_n \leqslant y\} = \prod_{i=1}^{n} P\{X_i \leqslant y\} = [F(y)]^n$;

若 $x \leqslant y$,$F(x, y) = P\{X_1 \leqslant y, \cdots, X_n \leqslant y\} - P\{x < X_1 \leqslant y, \cdots, x < X_n \leqslant y\}$
$$= [F(y)]^n - [F(y) - F(x)]^n.$$

即

$$F(x, y) = \begin{cases} [F(y)]^n, & x > y, \\ [F(y)]^n - [F(y) - F(x)]^n, & x \leqslant y. \end{cases}$$

由此可求得概率密度

$$f(x,y) = \frac{\partial^2 F(x,y)}{\partial x \partial y} = \begin{cases} 0, & x > y, \\ n(n-1)[F(y)-F(x)]^{n-2} f(x)f(y), & x \leqslant y. \end{cases}$$

6.2.4 经验分布函数(重在理解)

样本的分布完全由总体的分布来决定,但在数理统计中,总体的分布往往是未知的,那么如何根据样本观测值来估计和推断总体 X 的分布函数 $F(x)$ 是数理统计要解决的一个重要问题,为此,引入经验分布函数的概念.

定义 6.2.4.1 设 $X_1, \cdots, X_n$ 是取自总体分布函数为 $F(x)$ 的样本,若将样本观测值从小到大进行排列为 $X_{(1)}, X_{(2)}, \cdots, X_{(n)}$,则 $X_{(1)} \leqslant X_{(2)} \leqslant \cdots \leqslant X_{(n)}$ 为有序样本,函数

$$F_n(x) = \begin{cases} 0, & \text{当 } x < X_{(1)} \\ \dfrac{k}{n}, & \text{当 } X_{(k)} \leqslant x < X_{(k+1)}, k=1,2,\cdots,n-1 \\ 1, & \text{当 } x \geqslant X_{(n)} \end{cases}$$

称为经验分布函数.

对于固定的 n,经验分布函数 $F_n(x)$ 是样本中事件"$X_i \leqslant x$"发生的频率. 由伯努利大数定律可知,当 $n \to \infty$ 时,$F_n(x)$ 以概率收敛到 $F(x)$,更进一步有 $F_n(x)$ 以概率 1 收敛到 $F(x)$. 我们还能得到更深刻的结论,这就是格里纹科定理.

定理 6.2.4.2 (格里纹科定理) 设 $X_1, \cdots, X_n$ 是取自总体 $F(x)$ 的样本,$F_n(x)$ 是其经验分布函数,有

$$P(\lim_{n \to \infty} \sup_{-\infty < x < +\infty} |F_n(x) - F(x)| = 0) = 1.$$

格里纹科定理表明,当 n 相当大时,经验分布函数 $F_n(x)$ 是分布函数 $F(x)$ 的一个良好估计. 经典统计学中的一切统计推断都以样本为依据,其理论依据就在于此. 但用经验分布函数逼近理论分布,通常要求样本容量 n 非常大,以致多数情形下难以实现;另一方面,分布函数本身通常也不便于处理具体随机变量,致使它不便于处理具体的统计推断问题.

提示:后面学到的用替换原理得到的未知参数的估计量称为矩估计法. 实质是格里纹科定理. 也即是利用经验分布去替换总体分布.

【**例 6.8**】设 $(2,1,5,2,1,3,1)$ 是来自总体 X 的简单随机样本值,则总体 X 的经验分布函数 $F_7(x) = $ _____.

【**解**】将各观测值按从小到大的顺序排列,得 $1,1,1,2,2,3,5$,则经验分布函数为

$$F_7(x) = \begin{cases} 0, & x < 1, \\ \dfrac{3}{7}, & 1 \leqslant x < 2, \\ \dfrac{5}{7}, & 2 \leqslant x < 3, \\ \dfrac{6}{7}, & 3 \leqslant x < 5, \\ 1, & x \geqslant 5. \end{cases}$$

【例6.9】设 $F(x)$ 是总体 X 的分布函数,$F_n(x)$ 是基于来自总体 X 的容量为 n 的简单随机样本的经验分布函数. 对于任意给定的 $x(-\infty < x < +\infty)$. 试求 $F_n(x)$ 的概率分布、数学期望和方差.

【解】以 $v_n(x)$ 表示自总体 X 的 n 次简单随机抽样中事件 $\{X \leqslant x\}$ 出现的次数,则 v_n 服从参数为 $(n, F(x))$ 的二项分布. 经验分布函数 $F_n(x)$ 可以表示为

$$F_n(x) = \frac{v_n(x)}{n}(-\infty < x < +\infty).$$

由此可见,$F_n(x)$ 的概率分布、数学期望和方差相应为

$$P\left\{F_n(x) = \frac{k}{n}\right\} = P\{v_n(x) = k\}$$
$$= C_n^k [F(x)]^k [1-F(x)]^{n-k} (k=0,1,2,\cdots,n),$$
$$E[F_n(x)] = F(x), D[F_n(x)] = \frac{1}{n}F(x)[1-F(x)].$$

6.3 抽样分布

6.3.1 自由度(扩展阅读,可看可不看)

自由度是统计学中非常重要的一个概念,它可以解释为独立变量的个数,还可解释为二次型的秩. 在数理统计中,自由度是针对随机变量的二次型而说的. 由线性代数的知识可知,一个含有 n 个变量的二次型

$$f(X_1, X_2, \cdots, X_n) = \sum_{i=1}^{n}\sum_{j=1}^{n} a_{ij} X_i X_j = \boldsymbol{X}^T \boldsymbol{A} \boldsymbol{X}$$

的秩等于矩阵的秩,其中 $\boldsymbol{A} = (a_{ij})_{n \times n}$ 是 n 阶对称阵,$\boldsymbol{X} = (X_1, X_2, \cdots, X_n)^T$ 是 n 维列向量,它反映了上述二次型的 n 个变量中无任何约束、能自由变化的变量个数. 对二次型来说,自由度就是二次型的秩. 若一个统计量是一个含有 n 个随机变量的二次型,要确定它的自由度,只需确定它所对应的矩阵 $\boldsymbol{A}$ 的秩即可. 如要确定统计量 $\sum_{i=1}^{n}(X_i - \overline{X})^2$ 的自由度,可将其改写为

$$\sum_{i=1}^{n}(X_i - \overline{X})^2 = \sum_{i=1}^{n} X_i^2 - n\overline{X}^2 = \sum_{i=1}^{n} X_i^2 - \frac{1}{n}\left(\sum_{i=1}^{n} X_i\right)^2$$
$$= \sum_{i=1}^{n}\left(1 - \frac{1}{n}\right)X_i^2 + \sum_{i \neq j}\left(-\frac{1}{n}\right)X_i X_j = \boldsymbol{X}^T \boldsymbol{A} \boldsymbol{X},$$

其中

$$\boldsymbol{A} = \begin{pmatrix} 1-\frac{1}{n} & -\frac{1}{n} & \cdots & -\frac{1}{n} \\ -\frac{1}{n} & 1-\frac{1}{n} & \cdots & -\frac{1}{n} \\ \vdots & \vdots & & \vdots \\ -\frac{1}{n} & -\frac{1}{n} & \cdots & 1-\frac{1}{n} \end{pmatrix},$$

对 A 进行初等变换容易求得其秩为 $n-1$，所以统计量 $\sum_{i=1}^{n}(X_i-\bar{X})^2$ 的自由度为 $n-1$。

1. 关于自由度的一般性理解

所谓自由度，指的是在特定的系统内，在不违背相关约束条件的前提下，那些可以随意取值的变量数目。

例如，假设有三个变量 x、y 和 z。这三个变量的取值必须满足 $x+y+z=1$ 的约束条件。则当我们设法给定其中任意两个变量的取值之后，余下的那个变量的取值也就随之被固定了下来，不能另行给定它的取值了。因此在这三个变量中，实际上只有两个变量可以相对自由地取值。于是我们便称这三个变量的自由度为 2。

再如，考查某平面上的点 (x,y)。其中 x 和 y 的取值都是可以随意变化的。因此若想在这个平面上找到一个点，就必须确知两个信息：横坐标 x 的取值和纵坐标 y 的取值。于是我们称该平面上点的自由度为 2。但同样是在这个平面上，对于直线 $y=x$ 上的点 (x,y)，其 x 和 y 的取值却不能同时随意地变化。亦即只要给定了其中任意一个变量的取值，另一个变量的取值也就随之被固定了下来。于是若想在曲线 $y=x$ 上找到一个点，只要知道了 x 的取值或者 y 的取值就足够了。因此我们称直线 $y=x$ 上点的自由度为 1。

2. 关于数理统计理论中的自由度

在数理统计中，所谓自由度，指的是当我们以检验统计量来估计总体的参数时，样本集合中能够自由取值（从而具有独立性）的样本个数。一般地，需要估计的参数有多少个，则既定样本容量所丧失的自由度就会有多少个。因此自由度等于样本容量减去待估计的总体参数或约束的个数。

由此可见，在数理统计中，自由度实际上是一个不同于实际样本容量的有效样本容量的概念。

在统计实践中，一般情况下，当我们经由某种方法确定出样本容量 n 的大小之后，便可着手从总体中抽取 n 个样本。这个抽样过程通常应该是完全随意的、随机的，亦即应该是"自由"的。显然，若以 N 代表总体，则应有 C_N^m 种具体的抽样结果。不过，由于所抽取的样本必须满足总体的一些特征或要求，如必须满足均值要求、方差要求等，因此对所抽取的样本实际上是有约束的。亦即样本的组成实际上并不是完全随机、任意、自由的，它们必须满足某些约束条件，正是出于满足样本和总体（或者样本统计量与总体参数）之间某些约束条件的需要，我们必须限制部分样本数据的可调整性，于是在样本的选择过程中便产生了自由度这个概念。

例如，我们可以把容量为 n 的样本 $(x_1,x_2,\cdots,x_n)$ 视作 n 维欧氏空间 R^n 中的一个点。于是样本统计量 $\bar{x}$ 的除数之所以为 n，就是由于在确定样本均值时，对样本的选取没有任何约束，点 $(x_1,x_2,\cdots,x_n)$ 可以在 n 维空间中自由取值。因此我们称样本均值这个统计量的自由度为 n。

类似地，样本方差 $s^2=\sum_{n=1}^{n}(x_i-\bar{x})^2/(n-1)$ 这个统计量的除数之所以应为 $n-1$，则是

因为在确定样本方差的时候,必须先行确定出样本均值.这样就对样本$(x_1,x_2,\cdots,x_n)$施加了一个约束$\sum_{n=1}^{n}(x_i-\bar{x})^2=0$.因此样本点$(x_1,x_2,\cdots,x_n)$只能在一个通过均值点的$n-1$维超平面上取值.于是我们称样本方差这个统计量只有$n-1$个自由度.

由此可见,自由度是与抽样分布联系在一起的一个概念.由于我们要以样本推断总体,所以需要计算样本的"统计量"."统计量"是我们主观构造出来的,而总体参数则是总体的客观属性.我们通常要求样本统计量必须是总体参数的无偏估计.既然我们对统计量有要求,于是用于计算统计量的样本数据就不能全部自由地取值,而是必须支持"统计量与总体参数无偏"的假设.

一般地,自由度不影响抽样分布的类型,但会影响分布的形态,也就是会影响到给定统计量的某个取值范围之内分布曲线下的面积大小,从而影响给定显著性水平下统计量的临界值.

以t分布为例,t分布的形态(如扁平或高耸的程度)与自由度有关:自由度越小,t分布越扁平;自由度越大,t分布越高耸,并接近于正态分布.因此在由样本推断总体时,若样本容量很大,从而自由度很大,则可近似地把t抽样分布视同正态分布.

3. 关于自由度的计算

在数理统计实践中,自由度的计算主要有如下四种方法:根据定义求自由度;自由度等于统计量的二次型的秩;自由度等于样本容量减去限制条件的个数;总体参数的估计量中运用了几个样本统计量,其自由度就等于样本容量减去几.

6.3.2 χ^2 分布

1. 定义

设$X_1,\cdots,X_n$独立同分布于$N(0,1)$,则$X^2=\sum_{i=1}^{n}X_i^2$的分布称为自由度为n的卡方分布,记为$X^2\sim\chi^2(n)$.特别地,$X_i^2\sim\chi^2(1)$,其概率密度图像如图6-1所示.

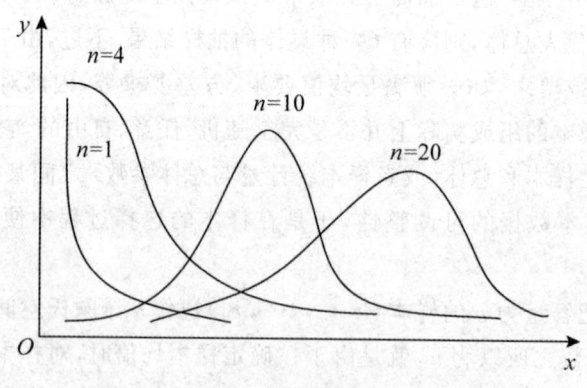

图 6-1 χ^2 分布密度函数曲线

2. 性质

X^2分布满足可加性:若$X_1^2,X_2^2,\cdots X_m^2$相互独立,且都服从χ^2分布,自由度分布为$v_1,v_2,\cdots$,

v_m,则

$$X^2 = X_1^2 + X_2^2 + \cdots X_m^2 \sim \chi^2(v_1 + v_2 + \cdots + v_m);$$
$$E[X^2(n)] = n, D[X^2(n)] = 2n.$$

3. 上 α 分位点

对给定的 $\alpha(0 < \alpha < 1)$,称满足

$$P\{X^2 > \chi_\alpha^2(n)\} = \int_{\chi_\alpha^2(n)}^{+\infty} f(x)\mathrm{d}x = \alpha$$

的 $\chi_\alpha^2(n)$ 为 $X^2(n)$ 分布的上 α 分位点(见图 6-2). 对于不同的 $\alpha, n, \chi^2(n)$ 分布上 α 分位点可通过查表求得.

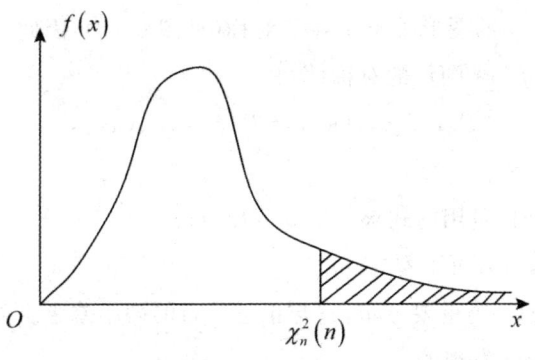

图 6-2

某分布上 α 分位点(亦称上侧 α 分位数)为 μ_α 意指:点 μ_α 上侧(即右侧),该概率密度线下方,X 轴上方图形面积为 α. 考研大纲中规定的便是上 α 分位数.

【例 6.10】 设 X_1, X_2, X_3, X_4 相互独立,且都服从 $N(0,1)$,$\overline{X}$ 为算术平均值,试

求 $4\overline{X}^2 = \dfrac{(X_1 + X_2 + X_3 + X_4)^2}{4}$ 的分布.

【解】 由正态分布可加性知 $X_1 + X_2 + X_3 + X_4 \sim N(0,4)$,且 X_1, X_2, X_3, X_4 服从标准正态分布,因此

$$\frac{(X_1 + X_2 + X_3 + X_4) - 0}{2} = 2\frac{X_1 + X_2 + X_3 + X_4}{2 \cdot 2} = 2\overline{X} \sim N(0,1)$$

所以 $4\overline{X}^2 \sim \chi^2(1)$.

6.3.3 t 分布

1. 定义

定义 6.3.3.1 设随机变量 $X \sim N(0,1), Y \sim \chi^2(n)$,且 X, Y 相互独立,则称 $t = \dfrac{X}{\sqrt{Y/n}}$

为自由度为 n 的 t 分布,记为 $t \sim t(n)$.

2. 性质

该密度函数图像是一个关于纵轴对称的分布,如图 6-3 所示,与标准正态形状类似,只是峰比标准正态分布低一些,尾部的概率比标准正态分布大一些. 当自由度较大时,比如

$n \geqslant 30$，t 分布可以用 $N(0,1)$ 分布近似.

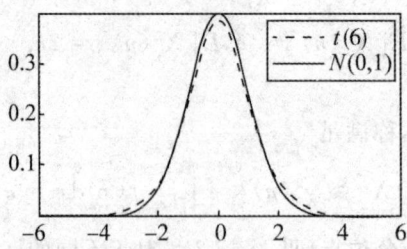

图 6-3 t 分布与 $N(0,1)$ 的密度函数

t 分布概率密度 $f(x)$ 的图形关于 $x=0$ 对称（见图 6-3），因此 $E_t = 0 (n \geqslant 2)$.

由 t 分布概率密度 $f(x)$ 图形的对称性知

$$P\{t > -t_\alpha(n)\} = P\{t > t_{1-\alpha}(n)\},$$

故 $t_{1-\alpha}(n) = -t_\alpha(n)$（见图 6-3）.

当 α 值在表中没有时，可用此式求得上 α 分位点.

3. 意义（扩展阅读，可看可不看）

t 分布是统计学中的一类重要分布，它与正态分布的微小差距由英国统计学家威廉·戈塞（William Sealy Gosset）发现的.

戈塞出生于英国肯特郡坎特伯雷市，求学于曼彻斯特学院和牛津大学，主要学习化学和数学. 1899 年，戈塞进入都柏林的 A.吉尼斯父子酿酒厂担任酿酒化学师，从事试验和数据分析工作，由于他接触的样本比较少，但通过大量实验数据分析，他发现 $t = \dfrac{\sqrt{n-1}(\bar{x}-\mu)}{s}$ 的分布与传统的 $N(0,1)$ 并不同，特别是尾部概率相差较大，由此戈塞怀疑是否存在另一个分布族. 由于吉尼斯酿酒厂的规定禁止戈塞发表关于酿酒过程变化性的研究成果，因此戈塞不得不于 1908 年，首次以"学生"（Student）为笔名，发表自己的研究成果，因此 t 分布又称为学生分布. 特别是戈塞最初提出 t 分布时并不被人重视和接受，后来费希尔在他的农业试验中也遇到了小样本问题，这才发现 t 分布的实用价值. 1923 年，费希尔对 t 分布给出了严格而简单的证明；1925 年编制出 t 分布表后，戈塞的小样本方法才被统计学界广泛认可. t 分布的发现在统计学史上具有划时代意义，打破了正态分布一统天下的局面，开创了小样本统计推断新纪元.

6.3.4 F 分布

1. 定义

设随机变量 $X \sim \chi^2(n_1)$，$Y \sim \chi^2(n_2)$，且 X 与 Y 相互独立，则 $F = \dfrac{X/n_1}{Y/n_2}$ 服从自由度为 n_1 和 n_2 的 F 分布，记为 $F \sim F(n_1, n_2)$，其中 n_1 称为第一自由度，n_2 称为第二自由度. F 分布的概率密度 $f(x)$ 的图形如图 6-4 所示.

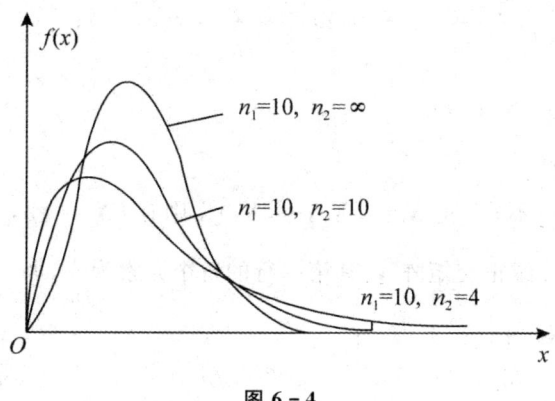

图 6-4

2. F 分布的性质

(1) 若 $F \sim F(n_1, n_2)$,则 $\dfrac{1}{F} \sim F(n_2, n_1)$.

(2) $F_{1-\alpha}(n_1, n_2) = \dfrac{1}{F_\alpha(n_2, n_1)}$.

此式常用来求 F 分布表中未列出的 α 水平的上侧分位点. 概率密度图像如图 6-4 所示.

6.3.5 正态总体的抽样分布(重点掌握,属于选择题中的高频考点)

来自一般正态总体的统计量的抽样分布是应用最广泛的抽样分布,下面首先给出样本均值抽样分布的一个重要结论.

定理 6.3.5.1 设 $X_1, \cdots, X_n$ 是来自某个总体 X 的样本、$\overline{X}$ 为样本均值.

(1) 若总体分布为 $N(\mu, \sigma^2)$,则 $\overline{X}$ 的精确分布为 $N\left(\mu, \dfrac{\sigma^2}{n}\right)$;

(2) 若总体分布未知或不是正态分布,但 $EX = \mu, DX = \sigma^2$,则 n 较大时 $\overline{X}$ 的渐近分布为 $N\left(\mu, \dfrac{\sigma^2}{n}\right)$,常记为 $\overline{X} \sim N\left(\mu, \dfrac{\sigma^2}{n}\right)$.

【证明】(1) 由于 $X_1, \cdots, X_n$ 独立同分布于 $N(\mu, \sigma^2)$,以及正态分布具有可加性,故

$$\sum_{i=1}^{n} X_i \sim N(n\mu, n\sigma^2)$$

又因为正态分布的线性变换仍为正态分布,故 $\overline{X} \sim N\left(\mu, \dfrac{\sigma^2}{n}\right)$.

(2) 由中心极限定理可知

$$\lim_{n \to \infty} \dfrac{\overline{X} - \mu}{\sqrt{\sigma^2/n}} \sim N(0, 1),$$

即结论成立.

定理 6.3.5.2 设 $X_1, X_2, \cdots, X_n$ 是来自正态总体 $N(\mu, \sigma^2)$ 的样本,$\overline{X}, S^2$ 分别是样本均值与样本方差,则(以下几个结论死了都要记!!!):

(1) $\overline{X} \sim N\left(\mu, \dfrac{1}{n}\sigma^2\right), \dfrac{\overline{X}-\mu}{\sigma/\sqrt{n}} \sim N(0,1), \dfrac{\overline{X}-\mu}{S/\sqrt{n}} \sim t(n-1)$；

(2) $\dfrac{(n-1)S^2}{\sigma^2} \sim \chi^2(n-1)$；

(3) $\overline{X}, S^2$ 相互独立.

【证明】（证明过程可看可不看）记 $\boldsymbol{X}=(X_1,\cdots,X_n)^T$，则有 $E\boldsymbol{X}=(\mu,\cdots,\mu)^T, D(\boldsymbol{X})=\sigma^2 \boldsymbol{E}$. $\boldsymbol{E}$ 为单位矩阵, 取一个 n 维正交矩阵 $\boldsymbol{A}$, 其第一行的每个元素为 $\dfrac{1}{\sqrt{n}}$, 如

$$\boldsymbol{A}=\begin{pmatrix} \dfrac{1}{\sqrt{n}} & \dfrac{1}{\sqrt{n}} & \dfrac{1}{\sqrt{n}} & \cdots & \dfrac{1}{\sqrt{n}} \\ \dfrac{1}{\sqrt{2\times 1}} & \dfrac{1}{\sqrt{2\times 1}} & 0 & \cdots & 0 \\ \dfrac{1}{\sqrt{3\times 2}} & \dfrac{1}{\sqrt{3\times 2}} & -\dfrac{2}{\sqrt{3\times 2}} & \cdots & 0 \\ \vdots & \vdots & \vdots & & \vdots \\ \dfrac{1}{\sqrt{n(n-1)}} & \dfrac{1}{\sqrt{n(n-1)}} & \dfrac{1}{\sqrt{n(n-1)}} & \cdots & \dfrac{n-1}{\sqrt{n(n-1)}} \end{pmatrix}$$

令 $\boldsymbol{Y}=\boldsymbol{AX}$, 则由多维正态分布性质可知 $\boldsymbol{Y}$ 仍服从 n 维正态分布，均值和方差分别为

$$E\boldsymbol{Y}=E(\boldsymbol{AX})=\boldsymbol{A}\cdot E\boldsymbol{X}=\begin{pmatrix}\sqrt{n}\mu \\ 0 \\ \vdots \\ 0\end{pmatrix},$$

$$D(\boldsymbol{Y})=\boldsymbol{A}D(\boldsymbol{X})\boldsymbol{A}^T=\boldsymbol{A}\sigma^2\boldsymbol{E}\boldsymbol{A}^T=\sigma^2\boldsymbol{E}.$$

$\boldsymbol{Y}$ 的各个分量相互独立且都服从正态分布, 其方差均为 σ^2, 均值不完全相等.

由于 $\overline{X}=\dfrac{1}{\sqrt{n}}Y_1$, 则 $\overline{X} \sim N\left(\mu, \dfrac{1}{n}\sigma^2\right)$.

由于 $\sum\limits_{i=1}^{n}Y_i^2=\boldsymbol{Y}^T\boldsymbol{Y}=\boldsymbol{X}^T\boldsymbol{A}^T\boldsymbol{A}\boldsymbol{X}=\sum\limits_{i=1}^{n}X_i^2$, 故而

$$(n-1)S^2=\sum_{i=1}^{n}(X_i-\overline{X})^2=\sum_{i=1}^{n}X_i^2-(\sqrt{n}\overline{X})^2=\sum_{i=1}^{n}Y_i^2-(Y_1)^2=\sum_{i=2}^{n}Y_i^2,$$

所以 $\overline{X}, S^2$ 相互独立.

由于 $Y_2,\cdots,Y_n$ 独立同分布于 $N(0,\sigma^2)$, 于是 $\dfrac{(n-1)S^2}{\sigma^2} \sim \chi^2(n-1)$.

推论 1 $t=\dfrac{\sqrt{n}(\overline{X}-\mu)}{S} \sim t(n-1)$.

【证明】 $\dfrac{\sqrt{n}(\overline{X}-\mu)}{S}=\dfrac{\dfrac{(\overline{X}-\mu)}{\sigma/\sqrt{n}}}{\sqrt{\dfrac{(n-1)S^2/\sigma^2}{n-1}}} \sim t(n-1)$.

推论 2 设样本 $X_1,\cdots,X_m$ 来自总体 $N(\mu_1,\sigma_1^2)$，样本 $Y_1,\cdots,Y_n$ 来自总体 $N(\mu_2,\sigma_2^2)$，且两样本相互独立，记 $S_X^2=\dfrac{1}{m-1}\sum\limits_{i=1}^m(X_i-\overline{X})^2$，$S_Y^2=\dfrac{1}{n-1}\sum\limits_{i=1}^n(Y_i-\overline{Y})^2$，则有

(1) $F=\dfrac{S_X^2/\sigma_1^2}{S_Y^2/\sigma_2^2}\sim F(m-1,n-1)$；

(2) 若 $\sigma_1^2=\sigma_2^2=\sigma^2$，并记 $S_w^2=\dfrac{(m-1)S_X^2+(n-1)S_Y^2}{m+n-2}$，则

$$\frac{(\overline{X}-\overline{Y})-(\mu_1-\mu_2)}{S_w\sqrt{\dfrac{1}{m}+\dfrac{1}{n}}}\sim t(m+n-2).$$

【证明】(1) 由于 $\dfrac{(m-1)S_X^2}{\sigma_1^2}\sim\chi^2(m-1)$，$\dfrac{(n-1)S_Y^2}{\sigma_2^2}\sim\chi^2(n-1)$ 且相互独立，则由 F 分布定义可知结论(1)成立.

(2) 由于 $\overline{X}\sim N\left(\mu_1,\dfrac{\sigma^2}{m}\right)$，$\overline{Y}\sim N\left(\mu_2,\dfrac{\sigma^2}{n}\right)$ 且相互独立，所以

$$\overline{X}-\overline{Y}\sim N\left(\mu_1-\mu_2,\dfrac{\sigma^2}{m}+\dfrac{\sigma^2}{n}\right),$$

即

$$\frac{\overline{X}-\overline{Y}-(\mu_1-\mu_2)}{\sqrt{\dfrac{\sigma^2}{m}+\dfrac{\sigma^2}{n}}}\sim N(0,1).$$

由卡方分布的可加性知

$$\frac{(m+n-2)S_w^2}{\sigma^2}=\frac{(m-1)S_X^2}{\sigma_1^2}+\frac{(n-1)S_Y^2}{\sigma_2^2}\sim\chi^2(m+n-2).$$

由于 $\overline{X}-\overline{Y}$，$S_w^2$ 相互独立，由 t 分布定义可知结论(2)成立.

注 (1) 样本相互独立是指随机变量 $(X_1,X_2,\cdots,X_m)$ 与 $(Y_1,Y_2,\cdots,Y_n)$ 相互独立.

(2) 设 X 为任意总体，$EX=\mu$，$DX=\sigma^2$ 存在，根据"独立同分布中心极限定理"知，$\dfrac{\overline{X}-\mu}{\dfrac{\sigma}{\sqrt{n}}}$

以标准正态分布 $N(0,1)$ 为其极限分布，此时无需"正态总体"的假设，上述定理便有了更为广泛的使用场合.

单独正态总体也可以做如下简要知识梳理：

设 $X_1,X_2,\cdots,X_n$ 是取自正态总体 $N(\mu,\sigma^2)$ 的一个样本，$\overline{X}$，S^2 分别是样本的均值和方差，则

(1) $\overline{X}\sim N\left(\mu,\dfrac{\sigma^2}{n}\right)$，即 $\dfrac{\overline{X}-\mu}{\dfrac{\sigma}{\sqrt{n}}}=\dfrac{\sqrt{n}(\overline{X}-\mu)}{\sigma}\sim N(0,1)$；

(2) $\dfrac{1}{\sigma^2}\sum\limits_{i=1}^n(X_i-\mu)^2\sim\chi^2(n)$；

(3) $\dfrac{(n-1)S^2}{\sigma^2}=\sum\limits_{i=1}^n\left(\dfrac{X_i-\overline{X}}{\sigma}\right)^2\sim\chi^2(n-1)$（$\mu$ 未知，在(2)中用 $\overline{X}$ 替代 μ）；

(4) $\overline{X}$ 与 S^2 相互独立，$\dfrac{\sqrt{n}(\overline{X}-\mu)}{S} \sim t(n-1)$（$\sigma$ 未知，在(1) 中用 S 替代 σ）. 进一步有 $\dfrac{n(\overline{X}-\mu)^2}{S^2} \sim F(1,n-1)$.

【例 6.11】$X_1, X_2, \cdots, X_9$ 为是来自总体 $X \sim N(0,4)$ 的简单随机样本. 求非零系数 a, b, c 使得 $Y = a(X_1+X_2)^2 + b(X_3+X_4+X_5)^2 + c(X_6+X_7+X_8+X_9)^2$ 服从 χ^2 分布，并求自由度.

【解】因为 $X_1, X_2, \cdots, X_9$ 独立同分布且 $X_i \sim N(0,4), i=1,2,\cdots,9$.

故
$$X_1+X_2 \sim N(0,8), X_3+X_4+X_5 \sim N(0,12),$$
$$X_6+X_7+X_8+X_9 \sim N(0,16),$$

从而
$$\frac{X_1+X_2}{\sqrt{8}} \sim N(0,1), \frac{X_3+X_4+X_5}{\sqrt{12}} \sim N(0,1), \frac{X_6+X_7+X_8+X_9}{4} \sim N(0,1),$$

故 $\dfrac{(X_1+X_2)^2}{8} + \dfrac{(X_3+X_4-X_5)^2}{12} + \dfrac{(X_6+X_7+X_8+X_9)^2}{16} \sim \chi^2(3),$

即 $Y = \dfrac{(X_1+X_2)^2}{8} + \dfrac{(X_3+X_4+X_5)^2}{12} + \dfrac{(X_6+X_7+X_8+X_9)^2}{16} \sim \chi^2(3),$

得 $a=\dfrac{1}{8}, b=\dfrac{1}{12}, c=\dfrac{1}{16}$，自由度为 3.

总结：要熟悉 χ^2、t、F 分布的定义结构式，推导的第一步往往是非标准正态分布标准化.

【例 6.12】设随机变量 X 服从自由度为 n 的 t 分布，定义 t_α 满足 $P\{X \leqslant t_\alpha\} = 1-\alpha (0<\alpha<1)$，若已知 $P\{|x|>x\} = b(b>0)$，则 x 等于（　　）.

(A) t_{1-b} 　　　　　　　　(B) $t_{1-\frac{b}{2}}$

(C) t_b 　　　　　　　　　(D) $t_{\frac{b}{2}}$

【解】根据 t 分布的对称性及 $b>0$，可知 $x>0$，从而
$$P\{X \leqslant x\} = 1 - P\{X > x\} = 1 - \frac{1}{2}P\{|x|>x\} = 1 - \frac{b}{2},$$

根据题设定义 $P\{X \leqslant t_\alpha\} = 1-\alpha$，可知 $x = t_{\frac{b}{2}}$，应选 D.

【例 6.13】设 $X_1, X_2, \cdots, X_9$ 来自正态总体 X 的简单随机样本，且

$$Y_1 = \frac{1}{6}(X_1+X_2+\cdots+X_6), \quad Y_2 = \frac{1}{3}(X_7+X_8+X_9),$$
$$S^2 = \frac{1}{2}\sum_{i=7}^{9}(X_i-Y_2)^2, \quad Z = \frac{\sqrt{2}(Y_1-Y_2)}{S},$$

证明：统计量 Z 服从自由度为 2 的 t 分布.

【证明】记 $DX = \sigma^2$，显然有 $EY_1 = EY_2, DY_1 = \dfrac{1}{6}\sigma^2, DY_2 = \dfrac{1}{3}\sigma^2$.

由于 $X_1, X_2, \cdots, X_9$ 独立同分布，Y_1, Y_2 相互独立，且有

$$E(Y_1-Y_2)=0, D(Y_1-Y_2)=\frac{1}{2}\sigma^2,$$

因此
$$\frac{Y_1-Y_2}{\frac{\sigma}{\sqrt{2}}} \sim N(0,1),$$

对于正态总体的样本方差 S^2，随机变量 $\chi^2=\frac{2S^2}{\sigma^2}$ 服从自由度为 2 的 χ^2 分布. 由于 Y_1 与 Y_2 相互独立，Y_1,S^2 相互独立，又由正态分布的样本均值 Y_2 与样本方差 S^2 独立，因此，Y_1-Y_2 与 S^2 相互独立. 根据 t 分布的典型模式，统计量

$$Z=\frac{\sqrt{2}(Y_1-Y_2)}{S}=\frac{\frac{Y_1-Y_2}{\frac{\sigma}{\sqrt{2}}}}{\sqrt{\frac{2S^2}{\sigma^2}/2}} \sim t(2).$$

注 在证明过程中不可遗漏重要统计量定义中的独立条件.

【例 6.14】 设总体 $X \sim N(\mu,\sigma^2)$，而 $(X_1,X_2,\cdots,X_n,X_{n+1})$ 是来自正态总体 X 的简单随机样本；$\overline{X}$ 和 S^2 相应为根据 $(X_1,X_2,\cdots,X_n)$ 计算的样本均值和样本方差. 利用正态总体的样本均值和样本方差的性质，证明：统计量

$$T=\frac{X_{n+1}-\overline{X}}{S}\sqrt{\frac{n}{n+1}}$$

服从自由度为 $v=n-1$ 的 t 分布.

【证明】 首先对所给统计量作变换，在统计量的表达式中将分子和分母同除以 σ，

$$令 U=\frac{X_{n+1}-\overline{X}}{\sigma}\sqrt{\frac{n}{n+1}},$$

$$\chi^2=\frac{(n-1)S^2}{\sigma^2}, v=n-1.$$

$$则\ T=\frac{X_{n+1}-\overline{X}}{S}\sqrt{\frac{n}{n+1}}=\frac{U}{\sqrt{\frac{\chi^2}{v}}},$$

由于总体 $X \sim N(\mu,\sigma^2)$，可见 $X_{n+1} \sim N(\mu,\sigma^2), \overline{X} \sim N\left(\mu,\frac{\sigma^2}{n}\right)$，从而

$$X_{n+1}-\overline{X} \sim N\left(0,\left(1+\frac{1}{n}\right)\sigma^2\right),$$

$$U=\frac{X_{n+1}-\overline{X}}{\sigma}\sqrt{\frac{n}{n+1}} \sim N(0,1).$$

则统计量
$$\chi^2=\frac{(n-1)S^2}{\sigma^2}$$

服从自由度为 $v=n-1$ 的 χ^2 分布.

现在证明，X_{n+1}，$\overline{X}$ 和 S^2 独立．首先它们显然两两独立；其次对于任意实数 u,v,w 有
$$P\{X_{n+1}\leqslant u,\overline{X}\leqslant v,S^2\leqslant w\} = P\{X_{n+1}\leqslant u\}P\{\overline{X}\leqslant v,S^2\leqslant w\}$$
$$= P\{X_{n+1}\leqslant u\}P\{\overline{X}\leqslant v\}P\{S^2\leqslant w\},$$

其中第一个等式成立，因为 $X_1,\cdots,X_n$ 和 X_{n+1} 独立；第二个等式成立，因为正态总体的样本均值和样本方差独立，从而 $X_{n+1}-\overline{X}$ 和 S^2 独立．于是，由服从 t 分布的随机变量的典型模式，可知统计量

$$t=\frac{U}{\sqrt{\dfrac{\chi^2}{v}}}$$

服从自由度为 $v=n-1$ 的 t 分布．

【例 6.15】 设 $X_1,X_2,\cdots,X_{15}$ 是来自正态总体 $N(0,9)$ 的简单随机样本，则统计量

$$Y=\frac{1}{2}\frac{X_1^2+X_2^2+\cdots+X_{10}^2}{X_{11}^2+X_{12}^2+\cdots X_{15}^2}$$

的概率分布是参数为 _____ 的 _____ 分布．

【解】 由 χ^2 分布的典型模式，知

$$\chi_1^2=\frac{X_1^2+\cdots+X_{10}^2}{9} \text{ 和 } \chi_2^2=\frac{X_{11}^2+\cdots+X_{15}^2}{9}$$

服从自由度相应为 10 和 5 的 χ^2 分布，并且相互独立．从而，由 F 变量的典型模式，知

$$Y=\frac{1}{2}\frac{X_1^2+\cdots+X_{10}^2}{X_{11}^2+\cdots+X_{15}^2}=\frac{\dfrac{\chi_1^2}{10}}{\dfrac{\chi_2^2}{5}}$$

服从自由度为 $(10,5)$ 的 F 分布．

【例 6.16】 设总体 X 服从标准正态分布 $N(0,1)$，$X_1,X_2,\cdots,X_{2n}$ 是来自总体 X、容量为 $2n$ 的简单随机样本，求下列统计量的分布：

$$Y_1=\frac{\sqrt{2n-1}X_1}{\sqrt{\sum_{i=2}^{2n}X_i^2}},\quad Y_2=\frac{(2n-2)\sum_{i=1}^{3}X_i^2}{3\sum_{i=4}^{2n}X_i^2},\quad Y_3=\frac{1}{2}\sum_{i=1}^{2n}X_i^2+\sum_{i=1}^{n}X_{2i-1}X_{2i}.$$

【解】 应用典型模式计算．

由于 $X_i\sim N(0,1)$ 且相互独立，所以 $\sum_{i=2}^{2n}X_i^2\sim\chi^2(2n-1)$．又 X_1 与 $\sum_{i=2}^{2n}X_i^2$ 相互独立，根据 t 分布典型模式

$$Y_1=\frac{\sqrt{2n-1}X_1}{\sqrt{\sum_{i=2}^{2n}X_i^2}}=\frac{X_1}{\sqrt{\sum_{i=2}^{2n}X_i^2\Big/(2n-1)}}\sim t(2n-1).$$

又 $\sum_{i=1}^{3}X_i^2\sim\chi^2(3)$，$\sum_{i=4}^{2n}X_i^2\sim\chi^2(2n-3)$ 且相互独立，根据 F 分布典型模式

$$Y_2 = \frac{(2n-3)\sum_{i=1}^{3}X_i^2}{3\sum_{i=1}^{2n}X_i^2} = \frac{\sum_{i=1}^{3}X_i^2/3}{\sum_{i=1}^{2n}X_i^2/(2n-3)} \sim F(3, 2n-3).$$

而

$$\begin{aligned}
Y_3 &= \frac{1}{2}\sum_{i=1}^{2n}X_i^2 + \sum_{i=1}^{n}X_{2i-1}X_{2i} \\
&= \frac{1}{2}(X_1^2 + X_2^2 + \cdots + X_{2n-1}^2 + X_{2n}^2) + X_1X_2 + X_3X_4 + \cdots + X_{2n-1}X_{2n} \\
&= \frac{1}{2}(X_1 + X_2)^2 + \frac{1}{2}(X_3 + X_4)^2 + \cdots + \frac{1}{2}(X_{2n-1} + X_{2n})^2 \\
&= \sum_{i=1}^{n}\left(\frac{X_{2i-1} + X_{2i}}{\sqrt{2}}\right)^2 = \sum_{i=1}^{n}Y_i^2.
\end{aligned}$$

其中 $Y_i = \dfrac{X_{2i-1} + X_{2i}}{\sqrt{2}} \sim N(0,1)$ 且相互独立,根据 χ^2 分布典型模式

$$Y_3 = \sum_{i=1}^{n}Y_i^2 \sim \chi^2(n).$$

注 根据典型模式求统计量的分布是最常用、最基本的方法,此时一定要注意独立性的条件与自由度(参数)的确定.

6.4 其他综合题型

6.4.1 与统计量有关的事件的概率计算及其逆问题

这类问题我们在概率部分已经见过,解题的思路与方法完全一样.所不同的是在这里考虑的随机变量是 n 个相互独立且与总体同分布的随机变量的函数.求该函数的分布是解题的关键.

【**例 6.17**】在总体 $N(12,4)$ 中随机抽取容量为 5 的样本 X_1, X_2, X_3, X_4, X_5,$\overline{X} = \dfrac{1}{5}\sum_{i=1}^{5}X_i$,试求概率:

$\alpha = P\{|\overline{X} - 12| > 1\}$, $\beta = P\{\max_{1 \leqslant i \leqslant 5}\{X_i\} > 15\}$, $\gamma = P\{\min_{1 \leqslant i \leqslant 5}\{X_i\} < 10\}$.

(计算结果用标准正态分布函数 $\Phi(x)$ 表示)

【**解**】应用 $\overline{X}$ 的分布及 $\{\max_{1 \leqslant i \leqslant 5}\{X_i\} > 15\}$, $\{\min_{1 \leqslant i \leqslant 5}\{X_i\} < 10\}$ 分布可求得相应的概率.事实上,

由于 $X_i \sim N(12,4)$,所以 $\overline{X} \sim N\left(12, \dfrac{4}{5}\right)$,于是

$$\begin{aligned}
\alpha &= P\{|\overline{X} - 12| > 1\} = 1 - P\{|\overline{X} - 12| \leqslant 1\} \\
&= 1 - P\left\{\left|\frac{\overline{X} - 12}{\frac{2}{\sqrt{5}}}\right| \leqslant \frac{1}{\frac{2}{\sqrt{5}}}\right\} = 1 - 2\Phi\left(\frac{\sqrt{5}}{2}\right) + 1
\end{aligned}$$

$$= 2\left[1 - \Phi\left(\frac{\sqrt{5}}{2}\right)\right],$$

$$\beta = P\{\max_{1\leqslant i\leqslant 5}\{X_i\} > 15\} = 1 - P\{\max_{1\leqslant i\leqslant 5}\{X_i\} \leqslant 15\}$$

$$= 1 - P\{X_1 \leqslant 15, \cdots, X_5 \leqslant 15\} = 1 - \prod_{i=1}^{5} P\{X_i \leqslant 15\}$$

$$= 1 - \Phi^5\left(\frac{15-12}{2}\right) = 1 - \Phi^5(1.5),$$

$$\gamma = P\{\min_{1\leqslant i\leqslant 5}\{X_i\} < 10\} = 1 - P\{\min_{1\leqslant i\leqslant 5}\{X_i\} \geqslant 10\}$$

$$= 1 - \prod_{i=1}^{5} P\{X_i \geqslant 10\} = 1 - \prod_{i=1}^{5} [1 - P(X_i < 10)]$$

$$= 1 - \left[1 - \Phi\left(\frac{10-12}{2}\right)\right]^5 = 1 - \Phi^5(1).$$

【例 6.18】(2017年数1,数3真题局部) 某工程师为了解一台天平的精度,用该天平对一物体的质量做 n 次测量,该物体的质量 μ 是已知的,设 n 次测量结果 $X_1, X_2, \cdots, X_n$ 相互独立且均服从正态分布 $N(\mu, \sigma^2)$,该工程记录的是 n 次测量的绝对误差

$$Z_i = |X_i - \mu| (i = 1, 2, \cdots, n),$$

利用 $Z_1, Z_2, \cdots, Z_n$ 估计 σ. 本处仅仅选取第一问进行讲解.

(Ⅰ) 求 Z_i 的概率密度;

【分析】$X_i \sim N(\mu, \sigma^2)$,$\mu$ 已知,X_i 相互独立同分布,$Z_i = |X_i - \mu|$,可以理解 $Z_1, Z_2, \cdots, Z_n$ 为来自总体 Z 的简单随机样本,Z_i 的概率密度的就是 Z 的密度 $f_Z(z)$. 设 Z 的分布函数 $F_Z(z)$,只要求出 $F_Z(z)$,则 $f_Z(z) = F'_Z(z)$.

【解】(Ⅰ) Z 的分布

$$F_Z(z) = P\{Z \leqslant z\} = P\{|X_i - \mu| \leqslant z\},$$

$$P\{-z \leqslant X_i - \mu \leqslant z\} = P\left\{-\frac{z}{\sigma} < \frac{X_i - \mu}{\sigma} \leqslant \frac{z}{\sigma}\right\}$$

$$= \Phi\left(\frac{z}{\sigma}\right) - \Phi\left(\frac{-z}{\sigma}\right) = 2\Phi\left(\frac{z}{\sigma}\right) - 1, z \leqslant 0,$$

$$F_Z(z) = 0, z < 0.$$

$$f_Z(z) = F'_Z(z) = \begin{cases} \dfrac{2}{\sigma}\varphi\left(\dfrac{z}{\sigma}\right) & z \geqslant 0, \\ 0 & z < 0. \end{cases}$$

其中 $\varphi(x)$ 为标准正态密度函数,$\varphi(x) = \dfrac{1}{\sqrt{2\pi}}\mathrm{e}^{-\frac{x^2}{2}} (-\infty < x < +\infty)$.

【例 6.19】(2005年) 设 $X_1, X_2, \cdots, X_n (n > 2)$ 为来自总体 $N(0,1)$ 的简单随机样本,$\overline{X}$ 为样本均值,记 $Y_i = X_i - \overline{X}, i = 1, 2, \cdots, n$.

求:(Ⅰ) Y_i 的方差 $DY_i, i = 1, 2, \cdots, n$;(Ⅱ) Y_1 与 Y_n 的协方差 $\mathrm{Cov}(Y_1, Y_n)$.

【解】(Ⅰ) $DY_i = D(X_i - \overline{X}) = D\left[\left(1 - \dfrac{1}{n}\right)X_i - \dfrac{1}{n}\sum_{\substack{k=1 \\ k\neq i}}^{n} X_k\right]$

$$= \frac{n-1}{n}\sigma^2 \ (i=1,2,\cdots,n).$$

（Ⅱ）因 $X_1, X_2, \cdots, X_n$ 相互独立，而独立的两个随机变量协方差等于 0. 于是有

$$\mathrm{Cov}(Y_1, Y_n) = \mathrm{Cov}(X_1 - \overline{X}, X_n - \overline{X})$$
$$= \mathrm{Cov}(X_1, X_n) - \mathrm{Cov}(X_1, \overline{X}) - \mathrm{Cov}(X_n, \overline{X}) + D\overline{X}.$$

而 $\quad \mathrm{Cov}(X_1, \overline{X}) = \mathrm{Cov}\left(X_1, \frac{1}{n}\sum_{i=1}^n X_i\right) = \frac{1}{n}\mathrm{Cov}(X_1, X_1) = \frac{1}{n}DX_1 = \frac{1}{n},$

类似地， $\quad\mathrm{Cov}(X_n, \overline{X}) = \frac{DX_n}{n} = \frac{1}{n},$

又因 $D\overline{X} = \frac{1}{n}$，所以有 $\mathrm{Cov}(Y_1, Y_n) = 0 - \frac{1}{n} - \frac{1}{n} + \frac{1}{n} = -\frac{1}{n}.$

注 将不独立的分解成独立的两个部分是解本题的关键.

第 7 章　参数估计

【导言】

参数估计这章的核心就是凡涉及到的样本 X_i 均是已知的,我们正是利用样本的信息去推断总体未知的信息,从考试的角度来看,往往是推断总体里的一个未知参数 θ,利用相关原理建立有关 θ 的方程或不等式,通过方程或不等式将 θ 求解出来. 我们考研数学概率论与数理统计学每年几乎必出的一道大题,这部分内容一般来讲知识点难度并不大,但部分题目需要有一定计算和推理能力,这就比较能够考查同学们是否具有做科研细心和耐心的地方了,所以你也就明白为什么我们的出题老师这么青睐这部分了. 按部就班,跟着老师的思路学完,再适当练习,这部分满分是没有问题的.

数理统计包括统计描述和统计推断两部分,本章讲的是统计推断. 统计推断就是由样本推断总体,是统计学的核心内容. 统计推断的基本问题可以归纳为两大类:统计估计和统计检验. 统计估计分为参数估计和非参数估计,参数估计分为点估计和区间估计,根据考试大纲对数一和数三的不同要求,数三同学只要求掌握点估计及最大似然估计,数一的同学除此之外还要求掌握评价估计量好坏的标准以及区间估计. 参数的点估计,指用样本统计量的值估计总体参数的值. 参数的区间估计就是用样本来确定一个区间,使这个区间以很大的概率包含所估计的未知参数,这样的区间称为置信区间.

学习本章,数三同学要求会计算参数的矩估计量、最大似然估计量;数一的同学除此以外还需要掌握判别估计量的无偏性、有效性和一致性及掌握正态分布的三种抽样分布的区间估计. 这章的内容也是每年必考的题目,常以解答的形式进行考查,11 分的送分题,难度不大,理解并掌握计算步骤即可,稍微有难度的地方是找似然函数,其实质是求 n 维随机变量的联合概率密度或联合概率分布,把握住这个关键点,找似然函数变得 *so easy*!

【考试要求】

考试要求	科目	考试内容
了解	数一	估计量的无偏性,有效性和一致性
	数三	参数点估计、估计量与估计值
理解	数一	参数的点估计、估计量与估计值、区间估计
会	数一	运用数字特征的基本性质,求随机变量函数的数学期望
掌握	数一	矩估计法(一阶、二阶矩)和最大似然估计法
	数三	矩估计法(一阶、二阶矩)和最大似然估计法

第 7 章　参数估计

【知识网络图】

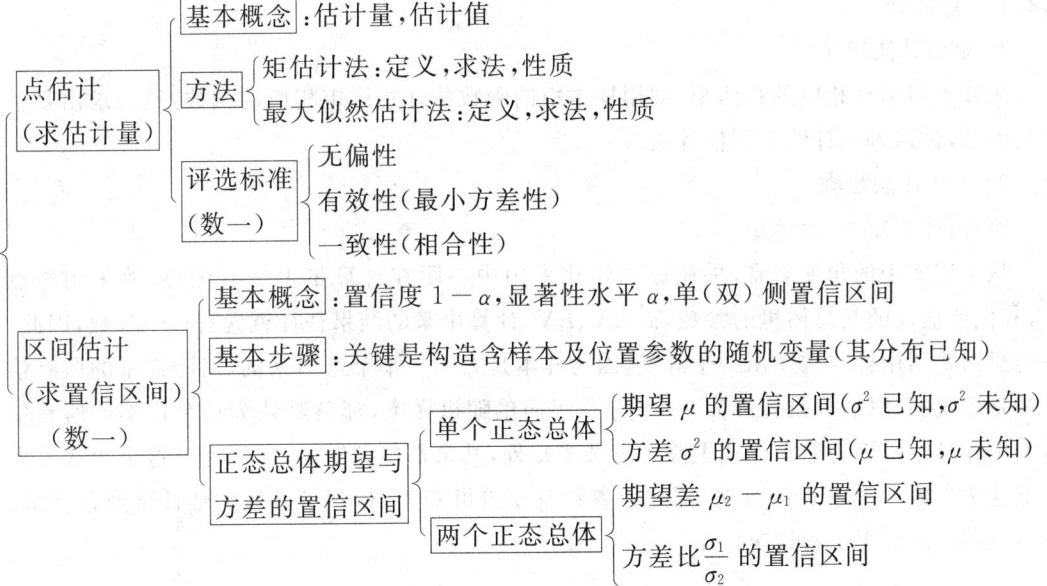

【内容精讲】

总体参数,即指总体分布的参数,也包括总体的各种数字特征,一般场合,常用 θ 表示参数,参数 θ 的所有可能取值组成的集合称为参数空间,常用 Θ 表示. 参数估计就是用样本统计量去估计总体的参数.

我们常常会面临这样一类问题:已知总体的分布类型,但不知道其中某些参数的真值,例如已知总体服从泊松分布,但不知其参数 λ 到底等于多少. 这时我们希望通过所拥有的样本来对未知参数作出估计,这就是参数估计问题. 其实,上述泊松分布总体($\lambda > 0$)代表着一组总体,估计 λ 无非是要推断样本究竟来自这组总体中的哪一个. 另外,总体分布中未知参数的实值函数(随机变量函数)通常也叫参数. 因此,利用样本估计未知参数的实值函数也属于参数估计问题. 参数估计有点估计与区间估计之分. 我们首先讨论参数的点估计.

7.1　点估计

设 $(X_1,\cdots,X_n)$ 为来自总体 X 的样本, $(x_1,\cdots,x_n)$ 为相应的样本值. θ 是总体分布中的未知参数, $\theta \in \Theta$. 这里 Θ 表示 θ 的取值范围,称为参数空间. 尽管 θ 是未知的,但它的参数空间 Θ 是事先知道的. 为了估计未知参数 θ,我们构造一个统计量 $h(X_1,\cdots,X_n)$,然后用 $h(X_1,\cdots,X_n)$ 的值 $h(x_1,\cdots,x_n)$ 来估计 θ 的真值. 称 $h(X_1,\cdots,X_n)$ 为 θ 的估计量,记作 $\hat{\theta}(X_1,\cdots,X_n)$;称 $h(x_1,\cdots,x_n)$ 为 θ 的估计值,记作 $\hat{\theta}(x_1,\cdots,x_n)$. 在不会引起误会的场合,估计量与估计值统称为点估计,简称为估计,并简记为 $\hat{\theta}$(读作 θ 尖). 事实上, θ 的估计值是数轴上的一个点,用 θ 的估计值 $\hat{\theta}$ 作为 θ 的真值的近似值就相当于用一个点来估计 θ. 因此得名为点估计. 两种最常用的点估计方法是:矩估计和最大似然估计.

注 估计量是随机变量,它所得的观测值 $\hat{\theta}(X_1,X_2,\cdots,X_n)$ 称为估计值,有时将 θ 的估计量和估计值统称为 θ 的估计.

7.1.1 矩估计

1. 矩估计法定义

用样本矩估计相应的总体矩,即用样本矩的函数估计总体矩相应的函数,然后求出要估计的参数,称这种估计法为矩估计法.

2. 矩估计法步骤

原理:样本矩 = 总体矩

从考试实用的角度来看,采用原点矩比采用中心距在计算量上更有优势,故采用原点矩,我们要估计的是总体里的参数,而 EX、EX^2 计算出来的结果往往就含有这个参数,因此,我们只需要利用样本构建出一个等式,因为样本是人为一个个选出来的,对于样本的所有信息都是已知的(以后凡是告诉你×××是一组简单随机样本,那就默认为这个样本的所有信息都是已知的),因为这个等式里除了参数未知外,其余都是已知的,所以通过这个等式就可以把这个参数用样本表示出来,那这个参数就变得可知了,得到了参数的估计量或估计值.考生只需掌握以下三种情况:

(1) 一个参数:$EX = \dfrac{\sum\limits_{i=1}^{n} X_i}{n} = \overline{X}$

(2) 两个参数:$\begin{cases} EX = \dfrac{\sum\limits_{i=1}^{n} X_i}{n} = \overline{X} \\ EX^2 = \dfrac{\sum\limits_{i=1}^{n} X_i^2}{n} \end{cases}$

(3) 虽是一个参数,但利用(1)得到的是一个恒等式,不能将参数用样本信息表示出来,这时一般来说,利用 $EX^2 = \dfrac{\sum\limits_{i=1}^{n} X_i^2}{n}$ 就可以得到相应估计量或估计值,其实矩估计法实质上就是求数学期望.

【例 7.1】 设总体 $X \sim U[a,b]$,$X_1,X_2,\cdots,X_n$ 为样本,求 a,b 的矩估计.

【解】 由于 $X \sim U[a,b]$,故 $\begin{cases} EX = \dfrac{a+b}{2} = \overline{X} \\ EX^2 = DX + (EX)^2 = \dfrac{a^2+b^2+ab}{3} = \dfrac{\sum\limits_{i=1}^{n} X_i^2}{n} \end{cases}$

化简可得 $\begin{cases} a = \overline{X} - \sqrt{\dfrac{3}{n}\sum\limits_{i=1}^{n} X_i^2} \\ b = \overline{X} + \sqrt{\dfrac{3}{n}\sum\limits_{i=1}^{n} X_i^2} \end{cases}$.

所以 a,b 的矩估计量为 $\begin{cases} \hat{a} = \overline{X} - \sqrt{\dfrac{3}{n}\sum\limits_{i=1}^{n}X_i^2} \\ \hat{b} = \overline{X} + \sqrt{\dfrac{3}{n}\sum\limits_{i=1}^{n}X_i^2} \end{cases}$，矩估计值为 $\begin{cases} \hat{a} = \overline{x} - \sqrt{\dfrac{3}{n}\sum\limits_{i=1}^{n}x_i^2} \\ \hat{b} = \overline{x} + \sqrt{\dfrac{3}{n}\sum\limits_{i=1}^{n}x_i^2} \end{cases}$.

【例 7.2】(1999 年数 1) 设总体 X 的密度函数为
$$f(x) = \begin{cases} \dfrac{6x}{\theta^3}(\theta - x), 0 < x < \theta \\ 0, \text{其他} \end{cases},$$

$X_1, X_2, \cdots, X_n$ 是取自总体 X 的简单随机样本.

(1) 求 θ 的矩估计量 $\hat{\theta}$；

(2) 求 $\hat{\theta}$ 的方差 $D(\hat{\theta})$.

【解】(1) $EX = \int_{-\infty}^{+\infty} xf(x)\mathrm{d}x = \int_0^{\theta} \dfrac{6x^2}{\theta^3}(\theta - x)\mathrm{d}x = \dfrac{\theta}{2} = \overline{X}$，即 $\theta = 2\overline{X}$，故 θ 的矩估计量 $\hat{\theta} = 2\overline{X}$.

(2) $D(\hat{\theta}) = D(2\overline{X}) = 2^2 D(\overline{X}) = \dfrac{4}{n^2} n \cdot DX = \dfrac{4}{n}DX$.

$EX^2 = \int_{-\infty}^{+\infty} x^2 f(x)\mathrm{d}x = \int_0^{\theta} \dfrac{6x^3}{\theta^3}(\theta - x)\mathrm{d}x = \dfrac{6\theta^2}{20}$,

则 $D(X) = EX^2 - (EX)^2 = \dfrac{6\theta^2}{20} - \dfrac{\theta^2}{4} = \dfrac{\theta^2}{20}$.

所以 $D(\hat{\theta}) = \dfrac{\theta^2}{5n}$.

【例 7.3】设 $X_1, \cdots, X_n$ 是来自泊松总体 $P(\lambda)$ 的样本，试求 λ 的矩估计.

【解】$\because EX = \overline{X}$，由 $EX = \lambda$ 可得 $\lambda = \overline{X}$. 但是还有另一种情况：
$$DX = EX^2 - (EX)^2 = EX^2 - \lambda^2$$

$\because DX = \lambda \quad \therefore EX^2 = \lambda + \lambda^2$

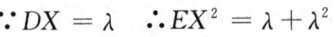

$\because EX^2 = \dfrac{\sum\limits_{i=1}^{n} X_i^2}{n}$

$\therefore \lambda = \dfrac{-1 \pm \sqrt{1 + \dfrac{4}{n}\sum\limits_{i=1}^{n} X_i^2}}{2} \quad \therefore \hat{\lambda} = \dfrac{-1 \pm \sqrt{1 + \dfrac{4}{n}\sum\limits_{i=1}^{n} X_i^2}}{2}$

注 可见矩估计并不唯一，这也是矩估计的一个缺点，通常应尽量采用低阶矩给出未知参数的估计，即能用低阶矩解决的问题绝不用高阶矩.

【例 7.4】设总体 $X \sim E(\lambda)$，其密度函数为 $f(x;\lambda) = \lambda \mathrm{e}^{-\lambda x}, x > 0, X_1, \cdots, X_n$ 是来自 X 的简单随机样本，求 λ 的矩估计量.

【解】$\because EX = \overline{X}$，而 $EX = \int_0^{+\infty} x\lambda \mathrm{e}^{-\lambda x}\mathrm{d}x = \dfrac{1}{\lambda}$，即 $\lambda = \dfrac{1}{\overline{X}}$，故 λ 的矩估计量

为 $\hat{\lambda} = \dfrac{1}{\bar{X}}$.

3. 矩估计的缺点和使用原则

(1) 当样本不是简单随机样本或总体矩不存在时(比如柯西分布),矩估计法不可用;

(2) 矩估计法不唯一;

(3) 样本矩的表达式与总体的分布函数 $F(x;\theta)$ 的表达式无关,没有充分利用 $F(x;\theta)$ 对参数 θ 提供的信息.

因此,某些分布的矩法估计要比最大似然估计逊色些.

4. 矩估计量的性质(仅数一)

(1) 样本原点矩 $\dfrac{1}{n}\sum\limits_{i=1}^{n}X_i^k$ 是总体相应原点矩 $E(X^k)$ 无偏、一致估计,即 $E\left(\dfrac{1}{n}\sum\limits_{i=1}^{n}X_i^k\right)=E(X^k)$,且 $\dfrac{1}{n}\sum\limits_{i=1}^{n}X_i^k \xrightarrow{P} E(X^k)(n\to\infty)$.

(2) 样本矩 $A_l = \dfrac{1}{n}\sum\limits_{i=1}^{n}X_i^l$ 的连续函数是相应总体矩 $E(X^l)$ 连续函数的一致(相合)性估计,但未必是无偏估计,即 $g(A_l,\cdots,A_k) \xrightarrow{P} g(\alpha_1,\cdots,\alpha_k)$,但 $E\{g(A_l,\cdots,A_k)\}$ 未必等于 $g(\alpha_1,\cdots,\alpha_k)$.

7.1.2 最大似然估计

最大(极大)似然估计法是求估计用得最多的方法,由高斯在 1821 年提出,但一般归功于费希尔,因为费希尔在 1922 年再次提出这一想法并证明了它的一些性质,从而使最大似然法得到了广泛应用. 最大似然估计法的基本思想是:样本来自使样本出现可能性最大的那个总体. 其实质就是求最值问题,即参数取多大时,能使得似然函数取得最大值.

1. 最大似然估计的逻辑基础

对未知参数 θ 进行估计时,在该参数可能的取值范围 Θ 内选取,使"样本获此观测值 $x_1,\cdots,x_n$"的概率最大的参数值 $\hat{\theta}$ 作为 θ 的估计,这样选定的 $\hat{\theta}$ 最有利于 $x_1,\cdots,x_n$ 的出现.

2. 似然函数和最大似然估计

(1) 设总体 X 是离散型,其概率分布为 $P\{X=x\}=p(x;\theta)$,θ 为未知参数,$X_1,\cdots,X_n$ 为 X 的一个简单随机样本,则 $X_1,\cdots,X_n$ 取值为 $x_1,\cdots,x_n$ 的概率是

$$P(X_1=x_1,\cdots,X_n=x_n) = \prod_{i=1}^{n} P(X_i=x_i) = \prod_{i=1}^{n} p(x_i;\theta),$$

显然这个概率值是 θ 的函数,将其记为

$$L(\theta) = L(x_1,\cdots,x_n;\theta) = \prod_{i=1}^{n} p\{x_i;\theta\},$$

称 $L(\theta)$ 为样本 $(x_1,\cdots,x_n)$ 的似然函数. 若 $\hat{\theta}\in\Theta$ 使 $L(x_1,\cdots,x_n;\hat{\theta}) = \max\limits_{\theta\in\Theta} L(x_1,\cdots,x_n;\theta)$,则称 $\hat{\theta} = \hat{\theta}(x_1,\cdots,x_n)$ 为未知参数 θ 的最大似然估计值,而相应的统计量 $\hat{\theta}(X_1,\cdots,X_n)$ 称为参数 θ 的最大似然估计量.

(2) 同理,如果总体 X 是连续型随机变量,其概率密度为 $f(x;\theta)$,$\theta\in\Theta$,则样本的似然

函数为
$$L(\theta) = L(x_1, \cdots, x_n; \theta) = \prod_{i=1}^{n} f(x_i; \theta).$$

若 $\hat{\theta} = \hat{\theta}(x_1, \cdots, x_n) \in \Theta$,使
$$L(\hat{\theta}) = \max_{\theta \in \Theta} \prod_{i=1}^{n} f(x_i; \theta),$$

则称 $\hat{\theta}(x_1, \cdots, x_n)$ 为 θ 的最大似然估计值,相应的统计量 $\hat{\theta}(X_1, \cdots, X_n)$ 称为 θ 的最大似然估计量.

注 若条件中只给了样本 $X_1, \cdots, X_n$,未给样本值 $x_1, x_2, \cdots, x_n$ 时,要先设样本观测值 $x_1, x_2, \cdots, x_n$,再用最大似然估计.

究竟是什么意思呢,我们通过两个例子来说明.

【例 7.5】 甲厂收到供货商提供的一批货物,根据以往的经验,该供货商的产品次品率为 10%,而供货商声称次品率仅有 5%.若随机抽出 10 件检验,结果有 4 件次品.购货商应该如何做决策(即判断次品率究竟为 10%,还是 5%)?

【解】 记次品数为 X,则 X 服从二项分布(对应某次所取结果要么是次品要么不是).这里的 $p = 0.1$ 或 $p = 0.05$ 是先验信息.根据统计推断的依据,我们计算概率:

若 $p = 0.05$,则 10 件中有 4 件次品的概率为
$$P(X=4) = C_{10}^{4} 0.05^4 0.95^6 \approx 0.001$$

若 $p = 0.1$,则 10 件中有 4 件次品的概率为
$$P(X=4) = C_{10}^{4} 0.1^4 0.95^6 \approx 0.0112$$

我们可以发现 $P_{0.05}(X=4) < P_{0.1}(X=4)$

计算的结果表明,在次品为 0.1 时,10 件产品中有 4 件次品的概率大,这说明该批产品次品率为 0.1 的可能性大(样本来源于总体,样本能很好反映总体的特征).

注 这个案例就是对 p 的决策推断.因为有个先验信息:$p = 0.1$ 或 $p = 0.05$,就是个二选一的问题,两者之中选哪一个"最有可能",当然就是比较样本发生概率的大小,概率越大的就越有可能.在理解这个案例以后,我们对它进行"改进":

【例 7.6】 甲厂收到供货商提供的一批货物,若随机抽出 10 件检验,结果有 4 件次品.购货方应该如何做决策(即判断次品率 p 到底是多少)?

【分析】 本道题依然是对 p 的推断估计,但没有任何先验信息,不同于上个例题有先验信息($p = 0.1$ 或 $p = 0.05$).这个时候只能判定 $p \in (0,1)$,很显然,p 的取值有无限多种可能,如何处理呢?思路同上.根据概率的思想,不管 p 的取值有几种可能(2 种、3 种或无限种可能),依然以概率作为判断的依据.发生的概率越大,就越有可能.这道题的思路就转化为:在 $p \in (0,1)$ 中,我们要找到一个 p,使得抽样的样本值发生的概率最大.

【解】 由题意可知,$p \in (0,1)$,则 10 件中有 4 件次品的概率为

$$P(X=4) = C_{10}^4 p^4(1-p)^6$$

此时,该问题可转化为:$p \in (0,1)$,则 p 取什么值时,上述概率 $P(X=4)$ 的值最大?现在该推断问题就转化为一个纯数学问题:如何求一个函数的最大值.

令 $f(x) = C_{10}^4 x^4(1-x)^6, [x \in (0,1)]$

$$f'(x) = C_{10}^4 \cdot 4 \cdot x^3(1-x)^6 + C_4^{10} x^4 6(1-x)^5. [x \in (0,1)]$$

令 $f'(x) = 0$ 得驻点 $x = 0.4$. $f''(0.4) < 0$. 故 $x = 0.4$ 时, $f(x)$ 取最大值.

故当 $x = p$ 时, $p = 0.4$ 时, 使 $p(x = 4) = C_{10}^4 p^4(1-p)^6$ 取最大值.

3. 最大似然估计法步骤

最大似然估计难点在于理解这个思想的本意,其实不理解也能做题的,因为它的做题方法非常固定:

(1) 必须知道总体概率分布或者概率密度,如果未知,需要根据题目条件求出;要写出或设出样本的样本值.

(2) 因为是简单随机变量,所以 n 个独立同分布做连乘积得到似然函数;

(3) 又因为似然函数是 n 项连乘积,不好算,所以取对数,把乘积变为代数和(±)形式;

(4) 求导,令其为 0,求驻点,即得到最大值点;

(5) 对估计值加上小帽子,以区别估计值和真值.

说明:由于 $\ln x$ 是 x 的单调增函数,因此对数似然函数 $\ln L(\theta)$ 达到最大与似然函数 $L(\theta)$ 达到最大是等价的. 另外,由于在对数似然函数中加上任何仅依赖于样本观测值 $x_1, \cdots, x_n$ 而与 θ 无关的常数都不影响最值的位置,当 $L(\theta)$ 是可微函数时, $L(\theta)$ 的极大值点一定是驻点,从而求最大似然估计时,往往借助于求似然方程(组) $\dfrac{\partial \ln L(\theta)}{\partial \theta} = 0$ 的解得到,进而利用最大值点的条件进行验证. 最大似然估计的本质是我们选出来的这组样本是最能体现总体信息的一组样本,而似然函数可以衡量样本出现概率 $P(X_1 = x_1, \cdots, X_n = x_n)$ 的大小,即 $\prod\limits_{i=1}^n f(x_i, \theta) \mathrm{d}x_i = P(X_1 = x_1, \cdots, X_n = x_n; \theta)$,因此需找出未知参数的估计值,使得似然函数达到最大,即样本出现的概率最大. 第 4 步有时会失效,此时利用最大似然估计的定义求得结果.

【例 7.7】(2017 年)某工程师为了解一台天平的精度,用该天平对一物体的质量做 n 次测量,该物体的质量 μ 是已知的,设 n 次测量结果 $X_1, X_2, \cdots, X_n$ 相互独立且均服从正态分布 $N(\mu, \sigma^2)$,该工程记录的是 n 次测量的绝对误差 $Z_i = |X_i - \mu| (i = 1, 2, \cdots, n)$,利用 $Z_1, Z_2, \cdots, Z_n$ 估计 σ.

(Ⅰ) 求 Z_i 的概率密度;(Ⅱ) 利用一阶矩求 σ 的矩估计量;(Ⅲ) 求 σ 的最大似然估计量.

【分析】 $X_i \sim N(\mu, \sigma^2)$, μ 已知, X_i 相互独立同分布, $Z_i = |X_i - \mu|$,可以理解 $Z_1, Z_2, \cdots, Z_n$ 为来自总体 Z 的简单随机样本, Z_i 的概率密度的就是 Z 的密度 $f_Z(z)$. 设 Z 的分布函数 $F_Z(z)$,只要求出 $F_Z(z)$,则 $f_Z(z) = F_Z'(z)$.

（Ⅰ）Z_i 的密度 $f_Z(z)$ 见例 6.18；

（Ⅱ）$f_Z(z)$ 为 σ 的函数 $EZ = \bar{Z}, \bar{Z} = \frac{1}{n}\sum_{i=1}^{n} Z_i$ 就可矩估计 σ；

（Ⅲ）用 $L = \prod_{i=1}^{n} f_Z(z_i)$ 对 σ 求最大，解出 σ 的最大似然估计量.

【解】（Ⅰ）见例 6.18

（Ⅱ） $$EZ = \int_{-\infty}^{+\infty} z f_Z(z)\mathrm{d}z = \int_0^{+\infty} \frac{2z}{\sigma}\varphi\left(\frac{z}{\sigma}\right)\mathrm{d}z = 2\sigma \int_0^{+\infty} \frac{z}{\sigma}\varphi\left(\frac{z}{\sigma}\right)\mathrm{d}\frac{z}{\sigma}$$

$$= 2\sigma \int_0^{+\infty} t\varphi(t)\mathrm{d}t = 2\sigma \int_0^{+\infty} t \frac{1}{\sqrt{2\pi}}\mathrm{e}^{-\frac{t^2}{2}}\mathrm{d}t$$

$$= \frac{2\sigma}{\sqrt{2\pi}}\int_0^{+\infty} \mathrm{e}^{-\frac{t^2}{2}}\mathrm{d}\left(\frac{t^2}{2}\right) = \sqrt{\frac{2}{\pi}}\sigma.$$

矩估计 $\bar{Z} = EZ$，即 $\sqrt{\frac{2}{\pi}}\sigma = \bar{Z}, \hat{\sigma}_1 = \sqrt{\frac{\pi}{2}}\bar{Z}$.

（Ⅲ）设样本 $Z_1, Z_2, \cdots, Z_n$ 的观测值为 $z_1, z_2, \cdots, z_n$.

$$L = \prod_{i=1}^{n} f_Z(z_i) = \begin{cases} \dfrac{2^n}{\sigma^n} \prod_{i=1}^{n} \varphi\left(\dfrac{z_i}{\sigma}\right), & \begin{matrix} z_1 \\ \vdots \\ z_n \end{matrix} \geqslant 0 \\ 0, & \text{other} \end{cases}$$

$$= \begin{cases} \dfrac{2^n}{\sigma^n}\left(\dfrac{1}{\sqrt{2\pi}}\right)^n \mathrm{e}^{-\frac{\sum_{i=1}^{n} z_i^2}{2\sigma^2}}, & \begin{matrix} z_1 \\ \vdots \\ z_n \end{matrix} \geqslant 0, \\ 0, & \text{other}. \end{cases}$$

$\min\{z_1, z_2, \cdots, z_n\} \geqslant 0$ 时.

$$\ln L = n\ln 2 - n\ln \sigma - \frac{n}{2}\ln(2\pi) - \frac{\sum_{i=1}^{n} z_i^2}{2\sigma^2},$$

$$\frac{\mathrm{d}\ln L}{\mathrm{d}\sigma} = -n \cdot \frac{1}{\sigma} - \sum_{i=1}^{n} z_i^2 \frac{(-2)}{2\sigma^3} = 0, n\sigma^2 = \sum_{i=1}^{n} z_i^2,$$

解得 $\sigma = \sqrt{\dfrac{1}{n}\sum_{i=1}^{n} z_i^2}$，所以最大似然估计量 $\hat{\sigma} = \sqrt{\dfrac{1}{n}\sum_{i=1}^{n} Z_i^2}$.

【例 7.8】设总体 X 的概率分布为

X	0	1	2	3
P	θ^2	$2\theta(1-\theta)$	θ^2	$1-2\theta$

其中 $\theta\left(0 < \theta < \dfrac{1}{2}\right)$ 是未知参数，利用总体 X 的如下样本值 3,1,3,0,3,1,2,3，求 θ 的矩估计值和最大似然估计值.

【解】$EX = 0 \times \theta^2 + 1 \times 2\theta(1-\theta) + 2 \times \theta^2 + 3 \times (1-2\theta) = 3 - 4\theta.$

$$\bar{x} = \frac{1}{8}(3+1+3+0+3+1+2+3) = 2.$$

令 $EX = \bar{X}$, 即 $3 - 4\theta = 2$, 得 θ 的矩估计值 $\hat{\theta} = \frac{1}{4}$.

对于给定的样本值,似然函数为

$$L(\theta) = \theta^2 [2\theta(1-\theta)]^2 \theta^2 (1-2\theta)^4 = 4\theta^6 (1-\theta)^2 (1-2\theta)^4,$$ 对似然函数取对数可得:

$$\ln L(\theta) = \ln 4 + 6\ln\theta + 2\ln(1-\theta) + 4\ln(1-2\theta),$$

$$\frac{d[\ln L(\theta)]}{d\theta} = \frac{6}{\theta} - \frac{2}{1-\theta} - \frac{8}{1-2\theta} = \frac{6 - 28\theta + 24\theta^2}{\theta(1-\theta)(1-2\theta)},$$

令 $\frac{d[\ln L(\theta)]}{d\theta} = 0$, 解得 $\theta_{1,2} = \frac{1}{12}(7 \pm \sqrt{13})$. 取"+"时, $\frac{1}{12}(7 + \sqrt{13}) > \frac{1}{2}$, 不合题意. 取"−"时, $0 < \frac{1}{12}(7 - \sqrt{13}) < \frac{1}{2}$ 合乎题意. 故 θ 的极大似然估计值为 $\hat{\theta} = \frac{1}{12}(7 - \sqrt{13})$.

注1 部分考生不能正确写出似然函数,忽视了对离散型总体最大似然估计的训练;本题的总体 X 的概率分布不能用一个式子统一表示,而是需要用似然函数的定义去表示出来.

注2 似然方程满足条件的解 $\hat{\theta}$ 一般我们就认为它是最大似然估计而不加以验证.原则上需要证明的,然而有些问题证明是不容易的,甚至是不可能的.如果能断言 $L(\theta)$ 有最大值点,而且似然方程只有唯一解 $\hat{\theta}$,则 $\hat{\theta}$ 为最大似然估计,此外有些问题可用微积分方法来验证,如本例.事实上,由于 $\frac{d^2[\ln L(\theta)]}{d\theta^2} = \frac{-6}{\theta^2} - \frac{2}{(1-\theta)^2} - \frac{16}{(1-2\theta)^2} < 0$,所以 $\hat{\theta} = \frac{7 \pm \sqrt{13}}{12}$ 使 $L(\theta)$ 达到最大,因而满足条件的解为 $\hat{\theta} = \frac{7 - \sqrt{13}}{12}$.

【例 7.9】设样本 $X_1, \cdots, X_n$ 来自均匀总体 $U(0, \theta]$, 试求 θ 的最大似然估计.

【解】设样本 $X_1, \cdots, X_n$ 的观测值为 $x_1, x_2, \cdots, x_n$, 我们将似然函数写成如下形式:

$$L(\theta) = \prod_{i=1}^{n} f(x_i; \theta) = \frac{1}{\theta^n}, 0 < x_1, \cdots, x_n \leqslant \theta,$$

故参数空间 $\Theta = [\max\{x_1, \cdots, x_n\}, +\infty]$. 所以 θ 的取值应尽可能小,故 θ 的极大似然估计为 $\hat{\theta} = \max\{x_1, \cdots, x_n\}$.

【例 7.10】设总体 $X \sim U(\theta_1, \theta_2)$,参数 θ_1, θ_2 未知, $X_1, X_2, \cdots, X_n$ 为来自总体 X 的一个简单随机样本. 求参数 θ_1, θ_2 的最大似然估计量.

【解】设样本 $X_1, \cdots, X_n$ 的观测值为 $x_1, x_2, \cdots, x_n$,

X 的密度函数为 $f(x; \theta_1, \theta_2) = \begin{cases} \dfrac{1}{\theta_2 - \theta_1}, & \theta_1 \leqslant x \leqslant \theta_2, \\ 0, & \text{other}. \end{cases}$

似然函数为

$$L(\theta_1;\theta_2) = \begin{cases} \dfrac{1}{(\theta_2-\theta_1)^n}, & \theta_1 \leqslant x_1,x_2,\cdots,x_n \leqslant \theta_2, \\ 0, & other. \end{cases}$$

而 $\theta_1 \leqslant x_1,x_2,\cdots,x_n \leqslant \theta_2$,其等价于

$$\theta_1 \leqslant x_{(1)} \leqslant x_{(2)} \leqslant \cdots \leqslant x_{(n)} \leqslant \theta_2,$$

则 $$L(\theta_1,\theta_2) = \dfrac{1}{(\theta_2-\theta_1)^n} \leqslant \dfrac{1}{(x_{(n)}-x_{(1)})^n},$$

于是参数 θ_1 的最大似然估计为 $\hat{\theta}_1 = X_{(1)}$, θ_2 的最大似然估计量为 $\hat{\theta}_2 = X_{(n)}$,

另解由对 $\theta_1 \leqslant x_1,x_2,\cdots,x_n \leqslant \theta_2$,其等价于

$$\theta_1 \leqslant x_{(1)} \leqslant x_{(2)} \leqslant \cdots \leqslant x_{(n)} \leqslant \theta_2, \ln L(\theta_1,\theta_2) = -n\ln(\theta_2-\theta_1),$$

$$\dfrac{\partial \ln L(\theta_1,\theta_2)}{\partial \theta_1} = \dfrac{n}{\theta_2-\theta_1} > 0, \dfrac{\partial \ln L(\theta_1,\theta_2)}{\partial \theta_2} = \dfrac{-n}{\theta_2-\theta_1} < 0,$$

即 $\ln L(\theta_1,\theta_2)$ 对 θ_1 严格单调增加,此时 θ_1 的最大似然估计量为 $\hat{\theta}_1 = X_{(1)}$;又 $\ln L(\theta_1,\theta_2)$ 对 θ_2 严格单调减小,此时 θ_2 的最大似然估计量为 $\hat{\theta}_2 = X_{(n)}$.

【例 7.11】设 $X_1,X_2,\cdots,X_n$ 为来自两参数指数分布总体 $X \sim E\left(\mu,\dfrac{1}{\theta}\right)$ 的一个简单随机样本,其密度函数为 $f(x) = \dfrac{1}{\theta}e^{-\frac{x-\mu}{\theta}}, x \geqslant \mu, 0 \leqslant \mu < +\infty$, $\theta > 0$. 求参数 μ,θ 的最大似然估计量(记为 $\hat{\mu}_1,\hat{\theta}_1$).

【解】记次序统计量为 $X_{(1)} \leqslant X_{(2)} \leqslant \cdots \leqslant X_{(n)}$,样本观察值记为 $x_1,x_2,\cdots,x_n$,排序后记为 $x_{(1)} \leqslant x_{(2)} \leqslant \cdots \leqslant x_{(n)}$.

似然函数为 $$L(\mu,\theta) = \dfrac{1}{\theta^n} e^{-\sum_{i=1}^{n}\frac{x_i-\mu}{\theta}},$$

$$\ln L(\mu,\theta) = -n\ln\theta - \sum_{i=1}^{n} \dfrac{x_i-\mu}{\theta},$$

$$\dfrac{\partial \ln L(\mu,\theta)}{\partial \mu} = \dfrac{n}{\theta} > 0,$$

即似然函数 $L(\mu,\theta)$ 对 μ 严格单调增加,考虑到 $\mu \leqslant x_{(1)} \leqslant x_{(2)} \leqslant \cdots \leqslant x_{(n)}$,于是 μ 最大似然估计量为 $\hat{\mu}_1 = X_{(1)}$,

又 $$\dfrac{\partial \ln L(\mu,\theta)}{\partial \theta} = \dfrac{\sum_{i=1}^{n}(x_i-\mu)}{\theta^2} - \dfrac{n}{\theta},$$

则 $$\dfrac{\partial \ln L(x_{(1)},\theta)}{\partial \theta} = \dfrac{\sum_{i=1}^{n}[x_i-x_{(1)}]}{\theta^2} - \dfrac{n}{\theta},$$

令 $\dfrac{\partial \ln L(x_{(1)},\theta)}{\partial \theta} = 0$,从中可解得 $\hat{\theta}_1 = \bar{x} - x_{(1)}$,于是 θ 的最大似然估计量为 $\hat{\theta}_1 = \bar{X} - X_{(1)}$.

注(1) 若似然函数关于未知参数单调,则未知参数的最大似然估计量只能是样本的最大值或最小值,具体要根据似然函数取非零值的区域来确定.

(2) 在求最大似然估计量时可能出现似然方程无解的情况，但不表示题目无解，而是要根据最大似然原理，寻求其他定值方法，如利用单调性在参数取值区域的边界点取到最值.

7.2 估计量的评价（仅数一）

使用不同的评价标准可能会得到完全不同的结论，因此，在评价某一个估计量好坏时，首先要说明的是在哪一个标准下，否则所论好坏毫无意义. 同样，任何人都可给出参数的估计，点估计有各种不同的求法，如果不对估计的好坏加以评价，并对其进行合理优化，我们不可能找到一个优良估计量. 为了在不同的点估计间进行比较，就必须给出点估计好坏的评价标准.

7.2.1 无偏性

相合性是对大样本而言的，对小样本而言，需要一些其他的评价标准，无偏性就是常用的评价标准.

定义 7.2.1.1 设 $\hat{\theta}$ 是未知参数 $\theta \in \Theta$ 的一个估计量，若对 $\forall \theta \in \Theta$，有 $E\hat{\theta} = \theta$，则称 $\hat{\theta}$ 为 θ 的无偏估计，否则，称为有偏估计，$\hat{\theta} - \theta$ 称为估计量 θ 的偏差. 若 $\lim_{n \to \infty} E\hat{\theta}_n = \theta$，则称 $\hat{\theta}_n$ 为 θ 的渐近无偏估计.

对于参数 θ 的任一实值函数 $g(\theta)$，如果 $g(\theta)$ 的无偏估计量存在，也就是说有估计量 T 使得 $E_\theta(T) = g(\theta)$，则称 $g(\theta)$ 为可估计函数.

无偏性的要求可改写为 $E[\hat{\theta} - \theta] = 0$，这表示无偏估计没有系统偏差，这种要求在工程技术中完全是合理的. 若估计不具有无偏性，则无论使用多少次，其平均值也会与参数真值具有一定的距离，这就是系统误差，即估计方法存在一定缺陷. 可估参数的无偏估计不一定存在，即使存在也通常不唯一且不一定是最佳估计量.

【例 7.12】(2010 年) 设总体 X 的概率分布为

X	1	2	3
P	$1-\theta$	$\theta-\theta^2$	θ^2

其中参数 $\theta \in (0,1)$ 未知，以 N_i 表示来自总体 X 的简单随机样本（样本容量为 n）中等于 i 的个数 $(i=1,2,3)$. 试求常数 a_1, a_2, a_3 使 $T = \sum_{i=1}^{3} a_i N_i$ 为 θ 的无偏估计量，并求 T 的方差.

【解】无偏估计要求 $ET = \sum_{i=1}^{3} a_i E N_i = \theta.$

N_i 是样本 $X_1, X_2, \cdots, X_n$ 中取 i 值的个数. 如果把样本中每个 X_j 取 i 值看成是试验成功，X_j 不取 i 值看成是试验失败，则样本的 n 个分量看成是 n 重伯努利试验，如果出现 i 的概率为 p_i，则 $N_i \sim B(n, p_i), i = 1, 2, 3$. 这时 $E(N_i) = np_i, D(N_i) = np_i(1 - p_i)$. 记 $p_1 = 1 - \theta, p_2 = \theta - \theta^2, p_3 = \theta^2$，则 $N_i \sim B(n, p_i), i = 1, 2, 3$.

$$ET = \sum_{i=1}^{3} a_i EN_i = \sum_{i=1}^{3} a_i np_i = n[a_1(1-\theta) + a_2(\theta - \theta^2) + a_3\theta^2],$$

要使 T 是 θ 的无偏估计量,则有

$$n[a_1(1-\theta) + a_2(\theta-\theta^2) + a_3\theta^2] = na_1 + n(a_2-a_1)\theta + n(a_3-a_2)\theta^2 = \theta$$

因此 $\begin{cases} a_1 = 0, \\ a_2 - a_1 = \dfrac{1}{n}, \\ a_3 - a_2 = 0, \end{cases}$ 解得,当 $\begin{cases} a_1 = 0, \\ a_2 = \dfrac{1}{n}, \\ a_3 = \dfrac{1}{n}, \end{cases}$ 时 $T = \sum_{i=1}^{3} a_i N_i$ 为 θ 无偏估计.

【例 7.13】(2008 年) 设 $X_1, X_2, \cdots, X_n$ 是总体 $N(\mu, \sigma^2)$ 的简单随机样本,记

$$\overline{X} = \frac{1}{n}\sum_{i=1}^{n} X_i, S^2 = \frac{1}{n-1}\sum_{i=1}^{n}(X_i - \overline{X})^2, T = \overline{X}^2 - \frac{1}{n}S^2,$$

(1) 证明 T 为 μ^2 的无偏估计量;

(2) 当 $\mu = 0, \sigma = 1$ 时,求 $D(T)$.

【解】(1) 欲证 T 为 μ^2 的无偏估计量,只需证明

$$ET = E\left(\overline{X}^2 - \frac{1}{n}S^2\right) = E(\overline{X}^2) - \frac{1}{n}E(S^2)$$
$$= D(\overline{X}) + (E(\overline{X}))^2 - \frac{1}{n}\sigma^2 = \frac{DX}{n} + [E(X)]^2 - \frac{\sigma^2}{n}$$
$$= \frac{\sigma^2}{n} + \mu^2 - \frac{\sigma^2}{n} = \mu^2.$$

(2) 由于 $\overline{X}$ 与 S^2 相互独立,故 $D(T) = D(\overline{X}^2) + \dfrac{1}{n^2}D(S^2)$.

又因为 $\overline{X} \sim N\left(\mu, \dfrac{\sigma^2}{n}\right), \dfrac{(n-1)S^2}{\sigma^2} \sim \chi^2(n-1)$,

则当 $\mu = 0, \sigma = 1, \overline{X} \sim N\left(0, \dfrac{1}{n}\right), (n-1)S^2 \sim \chi^2(n-1)$.

因此 $(\sqrt{n}\overline{X})^2 \sim \chi^2(1)$,于是 $D(\overline{X}^2) = \dfrac{2}{n^2}$.

又 $D[(n-1)S^2] = (n-1)^2 D(S^2) = 2(n-1)$,即 $D(S^2) = \dfrac{2}{n-1}$,故

$$D(T) = D(\overline{X}^2) + \frac{1}{n^2}D(S^2) = \frac{2}{n^2} + \frac{1}{n^2} \times \frac{2}{n-1} = \frac{2}{n(n-1)}.$$

证明无偏性就是求统计量的期望,本质上是计算随机变量函数的数学期望.

7.2.2 有效性(均方误差准则)

参数的无偏估计量可以有很多,那么如何在无偏估计中进行选择呢?为此,需要一定准则比较估计量的优劣,一个具有较好数学性质的准则就是均方误差.

在样本容量一定的情况下,点估计值与参数真值的距离越近越好.为便于计算,常采用距离的平方,由于 $\hat{\theta}$ 具有随机性,可对该距离的平方求期望,即均方误差 $\text{MSE}(\hat{\theta}) = $

$E(\hat{\theta}-\theta)^2$. 均方误差是评价点估计的最一般标准,自然我们希望均方误差越小越好,由于 $\mathrm{MSE}(\hat{\theta}) = E((\hat{\theta}-E\hat{\theta})+(E\hat{\theta}-\theta))^2 = D(\hat{\theta})+(E\hat{\theta}-\theta)^2$,可见均方误差由点估计的方差与偏差的平方两部分组成.

若 $\hat{\theta}$ 为 θ 的无偏估计,则 $\mathrm{MSE}(\hat{\theta}) = D(\hat{\theta})$. 此时用均方误差评价点估计与用方差评价是完全一样的. 当 $\hat{\theta}$ 不是 θ 的无偏估计时,不仅要看其方差大小,还要看其偏差大小. 对于两个无偏估计,可以通过比较它们方差的大小来判定优劣.

定义 7.2.2.1 设 $\hat{\theta}, \tilde{\theta}$ 是 θ 的两个无偏估计量,若对 $\forall \theta \in \Theta$,有 $D(\hat{\theta}) \leqslant D(\tilde{\theta})$,且至少有一个 $\theta \in \Theta$ 使上述不等号严格成立,则称 $\hat{\theta}$ 比 $\tilde{\theta}$ 有效.

有效性具有直观解释:如果估计围绕参数真值的波动越小,则估计量越好,而方差可衡量波动大小,因此可用无偏估计量的方差度量其优劣. 如设置 $X_1,\cdots,X_n$ 是来自某总体 X 的样本,记总体均值为 μ,总体方差为 σ^2,则 $\hat{\mu}_1 = X_1, \hat{\mu}_2 = \bar{X}$ 都是 μ 的无偏估计,但是 $D(\hat{\mu}_1) = \sigma^2 \geqslant \dfrac{\sigma^2}{n} = D(\hat{\mu}_2)$. 显然只要 $n > 1$,$\hat{\mu}_2$ 就比 $\hat{\mu}_1$ 有效,这表明用全部数据的平均估计总体均值要比使用部分数据更有效,在其他条件不变的情况下,利用的信息越多,估计的效果越好.

7.2.3 相合性

有一个基本标准是所有估计都应该满足的,就像男士找对象有一个基本标准就是"对象是女的",它是衡量一个估计是否可行的必要条件,这就是相合估计. 由格里纹科定理知,随着样本容量 n 的增大,经验分布函数越来越逼近真实分布函数,当然也应要求估计量随着 n 的增大越来越逼近真实参数值,即相合性. 其严格定义如下:

定义 7.2.3.1 设 $\hat{\theta}_n$ 是未知参数 $\theta \in \Theta$ 的一个估计量,n 为样本容量,若对 $\forall \varepsilon > 0$ 有 $\lim\limits_{n\to\infty} P(|\hat{\theta}_n - \theta| \geqslant \varepsilon) = 0$,即若当 $n \to \infty$ 时有 $\hat{\theta}_n \xrightarrow{P} \theta$,则称 $\hat{\theta}_n$ 为 θ 的相合估计;相合性被认为是对估计的一个最基本要求,通常,若一个估计量,无论做多少次试验,都不能把待估参数估计到任意给定的精度,那么这种估计很值得怀疑,因此不满足相合性的估计不予考虑.

如果把依赖样本量 n 的估计量 $\hat{\theta}_n$ 看作随机变量序列,相合性就是 $\hat{\theta}_n$ 依概率收敛于 θ,所以证明估计的相合性可应用依概率收敛的性质和各种大数定律.

定理 7.2.3.1 (非常重要) 设 $\hat{\theta}_n$ 是未知参数 $\theta \in \Theta$ 的一个估计量,若 $\lim\limits_{n\to\infty} E(\hat{\theta}_n) = \theta$,$\lim\limits_{n\to\infty} D(\hat{\theta}_n) = 0$,则 $\hat{\theta}_n$ 为 θ 的相合估计量.

【证明】 对任意 $\varepsilon > 0$,由切比雪夫不等式有 $P(|\hat{\theta}_n - E\hat{\theta}_n| \geqslant \varepsilon/2) \leqslant \dfrac{4}{\varepsilon^2} D(\hat{\theta}_n)$.

由 $\lim\limits_{n\to\infty} E(\hat{\theta}_n) = \theta$ 可知,当 n 充分大时有 $|E\hat{\theta}_n - \theta| < \varepsilon/2$.

如果 $|\hat{\theta}_n - E\hat{\theta}_n| < \varepsilon/2$,则

$$|\hat{\theta}_n - \theta| \leqslant |\hat{\theta}_n - E\hat{\theta}_n| + |E\hat{\theta}_n - \theta| < \varepsilon,$$

故 $\{|\hat{\theta}_n - E\hat{\theta}_n| < \varepsilon/2\} \subset \{|\hat{\theta}_n - \theta| < \varepsilon\} \Leftrightarrow \{|\hat{\theta}_n - E\hat{\theta}_n| \geqslant \varepsilon/2\} \Leftrightarrow \{|\hat{\theta}_n - \theta| < \varepsilon\}$.

$$P(|\hat{\theta}_n - \theta| \geqslant \varepsilon) \leqslant P(|\hat{\theta}_n - E\hat{\theta}_n| \geqslant \varepsilon/2) \leqslant \frac{4}{\varepsilon^2} D(\hat{\theta}_n) \to (n \to +\infty),$$

定理得证.

注 本题证明使用了切比雪夫不等式.

定理 7.2.3.2 （非常重要）如果 $\hat{\theta}_n$ 为 θ 的相合估计，$g(x)$ 在 $x = \theta$ 处连续，则 $g(\hat{\theta}_n)$ 也是 $g(\theta)$ 的相合估计. 可见相合性在特定条件具有不变性.

由大数定律和上面定理可知，矩估计一般都具有相合性. 比如，样本均值是总体均值的相合估计；样本标准差是总体标准差的相合估计；样本变异系数 $S/\overline{X}$ 是总体变异系数的相合估计.

【**例 7.14**】设总体 X 的分布函数 $F(x, \theta) = \begin{cases} 1 - e^{-\frac{x^2}{\theta}}, & x \geqslant 0 \\ 0, & x < 0 \end{cases}$，其中 θ 是未知

参数且大于零，$X_1, X_2, \cdots, X_n$ 为来自总体 X 的简单随机样本.

(1) 求 $E(X)$ 与 $E(X^2)$；

(2) 求 θ 的最大似然估计量 $\hat{\theta}_n$；

(3) 是否存在实数 a，使得对任意 $\varepsilon > 0$，都有 $\lim\limits_{n \to \infty} P\{|\hat{\theta}_n - a| \geqslant \varepsilon\} = 0$.

【**解**】(1) 先求出总体 X 的概率密度函数

$$f(x; \theta) = \begin{cases} \frac{2x}{\theta} e^{-\frac{x^2}{\theta}}, & x \geqslant 0 \\ 0, & x < 0 \end{cases},$$

$$EX = \int_0^{+\infty} \frac{2x^2}{\theta} e^{-\frac{x^2}{\theta}} dx = -\int_0^{+\infty} x de^{-\frac{x^2}{\theta}} = -xe^{-\frac{x^2}{\theta}} \Big|_0^{+\infty} + \int_0^{+\infty} e^{-\frac{x^2}{\theta}} dx$$

$$= \int_0^{+\infty} e^{-\frac{x^2}{\theta}} dx = \frac{\sqrt{\pi\theta}}{2} \cdot \frac{1}{\sqrt{\pi\theta}} \int_{-\infty}^{+\infty} e^{-\frac{x^2}{\theta}} dx = \frac{\sqrt{\pi\theta}}{2},$$

$$EX^2 = \int_0^{+\infty} \frac{2x^3}{\theta} e^{-\frac{x^2}{\theta}} dx = \frac{1}{\theta} \int_0^{+\infty} x^2 e^{-\frac{x^2}{\theta}} dx^2 = \theta \int_0^{+\infty} u e^{-u} du = \theta;$$

(2) 设样本 $X_1, \cdots, X_n$ 的观测值为 $x_1, x_2, \cdots, x_n$ 极大似然函数为

$$L(\theta) = \prod_{i=1}^n f(x_i, \theta) = \begin{cases} \frac{2^n}{\theta^n} \prod_{i=1}^n x_i e^{-\frac{\sum_{i=1}^n x_i^2}{\theta}}, & x_i \geqslant 0 \\ 0, & others \end{cases}$$

当所有的观测值都大于零时，

$$LnL(\theta) = n\ln 2 + \sum_{i=1}^n \ln x_i - n\ln\theta - \frac{1}{\theta} \sum_{i=1}^n x_i^2,$$

令 $\dfrac{d\ln L(\theta)}{d\theta} = 0$，得 θ 的极大似然估计量为 $\hat{\theta} = \dfrac{\sum\limits_{i=1}^n X_i^2}{n}$；

(3) 因为 $X_1, X_2, \cdots, X_n$ 独立同分布，显然对应 $X_1^2, X_2^2, \cdots, X_n^2$ 也独立同分布，又有(1)可

知 $EX_i^2 = \theta$,由辛钦大数定律,可得

$$\lim_{n\to\infty} P\left\{\left|\frac{1}{n}\sum_{i=1}^n X_i^2 - EX^2\right| \geq \varepsilon\right\} = 0.$$

由前两问可知,$EX^2 = \theta$,所以存在常数 $a = \theta$,使得对任意的 $\varepsilon > 0$,都有 $\lim_{n\to\infty} P\{|\hat{\theta}_n - a| \geq \varepsilon\} = 0$.

7.3 区间估计(仅数一)

参数点估计给出了一个具体数值,便于计算和应用,但其精度、可靠性如何,点估计本身不能回答,需要由其分布函数反映.实际上,度量估计精度的一个直观方法是给出参数的一个估计区间,包含参数的估计区间有很多个,若这些估计区间的概率一样,则估计区间越短越好,这便产生了区间估计.

7.3.1 定义

设 θ 是总体的一个参数,其参数空间为 Θ,$X_1, \cdots, X_n$ 是来自总体的样本,给定一个 $\alpha (0 < \alpha < 1)$,若有两个统计量 $\hat{\theta}_L, \hat{\theta}_U$,对任意的 $\theta \in \Theta$,有 $P(\hat{\theta}_L \leq \theta \leq \hat{\theta}_U) \geq 1 - \alpha$,则称随机区间 $[\hat{\theta}_L, \hat{\theta}_U]$ 为 θ 置信水平为 $1-\alpha$ 的置信区间,$\hat{\theta}_L, \hat{\theta}_U$ 分别称为置信下限和置信上限,若 $P(\hat{\theta}_L \leq \theta \leq \hat{\theta}_U) = 1 - \alpha$,则称 $[\hat{\theta}_L, \hat{\theta}_U]$ 为 θ 置信水平为 $1-\alpha$ 的同等置信区间.

$1-\alpha$ 称为置信度或置信水平,α 称为显著性水平(或误判断风险).如果

$$P\{\theta < \hat{\theta}_1\} = P\{\theta > \hat{\theta}_2\} = \frac{\alpha}{2},$$

则称这种置信区间为等尾置信区间,如果

$$P\{\hat{\theta}_1 < \theta\} = 1 - \alpha (\text{或 } P\{\theta < \hat{\theta}_2\} = 1 - \alpha)$$

则称随机区间 $(\hat{\theta}_1, +\infty)$(或 $(-\infty, \hat{\theta}_2)$)为 θ 置信度为 $1-\alpha$ 的单侧置信区间,$\hat{\theta}_1$(或 $\hat{\theta}_2$)称为 θ 的置信度为 $1-\alpha$ 的单侧置信下限(或上限).

给定置信度求未知参数置信区间的问题,称为参数区间估计问题.

注 置信度为 $1-\alpha$ 的置信区间并不是唯一的,置信区间的长度是表示估计的精度,置信区间短表示估计的精度高.

7.3.2 求置信区间的步骤

(1) 求一个包含样本 $X_1, \cdots, X_n$ 与待估参数 θ 而不含其他未知参数的函数(称为枢轴变量)$G = G(X_1, \cdots, X_n; \theta)$,其分布已知(我们常常由 θ 的点估计量 $\hat{\theta}$ 出发构造函数 $G = G(\hat{\theta}, \theta)$);

(2) 给定 α,确定常数 a, b 使 $P\{a > G(X_1, \cdots, X_n; \theta) < b\} = 1 - \alpha$;

(3) 反解不等式 $a < G < b$ 得等价不等式 $\hat{\theta}_1(X_1, \cdots, X_n; a, b) < \theta < \hat{\theta}_2(X_1, \cdots, X_n; a, b)$,其中 $\hat{\theta}_i = \hat{\theta}_i(X_1, \cdots, X_n; a, b)$ 都是统计量,则有 $P\{\hat{\theta}_1 < \theta < \hat{\theta}_2\} = 1 - \alpha$,故 $(\hat{\theta}_1, \hat{\theta}_2)$ 是 θ 置信度为 $1-\alpha$ 的一个置信区间.区间估计的本质,即落在一个随机区间上的概率为 $1-\alpha$.

在以上的构造过程中,随机变量 $G(\bar{X}, \mu)$ 是十分关键的,称之为枢轴函数,相应的利用枢轴函数求置信区间的方法称为枢轴变量法,从 $G(\bar{X}, \mu)$ 的定义式中可知它有以下两个

特点：

①$G(\bar{X},\mu)$除含有人们所关心的未知参数外，不含有其他任何未知参数；

②$G(\bar{X},\mu)$的分布是已知的或者完全可以确定的．

从上述例子，可以归纳出求置信区间的一般步骤如下：

(1) 先求出θ的一个点估计(通常为最大似然估计)$\hat{\theta}=\hat{\theta}(X_1,X_2,\cdots,X_n)$；

(2) 通过$\hat{\theta}$的分布，构造出一个枢轴变量$G(\hat{\theta},\theta)$，满足前面提到的两个条件；

(3) 由于$\hat{\theta}$的分布是完全已知的，从而可确定常数$a<b$，使得$P\{a\leqslant G(\hat{\theta},\theta)\leqslant b\}\geqslant 1-\alpha$，当$G(\bar{X},\mu)$的分布为连续型时，只需考虑取等号的情形；

(4) 将$a\leqslant G(\hat{\theta},\theta)\leqslant b$等价变形为$\bar{\theta}\leqslant\theta\leqslant\hat{\theta}$．其中，$\bar{\theta},\hat{\theta}$只与$\theta$有关，则$(\bar{\theta},\hat{\theta})$就是$\theta$的$1-\alpha$置信区间．

这里顺便指出的是当总体分布为正态分布时，枢轴函数的分布多是常用分布，如t分布、F分布、χ^2分布，因此，步骤(3)中的常数a、b可通过查常用分布表得到，由此也可看出要构造合适的枢轴函数，必须熟悉抽样分布．

注 枢轴函数或者枢轴量是个名称而已，可以不专门理会它，就好比外国人到中国食堂打饭，只需要告诉大妈我需要那个饭那个菜也能搞定．从后面的讲解中大家也可以看出，在数轴法中，枢轴量起到了轴心作用，只要求出一个区间，使得枢轴量落在这个区间的概率为$1-\alpha$，就可以转化为参数的置信水平$1-\alpha$的置信区间．这中间好比门的中轴一样可以转来转去，并且非常重要故称之为枢轴量．

7.3.3 单个正态总体参数的置信区间

1. 均值μ的置信区间

(1) 总体方差σ^2已知的情况．设$X_1,\cdots,X_n$是取自总体$N(\mu,\sigma^2)$的样本，若σ^2已知，欲求均值μ的$1-\alpha$双侧置信区间．

按照本节介绍的步骤来进行：

① 首先寻找μ的一个点估计为$\bar{X}$．

② 通过$\bar{X}$，构造枢轴变量．由统计量的抽样分布知$\bar{X}\sim N\left(\mu,\dfrac{\sigma^2}{n}\right)$．对$\bar{X}$进行标准化，得到枢轴变量为$\dfrac{\sqrt{n}(\bar{X}-\mu)}{\sigma}\sim N(0,1)$．

③ 通过条件$P\{a\leqslant G(\hat{\theta},\theta)\leqslant b\}\geqslant 1-\alpha$．寻找$a,b$．$P\left\{\left|\dfrac{\sqrt{n}(\bar{X}-\mu)}{\sigma}\right|\leqslant c\right\}=1-\alpha$

所以，由分位数定义知$c=u_{1-\frac{\alpha}{2}}$．

④ 对$\left|\dfrac{\sqrt{n}(\bar{X}-\mu)}{\sigma}\right|\leqslant c$进行等价变形(这就是"转轴")，得到$\mu$的$1-\alpha$双侧置信区间为$\left[\bar{X}-c\dfrac{\sigma}{\sqrt{n}},\bar{X}+c\dfrac{\sigma}{\sqrt{n}}\right]$．

需要说明的是，置信度为$1-\alpha$的置信区间可不唯一，但在同一置信度下，置信区间越短表示估计的精度越高. 这里,像 $N(0,1)$ 分布那样的概率密度函数的图像是单峰而且对称的情况,当 n 固定时,$\left[\overline{X}-c\dfrac{\sigma}{\sqrt{n}},\overline{X}+c\dfrac{\sigma}{\sqrt{n}}\right]$ 这样的区间长度最短(对这一结论不作详细的讨论).

(2) 总体方差 σ^2 未知的情况. 设 $X_1,\cdots,X_n$ 是取自总体 $N(\mu,\sigma^2)$ 的样本,若 σ^2 未知,欲求均值 μ 的 $1-\alpha$ 双侧置信区间.

① μ 的一个点估计依然为 $\overline{X}$.

② 通过 $\overline{X}$,构造枢轴变量. 由统计量的抽样分布知 $\dfrac{\sqrt{n}(\overline{X}-\mu)}{\sigma}\sim N(0,1)$. 因为 σ^2 未知,不能再用 $\dfrac{\sqrt{n}(\overline{X}-\mu)}{\sigma}$ 作枢轴变量. 又由于 $\dfrac{(n-1)S^2}{\sigma^2}\sim\chi^2(n-1)$ 且 $\overline{X}$ 与 $S^2=\dfrac{1}{n}\sum\limits_{i=1}^{n}(X_i-\overline{X})^2$ 独立,所以,可以构造枢轴变量为 $\dfrac{\overline{X}-\mu}{S/\sqrt{n}}\sim t(n-1)$.

③ 通过条件 $P\{a\leqslant G(\hat{\theta},\theta)\leqslant b\}\geqslant 1-\alpha$ 寻找 a,b. $P\left\{\left|\dfrac{\overline{X}-\mu}{S/\sqrt{n}}\right|\leqslant c\right\}=1-\alpha$,由分位数定义知 $c=t_{1-\frac{\alpha}{2}}(n-1)$,根据 t 分布表可求出 c 值(考试中会直接给出).

④ 对 $\left|\dfrac{\overline{X}-\mu}{S/\sqrt{n}}\right|\leqslant c$ 进行等价变形(这就是"转轴",后面不再提示)得到 μ 的 $1-\alpha$ 双侧置信区间为 $\left[\overline{X}-c\dfrac{S}{\sqrt{n}},\overline{X}+c\dfrac{S}{\sqrt{n}}\right]$.

2. 方差 σ^2 的置信区间

(1) 均值 μ 已知的情形. 设 $X_1,\cdots,X_n$ 是取自总体 $N(\mu,\sigma^2)$ 的样本,μ 已知,求方差 σ^2 的 $1-\alpha$ 双侧置信区间.

① 先考虑方差 σ^2 的一个估计量 $\overline{X}=\dfrac{1}{n}\sum\limits_{i=1}^{n}X_i$;

② 构造枢轴变量 $G(\hat{\theta},\theta)=\dfrac{\overline{X}-\mu}{\sigma/\sqrt{n}}\sim N(0,1)$;

③ 通过条件 $P\{a\leqslant G(\hat{\theta},\theta)\leqslant b\}\geqslant 1-\alpha$ 寻找 a,b. $P\left\{a>\dfrac{\overline{X}-\mu}{\sigma/\sqrt{n}}<b\right\}=1-\alpha$.

令 $u=\dfrac{\overline{X}-\mu}{\sigma/\sqrt{n}}$

则 $a=-\mu_{\frac{\alpha}{2}},b=\mu_{\frac{\alpha}{2}}$.

④ 对 $-\mu_{\frac{\alpha}{2}}<\dfrac{\overline{X}-\mu}{\sigma/\sqrt{n}}<\mu_{\frac{\alpha}{2}}$ 进行变形,得到方差 σ^2 的 $1-\alpha$ 双侧置信区间为 $\left[\dfrac{-\sqrt{n}(\overline{X}-\mu)}{\mu_{\frac{\alpha}{2}}},\dfrac{\sqrt{n}(\overline{X}-\mu)}{\mu_{\frac{\alpha}{2}}}\right]$.

(2) 均值 μ 未知的情形. 均值 μ 未知的情形与均值 μ 已知的情形类似.

① 先考虑方差 σ^2 的一个估计量 $S^2 = \dfrac{1}{n-1}\sum\limits_{i=1}^{n}(X_i - \overline{X})^2$.

② 构造枢轴变量 $G(\hat{\theta},\theta) = \dfrac{(n-1)S^2}{\sigma^2} \sim \chi^2(n-1)$.

③ 通过条件 $P\{a \leqslant G(\hat{\theta},\theta) \leqslant b\} \geqslant 1-\alpha$ 寻找 a,b. $P\left\{a < \dfrac{(n-1)S^2}{\sigma^2} < b\right\} = 1-\alpha$, 取 $b = \chi^2_{\frac{\alpha}{2}}(n-1), a = \chi^2_{1-\frac{\alpha}{2}}(n-1)$.

④ 对 $\chi^2_{1-\frac{\alpha}{2}}(n-1) < \dfrac{(n-1)S^2}{\sigma^2} < \chi^2_{\frac{\alpha}{2}}(n-1)$ 进行变形, 得到方差 σ^2 的 $1-\alpha$ 双侧置信区间为 $\left[\dfrac{(n-1)S^2}{\chi^2_{\frac{\alpha}{2}}(n-1)}, \dfrac{(n-1)S^2}{\chi^2_{1-\frac{\alpha}{2}}(n-1)}\right]$.

7.3.4 两个正态总体均值的置信区间

两个正态总体 $X_1 \sim N(\mu_1,\sigma_1^2), X_2 \sim N(\mu_2,\sigma_2^2), X_1 、 X_2$ 相互独立, 置信水平为 $1-\alpha$ 的置信区间估计.

1. 总体均值差 $(\mu_1 - \mu_2)$

(1) σ_1^2, σ_2^2 已知, $\left((\overline{X}_1 - \overline{X}_2) \pm z_{\frac{\alpha}{2}} \cdot \sqrt{\dfrac{\sigma_1^2}{n_1} + \dfrac{\sigma_2^2}{n_2}}\right)$

(2) $\sigma_1^2 = \sigma_2^2 = \sigma^2, \sigma^2$ 未知, $\left((\overline{X}_1 - \overline{X}_2) \pm t_{\frac{\alpha}{2}}^{(n_1+n_2-2)} S_\omega \cdot \sqrt{\dfrac{1}{n_1} + \dfrac{1}{n_2}}\right)$

2. 总体方差比 $\left(\dfrac{\sigma_1^2}{\sigma_2^2}\right)$

(1) μ_1, μ_2 已知, $\left[\dfrac{\dfrac{1}{n_1}\sum\limits_{i=1}^{n_1}(X_i - \mu_1)^2}{\dfrac{1}{n_2}\sum\limits_{j=1}^{n_2}(X_j - \mu_2)^2} \cdot \dfrac{1}{F_{\frac{\alpha}{2}}(n_1,n_2)}, \dfrac{\dfrac{1}{n_1}\sum\limits_{i=1}^{n_1}(X_i - \mu_1)^2}{\dfrac{1}{n_2}\sum\limits_{j=1}^{n_2}(X_j - \mu_2)^2} \cdot \dfrac{1}{F_{1-\frac{\alpha}{2}}(n_1,n_2)}\right]$

(2) μ_1, μ_2 未知, $\left(\dfrac{S_1^2}{S_2^2} \cdot \dfrac{1}{F_{\frac{\alpha}{2}}(n_1-1,n_2-1)}, \dfrac{S_1^2}{S_2^2} \cdot \dfrac{1}{F_{1-\frac{\alpha}{2}}(n_1-1,n_2-1)}\right)$

【例 7.15】 设 $X_1,\cdots,X_m$ 是来自正态总体 $N(\mu_1,\sigma_1^2), Y_1,\cdots,Y_m$ 是来自正态总体 $N(\mu_2,\sigma_2^2)$ 的两个独立样本. 求 $\mu_1 - \mu_2$ 的置信度为 $1-\alpha$ 的双侧置信区间.

【解】 分两种情形:

情形一 σ_1^2, σ_2^2 已知.

(1) 找 $\mu_1 - \mu_2$ 的估计为 $\overline{X} - \overline{Y}$.

(2) 构造枢轴变量. 记 $\overline{X} = \dfrac{1}{m}\sum\limits_{i=1}^{m}X_i, \overline{Y} = \dfrac{1}{n}\sum\limits_{i=1}^{n}Y_i$

则有 $\overline{X} \sim N\left(\mu,\dfrac{\sigma_1^2}{m}\right), \overline{Y} \sim N\left(\mu_2,\dfrac{\sigma_2^2}{n}\right)$,

所以 $U = \dfrac{(\overline{X} - \overline{Y}) - (\mu_1 - \mu_2)}{\sqrt{\sigma_1^2/m + \sigma_2^2/n}} \sim N(0,1), U$ 就是构造的枢轴变量.

(3) 由 $P\{|U|<k\}=1-\alpha$ 得 $k=u_{1-\frac{\alpha}{2}}$.

(4) 变形得 $\mu_1-\mu_2$ 的置信度为 $1-\alpha$ 的双侧置信区间为

$$\left(\overline{X}-\overline{Y}-k\sqrt{\frac{\sigma_1^2}{m}+\frac{\sigma_2^2}{n}},\overline{X}-\overline{Y}+k\sqrt{\frac{\sigma_1^2}{m}+\frac{\sigma_2^2}{n}}\right).$$

情形二 $\sigma_1^2=\sigma_2^2$ 但未知.

(1) 找 $\mu_1-\mu_2$ 的估计为 $\overline{X}-\overline{Y}$.

(2) 构造枢轴变量. 记

$$\overline{X}=\frac{1}{m}\sum_{i=1}^{m}X_i, \overline{Y}=\frac{1}{n}\sum_{i=1}^{n}Y_i,$$

$$S_1^2=\frac{1}{(m-1)}\sum_{i=1}^{m}(X_i-\overline{x})^2,$$

$$S_2^2=\frac{1}{(n-1)}\sum_{i=1}^{n}(Y_i-\overline{Y})^2,$$

$$S_\omega^2=\frac{((m-1)S_1^2+(n-1)S_2^2)}{n+m-2},$$

则随机变量 $T=\dfrac{(\overline{X}-\overline{Y})-(\mu_1-\mu_2)}{\sqrt{1/m+1/n}S_\omega}\sim t(m+n-2)$.

T 就是构造的枢轴变量.

(3) 由 $P\{|T|<k\}=1-\alpha$ 得 $k=t_{1-\frac{\alpha}{2}}(m+n-2)$.

(4) 变形得 $\mu_1-\mu_2$ 的置信度为 $1-\alpha$ 的双侧置信区间为

$$\left(\overline{X}-\overline{Y}-\sqrt{\frac{1}{m}+\frac{1}{n}}\cdot S_w t_{\frac{\alpha}{2}}(m+n-2),\overline{X}-\overline{Y}+\sqrt{\frac{1}{m}+\frac{1}{n}}\cdot S_w t_{1-\frac{\alpha}{2}}(m+n-2)\right).$$

注 正态总体均值、方差的置信区与单侧置信限(置信水平为 $1-\alpha$)如表 7-1 所示.

表 7-1

	待估参数	其他参数	枢轴量 W 的分布	置信区间	单侧置信限
一个正态总体	μ	σ^2 已知	$Z=\dfrac{\overline{X}-\mu}{\sigma/\sqrt{n}}\sim N(0,1)$	$\left(\overline{X}\pm\dfrac{\sigma}{\sqrt{n}}z_{\alpha/2}\right)$	$\overline{\mu}=\overline{X}+\dfrac{\sigma}{\sqrt{n}}z_\alpha,\underline{\mu}=\overline{X}-\dfrac{\sigma}{\sqrt{n}}z_\alpha$
	μ	σ^2 已知	$t=\dfrac{\overline{X}-\mu}{S/\sqrt{n}}\sim t(n-1)$	$\left(\overline{X}\pm\dfrac{S}{\sqrt{n}}t_{\alpha/2}(n-1)\right)$	$\overline{\mu}=\overline{X}+\dfrac{S}{\sqrt{n}}t_\alpha(n-1),$ $\underline{\mu}=\overline{X}-\dfrac{S}{\sqrt{n}}t_\alpha(n-1)$
	σ^2	μ 未知	$\chi^2=\dfrac{(n-1)S^2}{\sigma^2}\sim\chi^2(n-1)$	$\left(\dfrac{(n-1)S^2}{\chi_{\alpha/2}^2(n-1)},\dfrac{(n-1)S^2}{\chi_{1-\alpha/2}^2(n-1)}\right)$	$\left[\overline{\sigma^2}=\dfrac{(n-1)S^2}{\chi_{1-\alpha}^2(n-1)},\underline{\sigma^2}=\dfrac{(n-1)S^2}{\chi_{\alpha}^2(n-1)}\right]$

(续表)

	待估参数	其他参数	枢轴量 W 的分布	置信区间	单侧置信限
两个正态总体	$\mu_1 - \mu_2$	σ_1^2, σ_2^2 已知	令 $\bar{X} - \bar{Y} = Z, \mu = \mu_1 - \mu_2$ $z = \dfrac{Z - \mu}{\sqrt{\dfrac{\sigma_1^2}{n_1} + \dfrac{\sigma_2^2}{n_2}}} \sim N(0,1)$	$\left(\bar{X} - \bar{Y} \pm z_{\alpha/2} \sqrt{\dfrac{\sigma_1^2}{n_1} + \dfrac{\sigma_2^2}{n_2}}\right)$	$\overline{\mu_1 - \mu_2} = \bar{X} - \bar{Y} + z_\alpha \sqrt{\dfrac{\sigma_1^2}{n_1} + \dfrac{\sigma_2^2}{n_2}}$ $\underline{\mu_1 - \mu_2} = \bar{X} - \bar{Y} - z_\alpha \sqrt{\dfrac{\sigma_1^2}{n_1} + \dfrac{\sigma_2^2}{n_2}}$
	$\mu_1 - \mu_2$	$\sigma_1^2 = \sigma_2^2 = \sigma^2$ 未知	$t = \dfrac{(\bar{X} - \bar{Y}) - (\mu_1 - \mu_2)}{S_w \sqrt{\dfrac{1}{n_1} + \dfrac{1}{n_2}}}$ $t \sim t(n_1 + n_2 - 2)$ $S_w^2 = \dfrac{(n_1-1)S_1^2 + (n_2-1)S_2^2}{n_1 + n_2 - 2}$	$\bar{X} - \bar{Y} = Z, \sqrt{\dfrac{1}{n_1} + \dfrac{1}{n_2}} = k$ $Z \pm t_{\alpha/2}(n_1 + n_2 - 2) \cdot S_w k$	$\overline{\mu_1 - \mu_2} = Z + t_\alpha(n_1 + n_2 - 2) \cdot kS_w$ $\underline{\mu_1 - \mu_2} = Z - t_\alpha(n_1 + n_2 - 2) \cdot kS_w$
	$\dfrac{\sigma_1^2}{\sigma_2^2}$	μ_1, μ_2 未知	$F = \dfrac{S_1^2/S_2^2}{\sigma_1^2/\sigma_2^2} \sim F(n_1-1, n_2-1)$	$\left(\dfrac{S_1^2}{S_2^2} \dfrac{1}{F_{\alpha/2}(n_1-1, n_2-1)},\right.$ $\left.\dfrac{S_1^2}{S_2^2} \dfrac{1}{F_{1-\alpha/2}(n_1-1, n_2-1)}\right)$	$\overline{\dfrac{\sigma_1^2}{\sigma_2^2}} = \dfrac{S_1^2}{S_2^2} \dfrac{1}{F_{1-\alpha}(n_1-1, n_2-1)}$ $\underline{\dfrac{\sigma_1^2}{\sigma_2^2}} = \dfrac{S_1^2}{S_2^2} \dfrac{1}{F_\alpha(n_1-1, n_2-1)}$

第8章　假设检验（仅数一要求）

【导言】

统计推断的另一个重要问题是假设检验问题,本质上就是数学上的反证法,先来回顾下反证法,是不是先将要证明的结论的对立面假设正确,利用这个假设正确的结论结合题干信息去分析推导出一个结论,但是发现这个结论要么是和题干已知条件相矛盾,要么和定理、定义、常识相矛盾,说明我们做的这个假设是不对的,意味着要我们证明的结论是正确的.假设检验也是同样的思路,先提出一个假设,然后利用样本信息判断这一假设是否成立.但是,如何利用样本对一个具体的假设进行检验?其基本原理就是人们在实际问题中经常采用的实际推断原理:"小概率事件在一次试验中几乎是不可能发生的,如果发生了,与我们的假设矛盾了,则可以否定原假设."

这部分内容2018年考查一道4分的选择题,以往很少考查到,故数一的考生在备考时会判断单个及两个正态总体的均值和方差的是否拒绝原假设及拒绝域,借助于图像去掌握：落两边拒绝原假设,落中间接受原假设,两边的区间就是拒绝域.

【考试要求】

考试要求	科目	考试内容
了解		假设检验可能产生的两类错误
理解	数一	显著性检验的基本思想
掌握		假设检验的基本步骤,单个及两个正态总体的均值和方差的假设检验

【知识网络图】

假设检验
- 基本思想：对原假设得出检验
- 基本原理：随机试验中小概率事件一般不会发生
- 基本步骤：提出假设 ⇒ 构建统计量 ⇒ 写出拒绝域 ⇒ 检验
- 基本检验：双边检验或单边检验
- 显著性检验：仅考虑控制第一类错误的假设检验

单个正态总体
- 总体均值
  - 总体方差已知，Z 检验
  - 总体方差未知，t 检验
- 总体方差
  - 总体均值已知，$x^2(n)$ 检验
  - 总体均值未知，$x^2(n-1)$ 检验

两个正态总体区间估计 $(X \sim N(\mu_1, \sigma_1^2), Y \sim N(\mu_2, \sigma_2^2))$
- 总体均值差 $(\mu_1 - \mu_2)$
  - $\sigma_1^2 = \sigma_1^2 = \sigma^2$ 已知，Z 检验
  - $\sigma_1^2 = \sigma_1^2 = \sigma^2$ 未知，t 检验
- 总体方差比 $\left(\dfrac{\sigma_1^2}{\sigma_2^2}\right)$
  - $\mu_1 = \mu_2 = \mu$ 已知，$F_a(n_1, n_2)$ 检验
  - $\mu_1 = \mu_2 = \mu$ 未知，$F_a(n_1-1, n_2-1)$ 检验

【内容精讲】

8.1 常见疑问

(1) 什么是小概率事件，多小的概率才算小？

小概率事件中的"小概率"的值有统一规定，通常是根据实际问题的要求，规定一个界限 $a(0 < a < 1)$，当一个事件的概率不大于 a 时，即认为它是小概率事件，在假设检验问题中，a 称为显著性水平，通常取 $a = 0.1, 0.05, 0.01$ 等.

(2) 什么是统计假设、假设检验、参数假设、非参数假设？

我们把关于总体（分布中的未知参数，分布的类型、特征、相关性、独立性……）的每种诊断（"看法"）称为统计假设；然后根据样本观察数据或试验结果所提供的信息去推断（检验）这个"看法"（即假设）是否成立，这类统计推断问题称为统计假设检验问题，简称为假设检验；如果总体分布函数 $F(x;\theta)$ 形式已知，但其中的参数 θ 未知，只涉及参数 θ 的各种统计假设称为参数假设；如果总体分布未知，对其类型或其他某些特征（如对称性、独立性等）提出的假设，称为非参数假设.

(3) 如何判定简单假设、复合假设？

如果一个统计假设完全确定总体的分布，则称这种假设为简单假设，否则称为复合假设. 因此判断是不是简单假设，就看下这个统计假设能否将总体信息确定下来，可结合例 8.1 来理解简单假设.

【例 8.1】 关于总体 X 的统计假设 H_0，属于简单假设的是( ).

(A) X 服从正态分布，$H_0: EX = 0$

(B) X 服从指数分布，$H_0: EX \leqslant 1$

(C) X 服从二项分布，$H_0: DX = 5$

(D) X 服从泊松分布，$H_0: DX = 3$

【解】应用简单假设的定义："该假设成立，总体分布完全确定"，即知正确选项是(D)，因为泊松分布 $P(\lambda)$ 仅含唯一的未知参数 λ，而且 $EX = DX = \lambda$，因此当 H_0 成立时，$X \sim P(3)$. 其他选项不成立，相应总体分布不能确定.

(4) 如何设置原假设、备择假设？

我们常常把着重考查、没有充分理由不能轻易否定的假设取为原假设(基本假设或零假设)，记为 H_0，将其否定的陈述(假设)称为对立假设或备择假设，记为 H_1，对原假设 H_0 做出否定或不否定的推断，通常称为对 H_0 作显著性检验.

在假设检验中，常把一个被检验的假设称为原假设，用 H_0 表示，通常将不应轻易加以否定的假设作为原假设. 当 H_0 被否定时而接受的假设称为备择假设，用 H_1 表示. 确定原假设和备择假设在假设检验中十分重要，它直接关系到检验的结论，下面给出几点假设的认识.

① 在建立假设时，通常先确定备择假设，然后确定原假设，这是因为备择假设是人们所关心的，是想予以支持或证实的，因而比较清楚，容易确定，由于原假设与备择假设是对立的，只要确定了备择假设，也就确定了原假设.

② 在假设检验中，等号"="总是放在原假设上，将等号放在原假设上是因为研究者想涵盖备择假设 H_1 不出现的所有情况.

③ 尽管根据定义通常能确定两个假设的内容，但它们的本质都带有一定的主观性，因为研究者想要证实和反对的结论最终取决于研究者本人的意志. 所以，在面对同一问题时，由于研究者的研究目的不同，甚至可能提出截然相反的原假设和备择假设.

④ 假设检验的目的主要是搜集证据拒绝原假设. 这与法庭上对被告定罪类似：我们关心的、想证实的是被告有罪，因此被告有罪作为备择假设，被告无罪人为原假设，这也符合"通常将不应轻易加以否定的假设作为原假设"原则，因为人一般都是无罪的，而有罪的惩罚很严厉甚至是不可挽回的 —— 死刑.

(5) 假设检验容易产生哪两类错误，显著性水平指的是什么？

假设检验的依据是小概率事件在一次试验中很难发生，但很难发生不等于不发生，因而，假设检验所做出的结论有可能是错误的，错误有两类：

① 当原假设 H_0 为真，观测值却落入拒绝域，而做出了拒绝 H_0 的判断，称为第一类错误，又叫弃真错误. 犯第一类错误的概率记为 α，即

$$\alpha = P(\text{拒绝 } H_0 \mid H_0 \text{ 为真}),$$

也称为显著性水平，它是人们事先指定犯第一类错误概率的最大允许值.

在确定了显著性水平 α 后，就可根据 α 值的大小确定拒绝域的边界，从而确定拒绝域的大小.

② 当原假设 H_0 不真，而观测值没有落入拒绝域，做出了没有拒绝 H_0 的判断，称为第二类错误，又叫存伪错误，犯第二类错误的概率记为 β，即

$$\beta = P(\text{拒绝 } H_0 \mid H_1 \text{ 为真}).$$

【例 8.2】 在假设检验时,对于 $H_0: \mu = \mu_0, H_1: \mu \neq \mu_0$,则称( )为犯第一类错误.

(A) H_1 真,接受 H_1 (B) H_1 不真,接受 H_1

(C) H_1 真,拒绝 H_1 (D) H_1 不真,拒绝 H_1

【解】 犯第一类错误,即弃真错误,即 H_0 真,但拒绝 H_0,也即 H_1 不真,接受 H_1,故选择 B.

【例 8.3】 在假设检验中,显著性水平 α 的意义是( ).

(A) 原假设 H_0 成立,经检验被拒绝的概率

(B) 原假设 H_0 成立,经检验被接受的概率

(C) 原假设 H_0 不成立,经检验被拒绝的概率

(D) 原假设 H_0 不成立,经检验被接受的概率

【解】 显著性水平 α 是确定小概率事件的一个界限,由检验准则知,$\alpha = P\{\text{拒绝 } H_0 \mid H_0 \text{ 为真}\}$,所以正确选项是 A. 选项 B 所说的概率是 $P\{\text{接受 } H_0 \mid H_0 \text{ 为真}\} = 1 - \alpha$;D 是 $P\{\text{接受 } H_0 \mid H_0 \text{ 不成立}\} = P\{\text{犯第二类错误}\} = \beta$,C 是 $P\{\text{拒绝 } H_0 \mid H_0 \text{ 不成立}\} = 1 - \beta$.

【例 8.4】 在假设检验问题中,如果原假设 H_0 的否定域是 W,那么样本值 x_1,$\cdots,x_n$ 只可能有下列四种情况,其中拒绝 H_0 且不犯错误的是( ).

(A) H_0 成立,$(x_1, \cdots, x_n) \in W$ (B) H_0 成立,$(x_1, \cdots, x_n) \notin W$

(C) H_0 不成立,$(x_1, \cdots, x_n) \in W$ (D) H_0 不成立,$(x_1, \cdots, x_n) \notin W$

【解】 从分析题目要求入手确定选项. "拒绝 H_0 且不犯错误"意指"样本值落入否定域且 H_0 不成立." = "$(x_1, \cdots, x_n) \in W$ 且 H_0 不成立"所以选择 C. 选项 A 表示"H_0 成立,检验结果拒绝 H_0"犯"弃真"错误即第一类错误;选项 B 表示"H_0 成立,检验结果接受 H_0";即接受 H_0 且不犯错误,选项 D 表示"H_0 不成立,检验结果接受 H_0",因此是犯了"取伪"的错误即第二类错误.

(6) 什么是显著性检验?

只对犯第一类错误的概率加以控制,而不考虑犯第二类错误的概率检验,称为显著性检验. 自然,人们都希望犯这两类错误的概率越小越好,但当样本容量 n 一定时,若减少犯第一类错误的概率,则犯第二类错误的概率往往会增大;若减少犯第二类错误的概率,则犯第一类错误的概率往往会增大. 若要使犯两类错误的概率都减小,除非增加样本容量.

确定了显著水平 α 就等于控制了第一类错误的概率,但犯第二类错误的概率 β 却是不确定的. 在假设检验中,大家都在遵守一个原则,即首先控制 α 错误原则,原因主要有两点:一方面,大家都在遵守一个统一的原则,讨论问题比较方便,但这还不是主要的,最主要的原因是,从实用的观点看,原假设是什么往往很明确,而备择假设是什么往往比较模糊. 显然,对于一个含义明确的假设和一个含义模糊的假设,我们更愿意接受前者.

(7) 显著性检验的原理是什么?

由样本对原假设进行判断总是通过一个统计量完成的,该统计量称为检验统计量. 当检验统计量取某个区域 W 中的值时,我们拒绝原假设 H_0,则称区域 W 为拒绝域,描绘域的边界点称为临界点.

通常我们将注意力集中在拒绝域上,正如数学上我们不能用一个例子去证明一个结论一样,我们也不能用一个样本来证明假设是正确的,但可以用一个例子去推翻一个命题,因此从逻辑上看,注重拒绝域是适当的. 事实上,在拒绝原假设和接受原假设之间存在一个模糊域,因此 $\overline{W}$ 称为保留域更恰当. 为了简单起见,我们习惯上称 $\overline{W}$ 为接受域.

【例 8.5】 设 $X_1, X_2, \cdots, X_n$ 是来自正态总体 $N(\mu, \sigma^2)$ 的样本,其中 μ 和 σ^2 均未知,记 $\overline{X}$ 和 S^2 分别为样本均值和方差,当 $H_0: \mu = \mu_0$ 成立时则有

(A) $\dfrac{\overline{X}-\mu_0}{\sigma}\sqrt{n} \sim N(0,1)$ (B) $\dfrac{\overline{X}-\mu_0}{S}\sqrt{n} \sim t(n-1)$

(C) $\dfrac{\overline{X}-\mu_0}{S}\sqrt{n} \sim t(n)$ (D) $\dfrac{1}{\sigma^2}\sum\limits_{i=1}^{n}(X_i-\mu_0)^2 \sim \chi^2(n-1)$

【答案】B

【解】 $X \sim N(\mu, \sigma^2)$,当 $H_0: \mu = \mu_0$ 成立时,$\dfrac{\overline{X}-\mu_0}{S}\sqrt{n} \sim t(n-1)$. 选 B.

(8) 如何区分单侧检验和双侧检验

以均值的假设检验为例进行说明.

设样本 $X_1, \cdots, X_n$ 来自总体 $N(\mu, \sigma^2)$,考虑如下三种关于 μ 的假设检验问题:

(Ⅰ) $H_0: \mu \leqslant \mu_0, vs\ H_1: \mu > \mu_0$;

(Ⅱ) $H_0: \mu \geqslant \mu_0, vs\ H_1: \mu < \mu_0$;

(Ⅲ) $H_0: \mu = \mu_0, vs\ H_1: \mu \neq \mu_0$;

一般而言,这三种假设所采用的检验统计量相同,区别在于拒绝域上,(Ⅰ)(Ⅱ) 为单侧检验,(Ⅲ) 为双侧检验. 单侧检验(Ⅰ)也称为右侧检验,(Ⅱ)也称为左侧检验. 识别单侧与双侧检验有利于构造拒绝域.

8.2 显著性检验(结合例题去理解)

8.2.1 假设检验的基本步骤

(1) 由实际问题抽出原假设 H_0(与备择假设 H_1),通常将不应轻易加以否定的假设作为原假设,为了简单起见,可省略 H_1;

(2) 构造检验统计量,与构造枢轴量的方法一致;

(3) 根据问题要求确定显著性水平 α,进而得到拒绝域,即构造小概率事件;

(4) 由样本观测值计算统计量的观测值,看是否属于拒绝域,即判断小概率事件在一次试验中是否发生,从而对 H_0 做出判断,若小概率事件发生,则否定 H_0,反之则否.

8.2.2 单个正态总体参数的假设检验

1. 均值的假设检验

(1) σ 已知时的 u 检验.

构造检验统计量与枢轴量的方法一样,故检验统计量
$$U = \frac{\overline{X} - \mu_0}{\sigma/\sqrt{n}} \sim N(0,1).$$

① 对于单侧检验(Ⅰ),直觉告诉我们,当样本均值 $\overline{X}$ 不超过 μ_0 时应接受原假设,且 $\overline{X}$ 越小越应该接受原假设;当样本均值 $\overline{X}$ 超过 μ_0 时,应拒绝原假设,可是由于随机性的存在,如果 $\overline{X}$ 比 μ_0 大一点就拒绝原假设似乎不恰当,只有当 $\overline{X}$ 超过 μ_0 一定程度时拒绝原假设才是恰当的. 由于
$$P\left(\frac{\overline{X} - \mu_0}{\sigma/\sqrt{n}} \geqslant u_a\right) = a,$$

故 $\mu_a \leqslant \dfrac{\overline{X} - \mu_0}{\sigma/\sqrt{n}}$ 成立时,拒绝原假设,因此拒绝域
$$W = \left\{(X_1,\cdots,X_n): \mu_a \leqslant \frac{\overline{X} - \mu_0}{\sigma/\sqrt{n}}\right\} = \{\mu_a \leqslant U\}.$$

(2) 与单侧检验(Ⅰ)相类似, a. 对于单侧检验(Ⅱ),直觉告诉我们,当样本均值 $\overline{X}$ 小于 μ_0 时,应拒绝原假设,可由于随机性的存在,只用当 $\overline{X}$ 小于 μ_0 一定程度时拒绝原假设才是恰当的,由于 $P\left(\dfrac{\overline{X} - \mu_0}{\sigma/\sqrt{n}} \leqslant \mu_{1-a}\right) = a$,故 $\dfrac{\overline{X} - \mu_0}{\sigma/\sqrt{n}} \leqslant \mu_{1-a}$ 成立时,拒绝原假设,由于 $\mu_a = -\mu_{1-a}$,因此拒绝域
$$W = \left\{\frac{\overline{X} - \mu_0}{\sigma/\sqrt{n}} \leqslant \mu_{1-a}\right\} = \{U \leqslant -\mu_{1-\alpha}\}.$$

【例 8.6】设 $X_1, X_2, \cdots, X_{16}$ 是来自正态总体 $N(\mu, 2^2)$ 的样本,样本均值为 $\overline{X}$,则在显著性水平 $\alpha = 0.05$ 下检验假设 $H_0: \mu \geqslant 5; H_1: \mu < 5$ 的拒绝域为_____.

【解】$X \sim N(\mu, 2^2), H_0: \mu \geqslant 5; H_1: \mu < 5$. 选用统计量
$$U = \frac{\overline{X} - \mu_0}{\sigma/\sqrt{n}} = \frac{\overline{X} - 5}{2/\sqrt{16}} = 2(\overline{X} - 5).$$

$U = 2(\overline{X} - 5) \sim N(0,1)$. 拒绝域 $U \leqslant -u_\alpha = -u_{0.05} = -1.65$.
$2(\overline{X} - 5) \leqslant -1.65, \overline{X} \leqslant 5 - 0.82 = 4.18$. 拒绝域为 $\overline{X} \leqslant 4.18$.

③ 对于双侧检验(Ⅲ),由于
$$P\left(\left|\frac{\overline{X} - \mu_0}{\sigma/\sqrt{n}}\right| \geqslant \mu_{\frac{a}{2}}\right) = a,$$

因此
$$W = \left\{\left|\frac{\overline{X} - \mu_0}{\sigma/\sqrt{n}}\right| \geqslant \mu_{\frac{a}{2}}\right\}.$$

【例 8.7】给定总体 $X \sim N(\mu, \sigma^2), \sigma$ 已知,给定样本 $X_1, X_2, \cdots, X_n$,对总体均值 μ 进行检验,令 $H_0: \mu = \mu_0, H_1: \mu \neq \mu_0$,则_____.

(A) 若显著性水平 $\alpha = 0.05$ 时拒绝 H_0,则 $\alpha = 0.01$ 时也拒绝 H_0

(B) 若显著性水平 $\alpha = 0.05$ 时接受 H_0，则 $\alpha = 0.01$ 时拒绝 H_0

(C) 若显著性水平 $\alpha = 0.05$ 时拒绝 H_0，则 $\alpha = 0.01$ 时接受 H_0

(D) 若显著性水平 $\alpha = 0.05$ 时接受 H_0，则 $\alpha = 0.01$ 时也接受 H_0

【分析】本题考查考生推理、判断能力，借助于假设检验这个知识点，通过判定假设检验的结果进行考查．

【解】

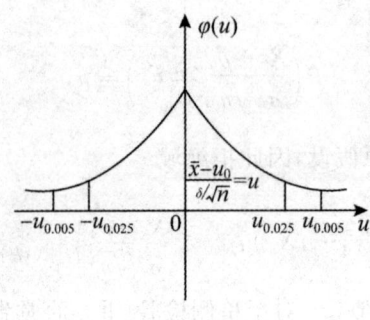

图 8-1

$\because X \sim N(\mu, \sigma^2)$，$\sigma^2$ 已知，$\therefore \dfrac{\overline{X} - \mu}{\delta/\sqrt{n}} \sim N(0,1)$

A 选项，如图 8-1 所示，若显著性水平 $\sigma = 0.05$ 时拒绝 H_0，即 $\left|\dfrac{\overline{X} - \mu_0}{\delta/\sqrt{n}}\right| > U_{0.025}$ 推不出 $\left|\dfrac{\overline{X} - \mu_0}{\delta/\sqrt{n}}\right| > U_{0.005}$，即 $\alpha = 0.01$ 时不见得拒绝 H_0，故 A 选项不入选．

B 选项，如图 8-1 所示，若显著性水平 $\alpha = 0.05$ 时接受 H_0，即 $\left|\dfrac{\overline{X} - \mu_0}{\delta/\sqrt{n}}\right| \leqslant U_{0.025}$ 推出 $\left|\dfrac{\overline{X} - \mu_0}{\delta/\sqrt{n}}\right| \leqslant U_{0.005}$，即 $\alpha = 0.01$ 时接受 H_0，故 B 选项不入选．

C 选项，如图 8-1 所示，若显著性水平 $\alpha = 0.05$ 时拒绝 H_0，即 $\left|\dfrac{\overline{X} - \mu_0}{\delta/\sqrt{n}}\right| > U_{0.025}$ 推不出 $\left|\dfrac{\overline{X} - \mu_0}{\delta/\sqrt{n}}\right| \leqslant U_{0.005}$，即 $\alpha = 0.01$ 时不见得接受 H_0，故 C 选项不入选．

D 选项，如图 8-1 所示，若显著性水平 $\alpha = 0.05$ 时接受 H_0，即 $\left|\dfrac{\overline{X} - \mu_0}{\delta/\sqrt{n}}\right| \leqslant U_{0.025}$ 推出 $\left|\dfrac{\overline{X} - \mu_0}{\delta/\sqrt{n}}\right| < U_{0.005}$，即 $\alpha = 0.01$ 时接受 H_0，故 D 选项入选．

综上所述，正确选项为 D 选项．

注 通过本题要掌握以下几点：

① 正态分布的三个抽样分布

② 标准正态分布、T 分布、X^2 分布的概率密度图像

③ 图形解题法

本题属于送分题,只要能把标准正态分布的图像画出来,理解假设检验的核心:落两边拒绝原假设,两边为原假设的拒绝域,落中间接受原假设. 通过这道题启示考生打牢基础知识,会简单推导:记得住 → 用得上 → 会推导.

(2) σ 未知时的 t 检验

选用检验统计量 $$t = \frac{\sqrt{n}(\overline{X} - \mu_0)}{S} \sim t(n-1),$$

分析与推导过程仿照 u 检验,可得:

对于单侧检验(Ⅰ),拒绝域
$$W = \left\{(X_1, \cdots, X_n) : t_\alpha(n-1) \leqslant \frac{\sqrt{n}(\overline{X} - \mu_0)}{S}\right\} = \{t_\alpha(n-1) \leqslant t\};$$

对于单侧检验(Ⅱ),拒绝域
$$W = \left\{\frac{\sqrt{n}(\overline{X} - \mu_0)}{S} \leqslant -t_\alpha(n-1)\right\} = \{t \leqslant -t_\alpha(n-1)\};$$

对于双侧检验(Ⅲ),拒绝域
$$W = \left\{\left|\frac{\sqrt{n}(\overline{X} - \mu_0)}{S}\right| \geqslant t_{\frac{\alpha}{2}}(n-1)\right\} = \{|t| \geqslant t_{\frac{\alpha}{2}}(n-1)\}.$$

【例 8.8】设某次考试的考生成绩服从正态分布,从中随机地抽取 36 位考生的成绩,算得平均成绩为 66.5 分,标准差为 15 分. 问在显著性水平 $\alpha = 0.05$ 下,是否可以认为这次考试全体考生的平均成绩为 70 分? 并给出检验过程. 附表 8-1: t 分布表 $P\{t(n) \leqslant t_p(n)\} = p$.

表 8-1

$t(n)$ \ p \ n	0.95	0.975
35	1.6896	2.0301
36	1.6883	2.0281

【解】设该次考试的考生成绩为 X,则 $X \sim N(\mu, \sigma^2)$. 把从 X 中抽取的容量为 n 的样本均值记为 $\overline{X}$,样本标准差记为 S. 本题是在显著性水平 $\alpha = 0.05$ 下检验假设 $H_0: \mu = 70$; $H_1: \mu \neq 70$,拒绝域为

$$|t| = \frac{|\overline{x} - 70|}{s}\sqrt{n} \geqslant t_{\frac{\alpha}{2}}(n-1).$$

由 $n = 36, \overline{x} = 66.5, s = 15, t_{0.025}(36-1) = t_{0.975}(36-1) = 2.0301$,得

$$|t| = \frac{|66.5 - 70|\sqrt{36}}{15} = 1.4 < 2.0301,$$

所以接受假设 $H_0: \mu = 70$,即在显著性水平 0.05 下,可以认为这次考试全体考生的平均成绩

为 70 分.

2. 方差的假设检验

在假设检验中,有时不仅需要检验总体的均值,而且还需要检验总体的方差. 例如,在产品质量检验中,方差反映了产品的稳定性,方差大,说明产品性能不稳定,波动大;在经济生活中,居民的平均收入说明收入达到的一般水平,而收入的方差则反映了收入分配差异的情况;在投资中,收益率的方差是评价投资风险的重要依据.

设 $X_1, \cdots, X_n$ 是来自总体 $N(\mu, \sigma^2)$ 的样本,考虑如下关于 σ^2 的假设检验问题:
$$H_0: \sigma^2 = \sigma_0^2 \quad vs \quad H_1: \sigma^2 \neq \sigma_0^2.$$

方差单侧检验原理同均值的单侧检验一致,读者可自行写出.

(1) 已知期望 μ,假设检验 $H_0: \sigma^2 = \sigma_0^2$.

我们将解题步骤具体化:

① 提出原假设和备择假设:
$$H_0: \sigma^2 = \sigma_0^2; \quad H_1: \sigma^2 \neq \sigma_0^2.$$

② 给出检验统计量 $x^2 = \sum_{i=1}^{n} \frac{(X_i - \mu)^2}{\sigma_0^2} \sim x^2(n).$

③ 构造小概率事件:
$$P\left(\left|\sum_{i=1}^{n} \frac{(X_i - \mu)^2}{\sigma_0^2}\right| \geqslant x_\alpha^2(n)\right) = \alpha,$$

即拒绝域为
$$W\left(\sum_{i=1}^{n} \frac{(X_i - \mu)^2}{\sigma_0^2} \geqslant x_{\frac{\alpha}{2}}^2(n) \text{ 或 } \sum_{i=1}^{n} \frac{(X_i - \mu)^2}{\sigma_0^2} \leqslant -x_{\frac{\alpha}{2}}^2(n)\right)$$

④ 判断小概率事件是否发生,若发生,则拒绝 H_0,反之则否.

这种方法称为卡方检验法.

(2) 未知期望 μ,假设检验 $H_0: \sigma^2 = \sigma_0^2$.

构造检验统计量
$$\sum_{i=1}^{n} \frac{(X_i - \overline{X})^2}{\sigma^2} \sim x^2(n-1).$$

解题过程同上,查得拒绝域为
$$W\left(\sum_{i=1}^{n} \frac{(X_i - \overline{X})^2}{\sigma_0^2} > x_{\frac{\alpha}{2}}^2(n-1) \text{ 或 } \sum_{i=1}^{n} \frac{(X_i - \overline{X})^2}{\sigma_0^2} < x_{1-\frac{\alpha}{2}}^2(n-1)\right).$$

【例 8.9】某厂生产的某种型号的电池,其寿命(以 h 计)长期以来服从方差 $\sigma^2 = 5000$ 的正态分布,现有一批这种电池,从它的生产情况来看,寿命的波动性有所改变. 现随机取 26 只电池,测出其寿命的样本方差 $s^2 = 9200$. 问根据这一数据能否推断这批电池的寿命的波动性较以往的有显著的变化(取 $\alpha = 0.02$)?

【解】本题要求在水平 $\alpha = 0.02$ 下检验假设 $H_0: \sigma^2 = 5000, H_1: \sigma^2 \neq 5000$.

现在 $n = 26, \chi_{\alpha/2}^2(n-1) = \chi_{0.01}^2(25) = 44.314, \chi_{1-\alpha/2}^2(25) = \chi_{0.99}^2(25) = 11.524$.

$\sigma_0^2 = 5000$,拒绝域为

$$\frac{(n-1)s^2}{\sigma_0^2} \geqslant 44.314 \text{ 或 } \frac{(n-1)s^2}{\sigma_0^2} \leqslant 11.524.$$

由观察值 $s^2 = 9200$ 得 $\frac{(n-1)s^2}{\sigma_0^2} = 46 > 44.314$，所以拒绝 H_0，认为这批电池寿命的波动性较以往的有显著的变化.

8.2.3 两个正态总体的参数假设检验

设 $X_1, \cdots, X_m$ 是来自总体 $N(\mu_1, \sigma_1^2)$ 的样本，$Y_1, \cdots, Y_n$ 是来自总体 $N(\mu_2, \sigma_2^2)$ 的样本，且两样本互独立，记 $\overline{X}, \overline{Y}$ 分别为它们的样本均值：

$$S_X^2 = \frac{1}{m-1} \sum_{i=1}^{n} (X_i - \overline{X})^2,$$

$$S_Y^2 = \frac{1}{n-1} \sum_{i=1}^{n} (Y_i - \overline{Y})^2, S_W^2 = \frac{(m-1)S_X^2 + (n-1)S_Y^2}{m+n-2}$$

其中，S_X^2, S_Y^2 分别为它们的样本方差.

8.2.4 两个总体均值差和方差比的假设检验

假设检验 $H_0: \mu_1 - \mu_2 = \mu$

(1) σ_1^2, σ_2^2 已知时，取检验统计量 $U = \dfrac{\overline{X} - \overline{Y} - (\mu_1 - \mu_2)}{\sqrt{\dfrac{\sigma_1^2}{m} + \dfrac{\sigma_2^2}{n}}} \sim N(0,1)$，拒绝域 $W = \{|U| \geqslant \mu_{\frac{\alpha}{2}}\}$.

(2) $\sigma_1^2 = \sigma_2^2 = \sigma^2$ 未知时，取检验统计量 $t = \dfrac{\overline{X} - \overline{Y} - (\mu_1 - \mu_2)}{S_w \sqrt{\dfrac{1}{m} + \dfrac{1}{n}}} \sim t(m+n-2)$，拒绝域 $W = \{|t| \geqslant t_{\frac{\alpha}{2}}(m+n-2)\}$.

两个正态总体方差比 σ_1^2/σ_2^2 的 F 检验

由于 $\dfrac{(m-1)S_X^2}{\sigma_1^2} \sim \chi^2(m-1), \dfrac{(n-1)S_X^2}{\sigma_2^2} \sim \chi^2(n-1)$ 且相互独立，故取检验统计量

$$F = \frac{S_X^2/\sigma_1^2}{S_Y^2/\sigma_2^2} \sim F(m-1, n-1),$$

拒绝域为

$$W = \{F \leqslant F_{1-\frac{\alpha}{2}}(m-1, n-1) \text{ 或 } F \geqslant F_{\frac{\alpha}{2}}(m-1, n-1)\}.$$

【例 8.10】用两种方法（A 和 B）测定冰自 $-0.72℃$ 转变为 $0℃$ 的水的融化热（以 cal/g 计）. 测得表以下的数据.

表 8-2

方法 A	79.98	80.04	80.02	80.04	80.03	80.03		
	80.04	79.97	80.05	80.03	80.02	80.00	80.02	
方法 B	80.02	79.94	79.98	79.97	79.97	80.03	79.95	78.97

设这两个样本相互独立，且分别来自正态总体 $N(\mu_1, \sigma^2)$ 和 $N(\mu_2, \sigma^2)$，μ_1, μ_2, σ^2 均

未知. 试检验假设(取显著性水平 $\alpha = 0.05$)
$$H_0: \mu_1 - \mu_2 \leqslant 0, H_1: \mu_1 - \mu_2 > 0.$$

【解】分别画出对应于方法 A 和方法 B 的数据的箱线图,如图 8-2 所示. 这两种方法所得的结果是有明显差异的,现在来检验上述假设.

$$n_1 = 13, \bar{x}_A = 80.02, s_A^2 = 0.024^2$$
$$n_2 = 8, \bar{x}_B = 79.98, s_B^2 = 0.03^2$$

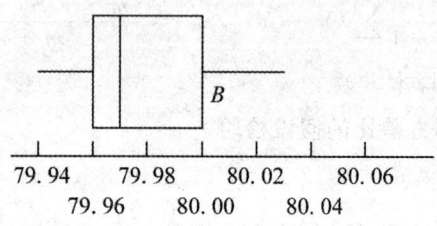

图 8-2

$$s_w^2 = \frac{12 \times s_A^2 + 7 \times s_B^2}{19} = 0.0007178$$

$$t = \frac{\bar{x}_A - \bar{x}_B}{s_w \sqrt{1/13 + 1/8}} = 3.33 > t_{0.05}(13+8-2) = 1.7291$$

故拒绝 H_0,认为方法 A 与方法 B 测得的融化热要大.

注 若两组样本 $n_1 = 13, n_2 = 8, \alpha = 0.01$ 分别来自总体 $N(\mu_A, \sigma_A^2), N(\mu_B, \sigma_B^2)$,且两样本独立,现在 $s_A^2 = 0.024^2, s_B^2 = 0.03^2, s_A^2/s_B^2 = 0.64$,若拒绝域为 $\frac{s_A^2}{s_B^2} \geqslant F_{0.005}(12,7) = 8.18$,这是因为 $0.18 < 0.64 < 8.18$,故接受 H_0,认为两总体方程相等. 两总体方差相等也称两总体具有方差齐性,这也表明假设两总体方差相等是合理的.